液/液界面电分析化学

邵元华 ◎著

ELECTROANALYTICAL CHEMISTRY at Liquid/Liquid Interfaces

图书在版编目(CIP)数据

液/液界面电分析化学/邵元华著. —北京：北京大学出版社，2022.10
ISBN 978-7-301-33557-4

Ⅰ.①液… Ⅱ.①邵… Ⅲ.①液体－液体界面－电分析－分析化学－研究 Ⅳ.①O357.4 ②O657.99

中国版本图书馆 CIP 数据核字（2022）第 200745 号

书　　名	液/液界面电分析化学 YE/YEJIEMIAN DIANFENXI HUAXUE
著作责任者	邵元华　著
责 任 编 辑	郑月娥
标 准 书 号	ISBN 978-7-301-33557-4
出 版 发 行	北京大学出版社
地　　址	北京市海淀区成府路 205 号　100871
网　　址	http://www.pup.cn　　新浪官方微博：@北京大学出版社
电 子 信 箱	zye@ pup.cn
电　　话	邮购部 010-62752015　发行部 010-62750672　编辑部 010-62767347
印 刷 者	三河市北燕印装有限公司
经 销 者	新华书店 787 毫米×1092 毫米　16 开本　12 印张　276 千字 2022 年 10 月第 1 版　2022 年 10 月第 1 次印刷
定　　价	68.00 元

前　言

岁月如梭！自从我1983年在武汉大学师从赵藻藩先生(已故)开始进行液/液界面电分析化学(电化学)研究已经39载有余。一方面是我觉得该领域有许多问题可以探索，另一方面，是本人智力和精力有限，无暇旁及其他。

30多年来，先后跟随赵先生、李培标先生、Hubert Girault教授和Mike Mirkin教授等诸公，从研制可以进行基本的液/液界面电分析化学研究的仪器(扫描电流极谱仪)及实验装置(例如，升水电极)开始，后来到美丽和宁静的King Buildings(英国爱丁堡大学的理工科校区)从事离子在液/液界面上转移反应的动力学、加速离子转移反应机理(提出四种反应机理——ACT，OTC，TIC和TID)、界面微型化(将液/液界面支撑在玻璃微米管尖端)探索，再到纽约Flushing(纽约最大的华人社区之一，纽约市立大学皇后学院就在其旁)，学习扫描电化学显微镜(SECM)并将界面从微米级减小到纳米级，发展了一种可以测量加速离子转移反应动力学参数的方法——纳米管伏安法(nanopipette voltammetry)，以及提出了基于玻璃微米双管的可以研究电荷(离子和电子)转移反应的产生/收集新模式。1998年6月应聘中科院"百人计划"(生物电化学专业)，来到东北文化名城长春，在汪尔康先生领导的中国科学院电分析化学重点实验室工作。其间虽工作仅有4年左右，但在几位好学生的共同努力下，在汪尔康先生和董绍俊先生等的大力支持下，我们基于液滴三电极系统(droplet three-electrode system，2001年与Girault教授课题组共同提出的研究电荷在液/液界面上转移反应的新技术)解决了SECM不能研究极化液/液界面的难题(在这之前SECM仅能够研究非极化的液/液界面)，扩展了SECM的应用范围。2002年调到北京大学化学与分子工程学院工作后，仍坚守该领域并适当扩展其研究和应用范围。观察到了随着界面的尺寸从微米级逐渐减小到几个纳米，离子在界面上转移反应的循环伏安图从不对称变为稳态，并采用两种理论模型，成功地解释了这些实验结果，完善和拓展了纳米管伏安法。虽然加速阳离子转移反应的报道很多，但加速阴离子在液/液界面上的转移反应屈指可数。与Jonathan Sessler教授(美国德克萨斯大学奥斯汀分校)合作，研究了β-octafluoro-meso-octamethylcalix[4]pyrrole加速几种阴离子在水/1,2-二氯乙烷(W/DCE)界面上的转移反应，并测定了它们的动力学参数。基于玻璃纳米管支撑的纳米级液/液界面，发展了一种测定药物的log P 的方法。制备和采用形状特殊的玻璃纳米管作为扫描离子电导显微镜(SICM)的探针，率先探测液/液界面的微观结构与界面附近的离子分布。同时积极拓展玻璃微、纳米管的应用范围，研究不同介质中纳米单管和双管的电化学整流行为。最近，基于成功制备的微、纳米杂化电极，将现场电化学反应与质谱结合起来(与北大质谱专家罗海等合作)，发展了一种可以研究电化学反应过程与机理的联用方法，并将该技术应用于探讨固/液和液/液界面上的复杂反应机理研究。

虽然接触和研究过电分析化学的许多分支，但真正使我感兴趣和持之以恒的是液/液界面电分析化学及发展各种分析化学方法和技术。在这个过程中有成功也有失败，更多的是积累了一些经验。正如明代文学家杨慎在《临江仙·滚滚长江东逝水》中所云“古今多少事，都付笑谈中”。在研究生涯即将结束之际，身体还算健康和脑子不糊涂时留下一点笔墨，以作为传承和他山之石。

本书主要包括五章：一、绪论，二、液/液界面电分析化学的基本原理，三、液/液界面电分析化学的研究方法与技术，四、液/液界面电分析化学的应用，五、液/液界面电分析化学仍未解决的问题。后四章是重点。

感谢责任编辑郑月娥女士在本书的撰写和出版过程中，所给予的各方面的帮助。感谢刘俊杰博士在作图方面的帮助。感谢国家自然科学基金委员会对于本研究工作长期的大力支持。

由于作者水平有限，难免存在这样那样的错误，还请读者批评指正。

邵元华

2022年秋于北大燕园

目　录

第1章 绪　论

1.1 液/液界面上电荷转移反应及其分类

液/液界面(liquid/liquid interface, L/L interface),又称油/水(oil/water, O/W)界面,或两互不相溶电解质溶液界面(interface between two immiscible electrolyte solutions, ITIES)。更准确地讲应该是两较少相溶电解质溶液界面(interface between two slight miscible electrolyte solutions, ITSMES)(在2015年6月14—19日举行的第48届Heyrovský Discussion上,Alexander G. Volkov教授发表了相同的观点,本人深表赞同。这是因为现实中没有完全不相溶的溶剂,只是相互溶解的程度不同)。为了保持与绝大多数文献一致,我们这里还是称之为ITIES。与常规电化学或电分析化学中所涉及的固/液(solid/liquid)界面不同,液/液界面电分析化学主要涉及的界面一相是有机相,另外一相是水相。例如,硝基苯与水所形成的界面(water/nitrobenzene, W/NB),1,2-二氯乙烷(1,2-dichloroethane,DCE)与水形成的界面(W/DCE)。要求该界面在常温、常压下,物理上和机械上稳定,否则不适于外加电势(电位或电压)进行电化学研究。

液/液界面上电荷(电子和离子)转移(charge transfer, CT)反应主要包括:(1) 简单离子转移(简称为离子转移)(ion transfer, IT);(2) 加速(辅助)离子转移(facilitated ion transfer, FIT;或assisted ion transfer, AIT)反应;(3) 电子转移(electron transfer, ET)反应。当然,界面的微观结构、界面上的吸附/脱附过程、界面催化及相转移催化、界面上的质子耦合电子转移(proton-coupled electron transfer, PCET)反应、修饰的液/液界面、液/液界面的应用等也是该领域研究的重要内容。

液/液界面电化学与液/液界面电分析本质上是一样的,故本书中两者会交叉使用。另外,电势和电位也基本相同,故也可交叉使用。

1.2 液/液界面电分析化学的发展历史

液/液界面电分析化学的发展迄今已有100多年的历史。回顾整个发展过程，大致可以分为两个阶段：1902年至20世纪60年代末，液/液界面电分析化学从萌芽开始，初期发展缓慢；从20世纪60年代末至今，一系列关键技术的突破和新想法的不断提出，使该领域步入快速的发展时期。

最早报道液/液界面电分析化学实验可追溯到20世纪初。1902年，Nernst和Riesenfeld在研究无机离子（如ClO_4^-，I_3^-等）在非水溶剂中的迁移数时观察到了水/苯酚/水界面上的电流流动行为[1]。1906年Cremer指出水/油/水体系与生物膜及其周边电解液之间的类似性[2]，液/液界面逐渐引起了生物学家们的兴趣，他们将液/液界面作为研究生物细胞膜上电势差和观察电流流动的模型。从此，液/液界面作为模拟生物膜的简单模型被应用于生物膜电化学研究中。Nernst率先研究了离子在液/液界面上的分配平衡[3]，Beutner[4]进一步发展了Nernst所提出的界面电势的方法，但Baur[5]试图将其作为吸附电势进行处理。该问题后来由Dean[6]和Bonhoeffer等[7]解决。对于一种电解质的分配平衡，Karpfen和Randles[8]引入了分配电势的概念。1939年Verwey和Niessen研究了液/液界面上的电势分布，提出了第一个关于液/液界面的结构模型——Verwey-Niessen（VN）模型[9]，他们认为液/液界面是由两个背靠背的Gouy-Chapman分散层组成的。20世纪50年代中期，Guastalla研究了当水/硝基苯界面上有电流通过时界面电势与界面张力的变化，并研究了液/液界面上的电吸附现象[10]，基于贫化-聚集作用，Blank[11]正确地解释了这些实验现象。从20世纪初到60年代末这段时间内，液/液界面电分析化学研究进展一直比较缓慢，主要局限于热力学平衡及界面上吸附的研究，一方面是由于人们无法确定液/液界面的结构和界面上的电势分布，另一方面是因为所用高阻抗的有机相所引起的iR降（电势降）影响而无法得到可靠的数据，即无法准确地控制外加电势。

20世纪60年代末期，人们开始在液/液界面电分析化学研究中取得了一些突破。有两项工作颇具标志性：其一是1968年法国的Gavach等[12]首次发现在一定的实验条件下，液/液界面类似于金属电极/电解质溶液界面，是可被极化的。他们应用现代电化学技术，如计时电位法研究了液/液界面上的离子转移反应以及Galvani电势差与反应驱动力（外加电势）之间的关系，并将Verwey-Niessen模型进行了修正，发展了修正的Verwey-Niessen（modified Verwey-Niessen，MVN）模型。他们采用该模型对实验结果进行了分析[13-15]；其二是20世纪70年代末捷克的Samec等[16,17]设计了四电极系统来进行iR降补偿，并采用循环伏安法来研究液/液界面上的电荷转移反应。与此同时，Koryta等[18-20]也从理论上对液/液界面上电荷转移反应的热力学和动力学问题进行了系统研究，并建立了包括滴（升）电解液电极（简称升水电极）等在内的各种实验方法，使绝大部分现代电化学技术均可以应用于液/液界面上电荷转移反应的研究。液/液界面电分析化学研究在这一阶段得到了极大的发展并陆续从欧洲普及到全世界[21-24]。

到了20世纪80年代中期，随着固体超微电极（ultramicroelectrode, UME）在常规电化学领域内的应用和发展，液/液界面的微型化和微米级液/液界面伏安法逐渐引起了人们的广泛关注。1986年，Girault等[25]首次将液/液界面支撑在玻璃微米管（micropipette）尖端上得到微米级液/液界面（micro-L/L interface），1989年他们又将微米级液/液界面支撑在微孔（micro-hole）上研究电荷转移反应[26]。1997年，Shao和Mirkin将液/液界面进一步缩小，利用玻璃纳米管来支撑纳米级液/液界面（nano-L/L interface）以研究快速加速离子转移反应的动力学行为，并发展了检测其动力学参数的新方法——纳米管伏安法（nanopipette voltammetry）[27]。这种纳米级液/液界面的优点在于其 iR 降非常小，可应用于研究低浓度支持电解质溶液体系以及不含支持电解质的高阻抗体系的电化学行为，以及界面快速电荷转移反应动力学研究[28,29]。

除了现代电化学技术以外，随着科学技术的不断进步，各种各样的新技术、新方法也作为新鲜血液不断注入液/液界面的研究。特别是近年来，扫描探针显微学[例如，扫描电化学显微镜（scanning electrochemical microscopy, SECM）[30-32]、扫描离子电导显微镜（scanning ion conductance microscopy, SICM）[33,34]]、光学与光谱技术[35-37]以及计算机模拟[38-40]等均已经应用于液/液界面研究。这些新技术、新方法对于液/液界面研究中亟须解决的理论问题和实验问题，特别是界面的微观结构以及电荷转移反应的机理等问题提供了很大的帮助。

在中国，汪尔康先生等于1981年率先开展了液/液界面电分析化学方面的研究，利用国产元件成功制备了四电极系统的循环伏安仪、线性电流扫描计时电位仪、新极谱仪、滴液电极装置及四电极系统多功能电分析仪，并进行了单组分、多组分体系及加速离子转移的实验和理论研究[41]。赵藻藩先生、李培标教授等在武汉大学也从20世纪80年代初开展了诸多创新性的研究，例如采用升水电极探讨液/液界面上的加速离子转移反应[42,43]。笔者在欧美游荡了约10年后于1998年回到中科院长春应用化学研究所工作后，一直致力于该领域的研究工作。西北师范大学的卢小泉教授[44]、中科院长春应用化学研究所的牛利研究员（现在广州大学）[45]在应用三电极系统方面做出了各自有特点的研究工作。目前从北到南，已经有一批有朝气、基础扎实的年轻人投身于该领域的研究，他们大部分都是源于长春、武汉或北京大学[46,47]。但该领域目前在中国由于种种原因，还没有达到期望的人数和高度，深感任重道远。本书另外一个重要目的就是要呼吁更多的年轻人投身到该领域的研究工作！

1.3 液/液界面电分析化学的研究意义

显然，液/液界面电分析化学是软界面电分析化学（软界面是相对于固/液界面而言，主要探讨液/液界面、液/膜界面和一些修饰的界面）的一个分支，同时也是生物电分析化学的重要组成部分。它与化学/生物传感、发展新型分析技术和方法、药物释放、模拟生物膜、界面催化等密切相关，是电化学与电分析化学的重要分支之一。目前液/液界面电分析化学已有很多成功应用的例子，如金纳米颗粒的合成[48]以及基于离子转移反应的电流型传感器[49]等。

然而，对于常规训练出来的电化学或电分析化学工作者来讲，四电极恒电位仪，离子和电子耦合的转移反应，没有汞的电毛细现象，有时这些都是很难理解和进行解释的。希望本书可以帮助那些对于液/液界面电分析化学不熟悉的人们了解该领域，并欣赏由分子软界面所提供的多样性。从实验的角度讲，这样的分子界面可以提供一些较固/液界面特有的优势：容易形成界面，并且可给出高度重现的界面与重现的实验结果。仅将两个互不相溶的液体混合，放置一会儿就可形成界面，不需要电极抛光，不需要繁琐的单晶的制备。从研究的角度来看，相对于固/液界面仅一相为液体，液/液界面的两相均为液体的溶液，均可根据需要进行调节。另外，研究体系除了电子转移反应外，还可以探讨非电活性的离子和加速离子转移反应，极大地拓展了研究范围[50]。

参考文献

[1] Nernst W, Riesenfeld E H. Ann Phys, 1902,8: 600.

[2] Cremer M. Z Biol, 1906,47: 562.

[3] Nernst W. Z Phys Chem, 1892,9:137.

[4] Beutner R. Z Elektrochem, 1918,24: 94.

[5] Baur E. Z Elektrochem, 1926,32: 547.

[6] Dean R R. Nature, 1939, 144: 32.

[7] Bonhoeffer K F, Kahlweit M, Strehlow H. Z Elektrochem, 1953,57: 614.

[8] Karpfen F M,Randles J E B. Trans Faraday Soc, 1953,49: 823.

[9] Verwey E J W, Niessen K F. Philos Mag, 1939,28: 435.

[10] Guastalla J. J Chim Phys, 1956,53: 470.

[11] Blank M. J Colloid Interface Sci, 1966,22: 51.

[12] Gavach C, Mlodnicka T, Guastalla J. C R Acad Sci C, 1968, 266: 1196.

[13] Gavach C, Henry F. J Electroanal Chem, 1974,54: 361.

[14] Gavach C, Henry F. C R Acad Sci C, 1972,274: 1545.

[15] Gavach C, Seta P, D'Epenoux B. J Electroanal Chem, 1977, 83:225.

[16] Samec Z, Marecek V, Koryta J, Khalil M W. J Electroanal Chem, 1977,83: 393.

[17] Samec Z, Marecek V, Weber J. J Electroanal Chem, 1979, 100: 841.

[18] Koryta J, Vanysek P, Brezina M. J Electroanal Chem, 1977,75: 211.

[19] Koryta J. Electrochim Acta, 1979,24: 293.

[20] Koryta J. Electrochim Acta, 1984,29: 445.

[21] Senda M, Kakutani T. Hyomen, 1980,18: 535.

[22] Melroy O R, Buck B P. J Electroanal Chem, 1982,136: 19.

[23] Girault H H, Schiffrin D J. J Electroanal Chem, 1983,150: 43.

[24] Wang E, Sun Z. J Electroanal Chem, 1987,220: 235.

[25] Taylor G, Girault H H. J Electroanal Chem, 1986, 208: 179.
[26] Campbell J A, Girault H H. J Electroanal Chem, 1989,266: 465.
[27] Shao Y, Mirkin M V. J Am Chem Soc, 1997, 119: 8103.
[28] Shao Y, Liu B, Mirkin M V. J Am Chem Soc, 1998,120: 12700.
[29] Li F, Chen Y, Zhang M, Jing P, Gao Z, Shao Y. J Electroanal Chem, 2005, 579: 89.
[30] Bard A J, Fan F, Kwak J, Lev O. Anal Chem, 1989, 61: 132.
[31] Solomon T, Bard A J. Anal Chem, 1995,67: 2787.
[32] Tsionsky M, Bard A J, Mirkin M V. J Phys Chem, 1996, 100: 17881.
[33] Ji T, Liang Z, Zhu X, Wang L, Liu S, Shao Y. Chem Sci, 2011,2: 1523.
[34] Hansma P K, Drake B, Marti O, Gould S A, Prater C B. Science, 1989,243: 641.
[35] Ishizaka S, Habuchi S, Kim H B, Kitamura N. Anal Chem, 1999,71: 3382.
[36] Steel W H, Walker R A. Nature, 2003, 424: 296.
[37] Luo G M, Malkova S, Yoon J, Schultz D G, Lin B, Meron M, Benjamin I, Vanysek P, Schlossman M L. Science, 2006,311: 216.
[38] Benjamin I. J Chem Phys, 1992, 97: 1432.
[39] Frank S, Schmickler W. J Electroanal Chem, 2000, 483: 18.
[40] Daikhin L I, Kornyshev A A, Urbakh M. J Electroanal Chem, 2001,500: 461.
[41] Wang E, Pang Z. J Electroanal Chem, 1985,189: 1.
[42] 邵元华,李培标,赵藻藩,鲁义难,刘正义,汪周书. 分析仪器,1987,4: 34.
[43] 邵元华,赵藻藩. 科学通报,1988,2:152.
[44] Lu X, Sun P, Yao D, Wu B, Xue X, Zhou X, Sun R, Li L, Liu X. Anal Chem, 2010,82(20): 8598.
[45] Zhou M, Gan S, Zhong L, Su B, Niu L. Anal Chem, 2010,82(18): 7857.
[46] Huang X, Xie L, Su B. Anal Chem, 2017,89(1): 945.
[47] Liu C, Ma Y, Nan J, Wang L. Anal Chem, 2020,92: 15394.
[48] Brust M, Walker M, Bethell D, Schiffrin D J,Whyman R J. Chem Commun, 1994,801.
[49] Mareček V, Samec Z. Anal Chim Acta, 1983, 151: 265.
[50] Girault H H. Electroanalytical Chemistry. Bard A J and Zoski C G, Ed. Boca Raton: CRC Press, 2010: Vol 23.

第2章　液/液界面电分析化学的基本原理

2.1　液/液界面电荷转移反应的热力学基础

当两个导电相[例如,含有支持电解质的一种水相(w)和一种有机相(o)]相接触并形成物理上和机械上稳定的界面时,由于荷电物体(电子或离子)在两相中能量不同,会引起它们在两相中分配,该类界面简称为液/液界面。在该界面区域,电场强度不为零,界面 Galvani 电势(内电势)差为 $\Delta_o^w\phi = \phi^w - \phi^o$。对于电化学通常采用的固体电极/电解质溶液界面(简称固/液界面),在界面区域固体电极一侧的过剩电荷是电子,而溶液一侧主要是由离子组成;对于一种液/液界面,界面区域两边的过剩电荷主要为离子,正离子在一侧,负离子在另外一侧(见图 2.1)[1-8]。界面区域作为一个整体在任何情况下都要遵守电中性原则。

通常,在液/液界面上主要包括两类电荷分配:

(1) 带有电荷 z 的离子 M 从水相转移到有机相,或者相反:

$$M^z(w) \rightleftharpoons M^z(o) \tag{2.1}$$

该过程称为简单离子转移(simple ion transfer)过程或简称为离子转移(ion transfer,IT)过程。该过程也可用于描述电中性物质在界面的转移($z=0$)。

(2) 水相中电对 O_1/R_1 和有机相中电对 O_2/R_2 之间的电子转移(electron transfer, ET)过程:

$$O_1(w) + R_2(o) \rightleftharpoons R_1(w) + O_2(o) \tag{2.2}$$

这两类异相电荷转移反应还可能耦合一些水相或有机相中的均相化学反应,或界面区域中发生的异相反应(例如,离子对的形成和吸附等),因此界面电荷转移反应可能会非常复杂。例如,一种由有机相中的配合物 L 加速的液/液界面上的带单位正电荷的离子 M^+ 的转移反应(1:1),可以列为如下形式:

$$M^{+}(w)+L(o)\rightleftharpoons ML^{+}(o) \tag{2.3}$$

该反应通常称为加速离子转移(facilitated ion transfer, FIT)或辅助离子转移(assisted ion transfer, AIT)反应,当然也可以加速阴离子在液/液界面上的转移。

除了上述所给出的电荷转移反应外,溶剂(水和有机溶剂)也可以在界面上转移:

$$S(w)\rightleftharpoons S(o) \tag{2.4}$$

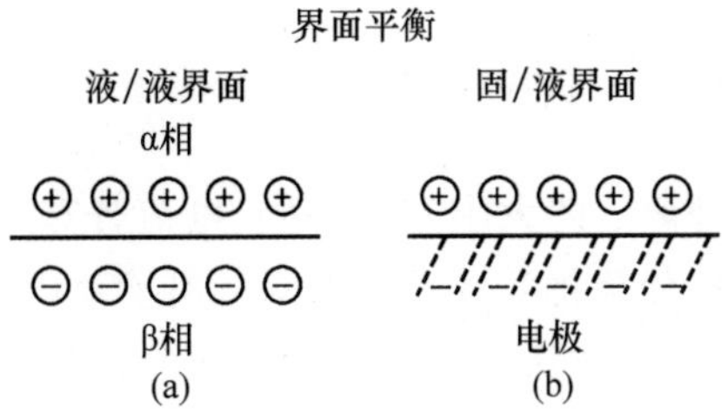

界面平衡

液/液界面　　固/液界面

α相

β相　　电极

(a)　　(b)

图 2.1　液/液界面(a)与固/液界面(b)的平衡(引自参考文献[8])。

离子 M^{z} 在液/液界面上的平衡条件是它们在两相的电化学势相等:

$$\bar{\mu}_{M}^{w}=\bar{\mu}_{M}^{o} \tag{2.5}$$

展开为

$$\bar{\mu}_{M}^{w}=\mu_{M}^{0,w}+RT\ln\alpha_{M}^{w}+zF\phi^{w} \tag{2.6}$$

$$\bar{\mu}_{M}^{o}=\mu_{M}^{0,o}+RT\ln\alpha_{M}^{o}+zF\phi^{o} \tag{2.7}$$

这里 μ_{M}^{0}、α_{M} 和 ϕ 分别代表离子 M^{z} 的标准电化学势、活度和在水相及有机相中的内电势。

通过上述公式可得到平衡电势差 $\Delta_{o}^{w}\phi$:

$$\begin{aligned}\Delta_{o}^{w}\phi&=\phi^{w}-\phi^{o}\\&=(\mu_{M}^{0,o}-\mu_{M}^{0,w})/zF+(RT/zF)\ln(\alpha_{M}^{o}/\alpha_{M}^{w})\\&=\Delta_{o}^{w}\phi_{M}^{0}+(RT/zF)\ln(\alpha_{M}^{o}/\alpha_{M}^{w})\end{aligned} \tag{2.8}$$

公式(2.8)与金属电极的 Nernst 公式类似,$\Delta_{o}^{w}\phi_{M}^{0}$ 称为标准转移电势。

如果用浓度取代公式(2.8)中的活度,就得到

$$\Delta_{o}^{w}\phi'=\Delta_{o}^{w}\phi_{M}^{0}+(RT/zF)\ln(c_{M}^{o}/c_{M}^{w}) \tag{2.9}$$

公式(2.9)中的 $\Delta_{o}^{w}\phi'$ 称为式电势。

两相之间的标准 Galvani 电势差可进一步表述为

$$\Delta_{o}^{w}\phi_{M}^{0}=-(\mu_{M}^{0,w}-\mu_{M}^{0,o})/zF=\Delta G_{tr}^{0,w\to o}/zF \tag{2.10}$$

这里 $\Delta G_{tr}^{0,w\to o}$ 是单离子从水相转移到有机相的标准单离子 Gibbs 转移能。但是它的量值通常是无法直接测量得到的。如果要进行定量测定,需采用超热力学假设(extra-thermodynamic assumption)。目前已报道至少六类这样的假设[10]。最常用的是所谓的“TATB 假设”,它是指对于离子对四苯砷四苯硼($TPAs^{+}TPB^{-}$)(见图 2.2)中的阳离子和阴离子在任何一对溶剂之间具有相等的 Gibbs 转移能,即

$$\Delta G_{tr,TPAs^{+}}^{0,w\to o}=\Delta G_{tr,TPB^{-}}^{0,w\to o}=\frac{1}{2}\Delta G_{tr,TPAsTPB}^{0,w\to o} \tag{2.11}$$

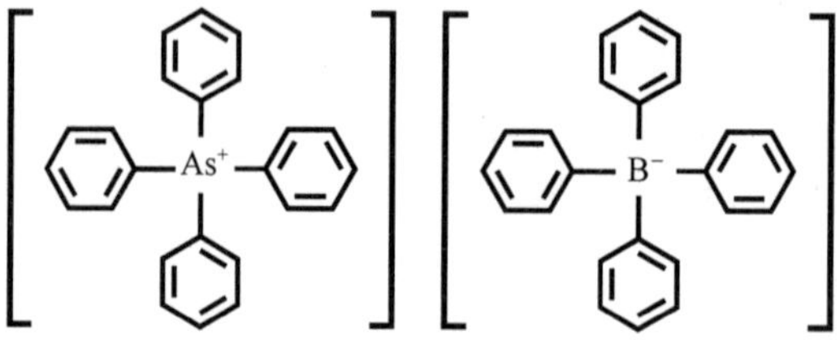

图 2.2 TPAsTPB 的结构示意图(引自参考文献[8])。

显然,从结构上看两种离子的大小基本相同,电荷分布均匀,该假设具有合理性。基于该假设,利用各种现代分析化学技术可以测量离子对(例如 TPAsTPB)的分配系数、溶解度等,进而得到该离子对从水相转移到有机相的标准 Gibbs 转移能。在此复习一下溶液分配平衡相关理论:在给定的温度和压力下,两相中中性分子 i 的活度比称为该分子的分配系数 P_i,可由下式计算:

$$P_i = \frac{a_i(\mathrm{o})}{a_i(\mathrm{w})} = \exp\left(-\frac{\Delta_\mathrm{o}^\mathrm{w} G_i^0}{RT}\right) \tag{2.12}$$

采用类似的方法,对于公式(2.2)所代表的界面上的电子转移反应,平衡条件是

$$\bar{\mu}_{\mathrm{O}_1}(\mathrm{w}) + \bar{\mu}_{\mathrm{R}_2}(\mathrm{o}) = \bar{\mu}_{\mathrm{R}_1}(\mathrm{w}) + \bar{\mu}_{\mathrm{O}_2}(\mathrm{o}) \tag{2.13}$$

相应的平衡电势差是

$$\Delta_\mathrm{o}^\mathrm{w}\phi = \Delta_\mathrm{o}^\mathrm{w}\phi_\mathrm{ET}^0 + \left(\frac{RT}{zF}\right)\ln\frac{a_{\mathrm{O}_2}(\mathrm{o})a_{\mathrm{R}_1}(\mathrm{w})}{a_{\mathrm{R}_2}(\mathrm{o})a_{\mathrm{O}_1}(\mathrm{w})} \tag{2.14}$$

电子转移的标准电势差与电子转移的标准 Gibbs 转移能之间的关系是

$$\Delta_\mathrm{o}^\mathrm{w}\phi_\mathrm{ET}^0 = \frac{\Delta_\mathrm{o}^\mathrm{w} G_\mathrm{ET}^0}{zF} = \frac{\mu_{\mathrm{R}_1}^0(\mathrm{w}) - \mu_{\mathrm{O}_1}^0(\mathrm{w}) + \mu_{\mathrm{O}_2}^0(\mathrm{o}) - \mu_{\mathrm{R}_2}^0(\mathrm{o})}{zF} \tag{2.15}$$

如何求算界面上电子转移的标准电势差 $\Delta_\mathrm{o}^\mathrm{w}\phi_\mathrm{ET}^0$,我们会在下面的章节中讨论。

对于其他离子,按照同样的方式,例如,一种盐(XTPB 或 TPAsY)的标准 Gibbs 转移能,在已知 TPB^-($TPAs^+$)标准 Gibbs 转移能的情况下,求出阳离子 X(或阴离子 Y)的相关值。基于公式(2.10)计算出一系列单离子的标准 Gibbs 转移能和水相与有机相之间的标准电势差。例如,$TPAs^+$ 和 TPB^- 在水和 1,2-二氯乙烷(DCE)之间转移的标准 Gibbs 转移能均为 $-35.2\ \mathrm{kJ\cdot mol^{-1}}$,它们相应的标准电势差分别是 -365 mV 和 365 mV。表 2.1 列出了一些离子在水/硝基苯(W/NB)和水/1,2-二氯乙烷(W/DCE)界面上的标准 Gibbs 转移能,更多的数据可参看文献[12,13]。需要指出的是,常用的标准 Gibbs 转移能是与离子在有机相饱和的水相和在水相饱和的有机相之间的转移反应相关,通常称为 Gibbs 分配能(Gibbs energy of partition)。它与离子在两种纯溶剂之间的转移能(称为 Gibbs 转移能)是不同的。两者仅在转移的离子在有机相中没有水合的情况下是一致的[10]。实际上,目前在大多数情况下两者是混用的。

在许多实际情况中,液/液界面的平衡电势差是由多个离子共同控制的,而不是单个离子。对于这些复杂体系,Hung 和 Kakiuchi 分别给出了通用的理论处理[14-16]。他们的处理方法均是基于如下的两个条件:(1) 每相中 N 个荷电物种遵守电中性条件,

即

$$\sum_{i}^{N} z_i c_i(\mathrm{s}) = 0 \tag{2.16}$$

和(2)遵守质量守恒,即

$$c_i(\mathrm{w}) + \sum_{k=1}^{M} \lambda_{ki} c_{ki}(\mathrm{w}) + r\left[c_i(\mathrm{o}) + \sum_{k=1}^{M} \lambda_{ki} c_{ki}(\mathrm{o})\right]$$

$$= c_i^0(\mathrm{w}) + \sum_{k=1}^{M} \lambda_{ki} c_{ki}^0(\mathrm{w}) + r\left[c_i^0(\mathrm{o}) + \sum_{k=1}^{M} \lambda_{ki} c_{ki}^0(\mathrm{o})\right] \tag{2.17}$$

这里 $r=V(\mathrm{o})/V(\mathrm{w})$ 是有机相相对于水相的相比,c_i 和 c_i^0 分别是离子 $i(i=1,2,\cdots,N)$ 的平衡和初始浓度,c_{ki} 和 c_{ki}^0 分别是配合物或离子对 $k(k=1,2,\cdots,M)$ 的平衡和初始浓度,λ_{ki} 是离子 i 在配合物或离子对中的化学量。

表 2.1　一些离子在水/硝基苯和水/1,2-二氯乙烷界面上的标准 Gibbs 转移能和标准电势差[1,6,11]

离子	$\Delta_o^w G_{tr}^{0,w\to NB}$ /(kJ·mol^{-1})	$\Delta_o^w \phi^0$/mV (W/NB 体系)	$\Delta_o^w G_{tr}^{0,w\to DCE}$ /(kJ·mol^{-1})	$\Delta_o^w \phi^0$/mV (W/DCE 体系)
Li^+	38.4	398	55.6	576
Na^+	34.4	358	55.9	579
H^+	32.5	337	53	549
K^+	24.3	252	51.9	538
Rb^+	19.9	206	45.8	475
Cs^+	15.5	161	37.3	386
TMA^{+}*	3.4	35	15.4	160
TEA^{+}*	−5.8	−60	1.8	19
TPA^{+}*	−15.5	−161	−8.8	−91
TBA^{+}*	−24.2	−248	−22.2	−230
$TPAs^+$	−35.9	−372	−35.2	−365
F^-	44.0	−454	58	−601
Cl^-	30.5	−316	51	−528
Br^-	28.5	−295	39	−404
I^-	18.8	−195	26	−269
ClO_4^-	8.0	−83	17.0	−176
SCN^-	16.0	−176	26	−269
BF_4^-	11.0	−121	−17.9	185
NO_3^-	24.4	−253	34	−352
TPB^-	−35.9	372	−35.2	365

* TMA^+、TEA^+、TPA^+ 和 TBA^+ 分别是四甲基铵离子、四乙基铵离子、四丙基铵离子和四丁基铵离子的缩写。

这些公式的分析解仅能在一些极限条件下得到[14,15]。一个最简单的情况是一种

单一的二元电解质 $B^{z+}A^{z-}$ 在两相的分配，它在两相中完全溶解为阳、阴离子。在这种情况下，其分配电势既与相比无关，也与电解质浓度无关：

$$\Delta_o^w \phi = \frac{z_+ \Delta_o^w \phi_{B^+}^{0'} + |z_-| \Delta_o^w \phi_{A^-}^{0'}}{z_+ + |z_-|} \tag{2.18}$$

对于 $N>2$ 的体系，如果所有的两种物种均完全溶解在两相中，这些公式可简化。将公式(2.17)代入公式(2.16)可得

$$\sum_i^N z_i \frac{c_i^0(\mathrm{w}) + r c_i^0(\mathrm{o})}{1 + rP_i'} = 0 \tag{2.19}$$

这样基于相比是1的情况下，可以预测其分配电势，可用于分析两个实际上有意义的体系的行为。第一个体系是有机相中含有一种疏水的电解质SY，水相中有一种亲水的电解质RX；第二个体系是有机相中有一种疏水的电解质SY，水相中有一种电解质SX，两相中含有同样的正离子 S^+。假设 $\Delta_o^w \phi_{S^+}^0, \Delta_o^w \phi_{X^-}^0 \ll 0 \ll \Delta_o^w \phi_{R^+}^0, \Delta_o^w \phi_{Y^-}^0$，那么第一个体系的分配电势由如下公式给出：

$$\Delta_o^w \phi \simeq \frac{RT}{2F} \ln \frac{c_{RX}^0 \exp(F\Delta_o^w \phi_{X^-}^0 / RT) + c_{SY}^0 \exp(F\Delta_o^w \phi_{S^+}^0 / RT)}{c_{RX}^0 \exp(-F\Delta_o^w \phi_{R^+}^0 / RT) + c_{SY}^0 \exp(-F\Delta_o^w \phi_{Y^-}^0 / RT)} \tag{2.20}$$

该分配电势满足如下的不等式：$\Delta_o^w \phi_{S^+}^0, \Delta_o^w \phi_{X^-}^0 \ll \Delta_o^w \phi \ll \Delta_o^w \phi_{R^+}^0, \Delta_o^w \phi_{Y^-}^0$，因此可得到 $a_{S^+}(\mathrm{o})/a_{S^+}(\mathrm{w}) \gg 1, a_{Y^-}(\mathrm{o})/a_{Y^-}(\mathrm{w}) \gg 1, a_{R^+}(\mathrm{o})/a_{R^+}(\mathrm{w}) \ll 1, a_{X^-}(\mathrm{o})/a_{X^-}(\mathrm{w}) \ll 1$。在这些条件下，无法建立稳定的分配电势，体系的状态是由外部提供的电荷所控制(理想可极化界面[17])。对于第二种情况，有 $\Delta_o^w \phi_{S^+}^0 - \Delta_o^w \phi_{X^-}^0 \ll \Delta_o^w \phi \gg 4(c_{SX}^0/c_{SY}^0)(1 + c_{SX}^0/c_{SY}^0)$[14]。共同的阳离子的分配决定了分配电势(理想非极化界面)，即

$$\Delta_o^w \phi = \Delta_o^w \phi_{S^+}^0 + \frac{RT}{F} \ln \frac{a_{S^+}(\mathrm{o})}{a_{S^+}(\mathrm{w})} \tag{2.21}$$

这些特性在设计电化学池进行液/液界面极化行为研究方面具有重要意义。

另一方面，在一些体系如乳液、包囊和液膜等中，相比趋近于极限值∞或0。公式(2.19)可简化[16]为

$$\sum_i^N \left[z_i c_i^0(\mathrm{w}) \sum_{j \neq 1} P_j' \right] = 0 \tag{2.22}$$

或

$$\sum_i^N \left[z_i c_i^0(\mathrm{o}) \sum_{j \neq 1} 1/P_j' \right] = 0 \tag{2.23}$$

且分配电势与相比无关。

同样的方法也适用于预测公式(2.3)所描述的配合物所引起的加速离子反应的分配电势[14-16]。当然离子与电子耦合反应则代表了一种特殊且重要的反应类型[18]，我们会在液/液界面电分析化学的应用中展开讨论(第4章)。

液/液界面可以分为理想可极化界面(ideal-polarizable interface)与理想非极化界面(ideal non-polarizable interface)两类[2-6]。首先讨论理想可极化界面。为了讨论方便，我们假设这样的可极化界面是由水相中含有强亲水性的1∶1的支持电解质 B_1A_1(例如，水相中的LiCl)和有机相中含有强亲油性的支持电解质 B_2A_2(例如，硝基苯相

中的 TBATPB，四丁基铵四苯硼）所构成的界面（见电化学池 1）：

$$r_1/B_1A_1(w)//B_2A_2(o)/r_2 \qquad \text{电化学池 1}$$

这里 r_1 和 r_2 代表水相和有机相的参比电极，它们分别与阳离子（B_1 或 B_2）或阴离子（A_1 或 A_2）可逆（有共同离子）。“/”代表异相界面，“//”代表液/液界面，该界面满足如下不等式：

$$\Delta_o^w \phi_{B_1}^0 \gg 0 \text{ 且 } \Delta_o^w \phi_{A_2}^0 \gg 0 \tag{2.24}$$

$$\Delta_o^w \phi_{B_2}^0 \ll 0 \text{ 且 } \Delta_o^w \phi_{A_1}^0 \ll 0 \tag{2.25}$$

对于这样的体系，Koryta 等[17]已经证明存在一个电势（电位）窗（potential window），即电势窗两端由两相中支持电解质的转移所决定，电势窗内的界面电势差 $\Delta_o^w \phi$ 是由双电层的电荷而不是离子活度所决定的（参见图 4.1）。它与一个经典的理想可极化金属/电解质溶液界面完全类同，我们称之为理想可极化液/液界面。一个典型的例子是如下所示的电化学池：

$$\text{Ag/AgTPBCl/0.01 mol} \cdot \text{L}^{-1} \text{ TBATPBCl//0.01 mol} \cdot \text{L}^{-1}$$
$$\text{LiCl} + 0.3 \text{ mol} \cdot \text{L}^{-1} \text{ Li}_2\text{SO}_4\text{/Ag/AgCl}$$

这里所用有机相是 DCE，$TPBCl^-$ 是四(4-氯苯基)硼酸阴离子。电势窗大约为 500 mV，提供了一个探讨其他电荷（电子和离子）转移反应的舞台。

下面我们讨论另外一种如电化学池 2 所示的情况：

$$r_1/B_3A_1(w)//B_3A_2(o)/r_2 \qquad \text{电化学池 2}$$

两相中均含有可在界面上转移的共同离子 B_3。但 A_1 从水相转移到有机相和 A_2 在相反方向转移过程在电势窗内是可以忽略的。该体系可用下列的不等式来描述：

$$\Delta_o^w \phi_{A_1}^0 \ll 0 \text{ 且 } \Delta_o^w \phi_{A_2}^0 \gg 0 \tag{2.26}$$

$$\Delta_o^w \phi_{A_1}^0 \ll \Delta_o^w \phi_{B_3}^0 \ll \Delta_o^w \phi_{A_2}^0 \tag{2.27}$$

在这些条件下，如果 B_3 在两相中浓度合适，水相与有机相之间的电势差实际上仅由 B_3 的活度所决定[见公式(2.21)]。

$$\Delta_o^w \phi = \Delta_o^w \phi_{B_3}^0 + (RT/z_{B_3}F)\ln(\alpha_{B_3}^o/\alpha_{B_3}^w) \tag{2.28}$$

我们称这种界面为理想非极化液/液界面。一个典型的例子如以下电化学池所示：

$$\text{Ag/AgTPB/0.01 mol} \cdot \text{L}^{-1} \text{ TBATPB//0.01 mol} \cdot \text{L}^{-1} \text{ TBACl/Ag/AgCl}$$

这里 TBA^+ 是两相中的共同离子。通常，人们采用理想可极化液/液界面研究电荷转移反应过程，而理想非极化液/液界面可作为参比电极。

另外一种非极化界面是同一种电解质 B_1A_1 同时溶解在两相中，如电化学池 3 所示：

$$r_1/B_1A_1(w)//B_1A_1(o)/r_2 \qquad \text{电化学池 3}$$

平衡电势由如下公式给出：

$$\Delta_o^w \phi = (\Delta_o^w \phi_{B_1}^0 + \Delta_o^w \phi_{A_1}^0)/2 + f(\gamma_i) \tag{2.29}$$

这里 $f(\gamma_i) = (RT/2F)\ln(\gamma_+^w \gamma_-^o / \gamma_+^o \gamma_-^w)$ 是与活度相关的项。该公式暗指在这种情况下界面电势差与电解质浓度无关，这也是该界面是非极化界面的原因。

在构建液/液界面时有机相（有机溶剂）的选择很关键，目前已报道的超过了 20 种。Koryta 和 Vanysek 总结了选择有机相的三个标准[19]：

(1) 有机溶剂在水中以及水在有机溶剂中的溶解度必须很小；

(2) 有机溶剂需要具备一定的极性，这样可以溶解一定量的支持电解质，确保该溶液具有导电性；

(3) 溶剂应该与水溶液的密度有一定的差别，以确保可以形成物理上和机械上稳定的液/液界面。

目前在该领域最常用的溶剂是硝基苯(NB)和1,2-二氯乙烷(DCE)，其他的有苯丙酮(propiophenone)，4-异丙基硝基苯(4-isopropyl-1-methyl-2-nitrobenzene)，二氯甲烷(dichloromethane)，邻-硝基苯基辛基醚(*o*-nitrophenyloctyl ether，NOPE)[8]等。为了得到更加灵活的选择，还可采用混合有机溶剂，例如，硝基苯与氯苯，苯腈与苯或与四氯甲烷的混合溶剂[8]。

离子液体或室温离子液体(room temperature ionic liquids, RTILs)由于其低挥发性、高稳定性、宽电势窗、固有的导电性及良好的溶解能力等特点，已被应用于液/液界面电分析化学研究[20]中(相关的文献见该综述)。2002年，Bard等在研究离子液体的电化学行为时研究了[四烷基铵(三丁基甲基铵双(三氟甲烷磺酸)酰亚胺)]/水界面的电化学伏安响应，结果发现其电势窗较窄(<50 mV)且充电电流较大，很难观察到可极化电势区域。获得这种电化学响应可能归因于组成离子液体的亲疏水性差异。尽管该工作并未获得液/液界面上良好的电化学响应伏安图，但是为基于离子液体/水界面的电化学研究开辟了方向。随后，Kakiuchi等报道了第一个稳定的、具有较宽电势窗的离子液体/水界面的体系。他们分别使用四己基双(全氟乙基磺酰基)酰亚胺和双(三氟甲基磺酰基)亚胺四己基铵作为有机相与水形成液/液界面，结果发现四己基双(全氟乙基磺酰基)酰亚胺/水界面的电势窗宽度为300 mV，可为中等疏水性的离子提供良好的研究平台。2003年，Katano和Tatsumi发现利用由四辛基铵阳离子与2,4,6-三硝基苯酚阴离子形成的离子液体可与水形成稳定的极化界面，基于此离子液体/水界面，他们研究了SCN^-在该界面的简单离子转移，结果发现形式电势不随扫速的变化而变化且峰电势差为(56±8) mV，表明SCN^-在该离子液体/水界面上的转移是可逆的。随后，Kakiuchi等在离子液体/水界面电化学领域完成了一系列工作。2006年，Kakiuchi等研究了四[3,5-二(三氟甲基)苯基]硼酸-*N*-十八烷基异喹啉/水界面与四[3,5-二(三氟甲基)苯基]硼酸三辛基甲基铵/水界面的电势窗，结果发现在56℃时其电势窗宽度达0.8 V，与*N*-十八烷基异喹啉双(全氟烷基磺酰基)酰亚胺/水界面相比较，其电势窗主要体现在正电势处的拓宽，因此可以为研究难转移离子的转移提供平台。基于四[3,5-二(三氟甲基)苯基]硼酸-*N*-十八烷基异喹啉/水界面，Kakiuchi等研究了TMA^+、TEA^+、$TPrA^+$等多种离子在该液/液界面上的转移并且获得了其转移的半波电势。该工作展示了离子液体/水界面研究简单离子转移的巨大潜力。除简单离子转移研究外，Kakiuchi等还研究了四[3,5-二(三氟甲基)苯基]硼酸三辛基甲基铵/水界面上碱金属阳离子的加速离子转移。Kakiuchi等以二苯并-18-冠醚-6(DB18C6)为离子载体，分别研究了Li^+、Na^+、K^+、Rb^+及Cs^+五种离子的加速离子转移行为，结果发现Li^+、Na^+、K^+、Rb^+与DB18C6配位为1∶1(稳定常数分别为5.0、7.0、8.2、7.3)，而Cs^+可能为1∶1或1∶2。与其在普通的有机溶剂/水界面观

察到的现象类似，在一定范围内，金属离子与冠醚的比例关系会极大地影响其伏安行为，当离子液体相中的冠醚浓度保持一定时，随着水相中 K^+ 浓度的升高，加速离子的转移峰逐渐负移，这与在有机溶剂/水界面上观察到的加速离子转移现象一致。

除了简单离子转移和加速离子转移，液/液界面上常见的电子转移也可在离子液体/水界面上发生。出于环境友好的考虑，2006 年 Kakiuchi 等首先使用无氟的离子液体应用到液/液界面电分析化学研究中。Kakiuchi 等研究了四烷基铵双(2-乙基己基)磺基琥珀酸与水形成液/液界面的电化学行为，为探究阳离子中电势窗与烷基链的关系，他们分别选择了四丁基铵、四戊基铵、四己基铵、四庚基铵及四辛基铵为阳离子测定其电势窗的变化，结果发现随着烷基链逐渐增长，四丁基铵、四戊基铵与四己基铵对应的电势窗宽度逐渐增加，而四己基铵、四庚基铵及四辛基铵对应的电势窗几乎不变，这与离子液体中阳离子的疏水性的饱和程度明显相关。2007 年，Kakiuchi 等以四[3,5-二(三氟甲基)苯基]硼酸四庚基铵为有机相，以含有 0.01 $mol \cdot L^{-1}$ $MgSO_4$ 的水溶液为水相时获得了 1.1 V 宽度的电势窗(60℃)，其中决定电势窗大小的离子主要是水相中的 Mg^{2+} 和有机相中的 SO_4^{2-}。

除了在热力学方面对离子液体/水界面上的电化学行为进行研究以外，2010 年，Mirkin 等人也对离子液体/水界面上的离子转移动力学进行了研究。Mirkin 等人使用三己基十四烷基膦二(1,1,2,2,3,3,4,4,4-壬氟-1-丁磺酰基)亚胺作为有机相，研究了 TBA^+、ClO_4^- 等离子在该离子液体/水界面上的电化学动力学，基于所构建的非极化液/液界面，测定了其传质参数及动力学参数。数据表明，TBA^+ 平均动力学参数 $k^0 = (0.12 \pm 0.02)\ cm \cdot s^{-1}$，$\alpha = 0.5 \pm 0.06$，其中 k^0 数值远小于有机溶剂/水界面上的数值，他们推测可能与离子液体高黏度有关。

2011 年，Arrigan 等人使用商业化的离子液体三己基十四烷基膦三(五氟乙基)三氟磷酸盐为有机相，首次使用微孔阵列支撑离子液体/水界面来研究离子液体/水界面上的电化学伏安行为。在构建的离子液体/水界面中，测得该界面的电势窗宽度为 0.4 V，可观察到 TEA^+、$TPrA^+$ 等阳离子及 BF_4^-、PF_6^- 等阴离子的转移伏安图。基于微孔阵列的离子液体/水界面可为研究传感检测及萃取过程提供便利，并且商业化离子液体在液/液界面中的研究实例也可为其在液/液界面的广泛应用打下基础。2018 年，Nishi 等利用三辛基甲基铵双(九氟丁烷磺酰基)酰胺/水界面成功合成了金/聚噻吩复合材料。该界面或可为液/液界面电化学研究提供新的有机溶剂相。2020 年，Langmaier 等使用四[3,5-双(三氟甲基)苯基]硼酸酯十三烷基甲基铵作为有机相构建了液/液界面，实验中获得了较宽的电势窗且能明显观察到 TEA^+ 的伏安转移。基于该离子液体/水界面，他们成功构建了壁喷射离子传感器，最低检测限为 22.5 $nmol \cdot L^{-1}$，线性范围为$(1\times10^{-7} \sim 2\times10^{-4})\ mol \cdot L^{-1}$。

常用于液/液界面的离子液体通常由长链疏水阳离子与阴离子构成，而由于阴阳离子种类较多、结构可调，因此为离子液体在液/液界面领域的应用带来了可能性。人们可以根据需求设计合适结构的分子以满足离子液体在液/液界面电化学中的应用要求。然而，离子液体自身也具有较大的局限性：一是离子液体自身黏度高，因此离子迁移速率相对较低，且其电阻大，因而电流响应小，给研究微电流实验和快速离子转移实验带来了不便;二是相较于普通的有机溶剂,其熔点相对较高,因而不少实验必须在较高温度下完成,而温度控制、水分蒸发的控制都给液/液界面电化学实验带来了不便;三是尽管当前开发出了一些不含氟、低污染的有机溶剂,但是芳环结构、卤素原子等均会带来一定的环境污染,因此离子液体自身的毒害性问题依然有待解决;四是离子液体在界面处自身的充放电现象以及跨界面转移行为会带来伏安响应上的背景与噪声影响。另外,离子液体相比有机溶剂通常存在价格昂贵、制备和保存不便等问题。

在早期的研究中,TBATPB(四丁基胺四苯硼)是最常用的有机相的支持电解质,但它通常仅能提供300～400 mV的电势窗大小(与所用有机相有关),限制了研究的范围。为了拓展电势窗,人们探讨了一些更加亲油的盐,例如:结晶紫四苯硼(crystal violet tetraphenylborate,CVTPB)[21],双(三苯基正膦亚基)胺四苯硼(bis[triphenylphosphoranylidene]ammonium tetraphenylborate,BTPPATPB)[22],四苯砷氯代二碳硼烷钴(tetraphenylarsonium, TPAsDCC [$(B_9C_2H_8Cl_3)_2Co$])[23],四苯基铵四双[4-氯代苯硼](tetraphenylammonium tetrakis[4-chlorophenyl]borate, TBATPBCl)[22],四苯基铵四双五氟苯硼(tetraphenylammonium tetrakis[pentafluorophenyl]borate, TBATPBF)[22],双(三苯基亚正膦基)铵四双[4-氯代苯硼](bis[triphenylphosphoranylidene]ammonium tetrakis [4-chlorophenyl] borate, BTPPATPBCl)和双(三苯基亚正膦基)铵四双五氟苯硼(bis[triphenylphosphoranylidene]ammonium tetrakis[pentafluorophenyl] borate, BTPPATPBF)[24]。这些有机相支持电解质也已经得到成功应用。对于BTPPATPBF作为DCE的支持电解质,限制电势窗的离子均来自水相中的支持电解质,电势窗接近1 V,可能是目前液/液界面研究中可提供的最宽的电势窗之一。

从上述讨论可以看出,尽管在液/液界面电分析化学研究中使用的有机溶剂依然集中在DCE和硝基苯,但近年来由于绿色化学的发展趋势,更多的绿色溶剂被开发应用于液/液界面的研究中。从电分析化学以及绿色化学的角度来看,有机溶剂中的三氟甲苯(及其衍生物)、NPOE、离子液体中的四[3,5-二(三氟甲基)苯基]硼酸四庚基铵由于其电势窗较宽,环境污染相对较小等因素,有望成为DCE和硝基苯两种经典溶剂的替代品。而随着更多被设计出的目标有机分子的出现,基于这种强疏水结构的有机溶剂、离子液体以及支持电解质均极有可能逐步摆脱当前液/液界面电分析化学研究受限于溶剂的困境,为进一步拓宽液/液界面的研究内容和适用环境及应用打下基础。

液/液界面电(分析)化学未来的发展方向主要应该集中在解决界面结构问题和筛选具有环境友好、电势窗宽的有机溶剂以及相匹配的有机相支持电解质方面,从而拓展该领域的实际应用范围。另外,总结有机溶剂结构与电势窗等电化学相关参数之间的关系和规律,将有助于促进该领域的快速发展。

2.2 液/液界面的微观结构及电荷在界面附近的分布

液/液界面上的电荷转移反应的热力学、动力学及反应机理均与电势在界面区域的分布和界面微观结构密切相关。虽然电荷(电子和离子)在液/液界面上的转移反应实验可采用现代电化学技术和光谱(光学)技术进行研究,但对实验结果的解释还不能达到对于动力学机理的完全理解[4]。这主要是因为任何液/液界面上的电荷转移反应动力学的理论方法均与所采用的界面模型有关。两相之间的界面本质上讲是一种分子界面并有其独特的动态行为,即界面始终处于动态平衡中。显然很难定义一个界面的结构或厚度,以及界面是平整的或是粗糙的。该问题的答案与时间尺度有关[25]。不像固体电极,液/液界面的微观结构很难采用具有原子级分辨率的扫描探针显微技术进行探讨。该缺点其实也是它的一个优点,由于液/液界面的动态行为,反映在宏观上就是液/液界面具有高度的重现性[25]。目前有关液/液界面微观结构的相关知识主要来源于各种理论模拟与实验结果[4]。需要指出的是,在这些界面上的电荷转移反应的机理及动力学仍没有完全解决。下面将从讨论目前应用最广泛的两种模型开始,介绍液/液界面结构的研究历史及现状。

2.2.1　液/液界面的热力学分析

基于 Gibbs 或 Guggenheim 模型[26,27],人们已对液/液界面的双电层热力学进行过讨论。在常温和常压下,表面张力 γ 的变化可通过 Gibbs 吸附公式与特定离子 i 的表面过剩浓度关联起来:

$$-\mathrm{d}\gamma(T, p = \text{常数}) = \sum_i \Gamma_i^* \bar{\mu}_i \tag{2.30}$$

其中表面过剩浓度定义为

$$\Gamma_i^* = (n_i - n_i^{\mathrm{w}} - n_i^{\mathrm{o}})/A \tag{2.31}$$

这里 A 是界面面积,n_i 是离子 i 在整个体系中的总的物质的量,n_i^{w} 和 n_i^{o} 分别是离子 i 在水相和有机相中的物质的量。

Gavach 等开创了采用现代电化学技术研究液/液界面结构的先河[28,29]。他们首先探讨了水相和硝基苯(NB)相同时含有溴化四烷基铵的非极化体系(见电化学池 3)。通过改变电解质的浓度,利用滴重(drop weight)法测量界面张力,他们显示存在特定吸附,特别是对于大的四烷基铵离子。界面区域应该遵守电中性原则,这样表面过剩浓度有如下关系式:

$$\Gamma_{\mathrm{B}^+}^{\mathrm{w,o}} = \Gamma_{\mathrm{A}^-}^{\mathrm{w,o}} = \Gamma_{\mathrm{BA}}^{\mathrm{w,o}} \tag{2.32}$$

电解质的表面过剩浓度由如下公式给出:

$$\Gamma_{\mathrm{BA}}^{\mathrm{w,o}} = -\frac{1}{2RT}\left[\frac{\partial \gamma}{\partial(\ln \alpha)}\right]_{T,p} \tag{2.33}$$

他们认为,所观察到的特定吸附是由于界面离子对的形成。

在随后的工作中,他们研究了水相含有 NaBr+溴化四烷基铵,硝基苯相中含有溴化四烷基铵的非极化体系(见电化学池 2)。通过共同离子四烷基铵离子,可以控制界面的 Galvani 电势差,从而可得到该体系的电毛细曲线(图 2.3)。当把零电荷电势(potential of zero charge, PZC)作为中心,所得到的电毛细曲线对于三种四烷基铵阳离子(四乙基、四丙基和四丁基)基本相同,更重要的是该曲线对应于 Gouy-Chapman 理论所预测的电荷的积分:

$$q=[8RT\varepsilon^{\mathrm{n}}c^{\mathrm{n}}]^{1/2}\sinh\left[\frac{F}{2RT}(\Delta\phi-\phi_{2\mathrm{w}}-\chi)\right] \tag{2.34}$$

这里 ε^{n} 和 c^{n} 分别为硝基苯相的介电常数和盐的浓度，$\Delta\phi$ 是两相之间的电势差，$\phi_{2\mathrm{w}}$ 是水相中分散层中的电势降，χ 是穿过紧密层(compact layer)的电势差。分散层中的电势降可根据 Gouy-Chapman 理论来计算：

$$\phi_{2\mathrm{w}}=\frac{RT}{F}\ln\left\{\frac{(\varepsilon^{\mathrm{w}}c^{\mathrm{w}})^{1/2}+(\varepsilon^{\mathrm{n}}c^{\mathrm{n}})^{1/2}\exp[(F/2RT)(\Delta\phi-\chi)]}{(\varepsilon^{\mathrm{w}}c^{\mathrm{w}})^{1/2}+(\varepsilon^{\mathrm{n}}c^{\mathrm{n}})^{1/2}\exp[-(F/2RT)(\Delta\phi-\chi)]}\right\} \tag{2.35}$$

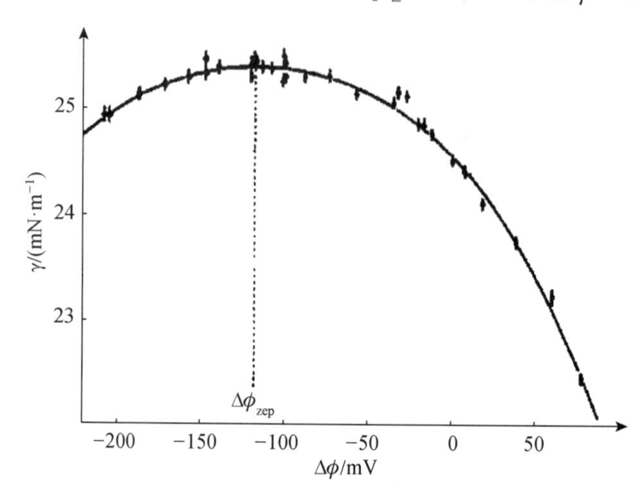

图 2.3　电毛细曲线(界面张力随 Galvani 电势差的变化)。实圈是实验值，实线是积分 Gouy-Chapman 理论电荷所得值。引自参考文献[29]。

这两篇论文不仅从实验的角度来看是该领域研究界面结构的里程碑，而且在理论上也做出了重要贡献，提出了一个新的界面模型，即在 Verwey 和 Niessen 模型的基础上，在两个分散层之间假设存在一个无离子的溶剂分子定向排布的溶剂层("紧密层")[3,28](图 2.4)。现在，该模型经常被称为修饰的 Verwey-Niessen 模型(MVN 模型)。该工作另外一个有趣的结论是穿过紧密层的电势降可以忽略不计。Buck 等随后采用一系列的四烷基铵离子，从四甲基到四己基，得到了类似的结果。特别是他们证实了穿过紧密层的电势降在实验误差的范围内等于零[30]。

在该 MVN 模型中，Galvani 电势差可分解为三部分：

$$\Delta_{\mathrm{o}}^{\mathrm{w}}\phi=\phi^{\mathrm{w}}-\phi^{\mathrm{o}}=\Delta_{\mathrm{o}}^{\mathrm{w}}\phi_i+\phi_2^{\mathrm{o}}-\phi_2^{\mathrm{w}} \tag{2.36}$$

这里 $\Delta_{\mathrm{o}}^{\mathrm{w}}\phi_i=\phi(\chi_2^{\mathrm{w}})-\phi(\chi_2^{\mathrm{o}})$ 是穿过内层的电势差，$\phi_2^{\mathrm{o}}=\phi(\chi_2^{\mathrm{o}})-\phi^{\mathrm{o}}$ 或 $\phi_2^{\mathrm{w}}=\phi(\chi_2^{\mathrm{w}})-\phi^{\mathrm{w}}$ 是穿过有机相或水相分散层的电势差。

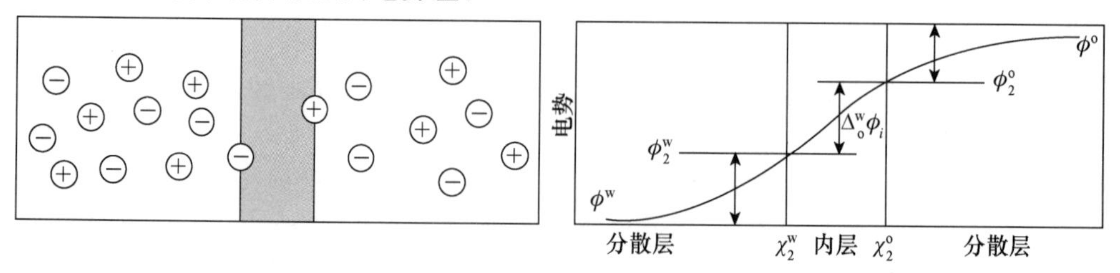

图 2.4　修饰的 Verwey-Niessen 模型与界面电势分布(引自参考文献[28])。

在每个分散层中电势随距离的变化 $\mathrm{d}\phi/\mathrm{d}x$ 可由经典的 Poisson-Boltzmann 公式来描述,当支持电解质为 1∶1 时是

$$\left(\frac{\mathrm{d}\phi}{\mathrm{d}x}\right)_{\chi_2<x<x_\infty}=\pm\sqrt{\frac{8RTc}{\varepsilon}}\sinh\left[\frac{F}{2RT}(\phi_\chi-\phi_\infty)\right] \tag{2.37}$$

由于该模型假设在两相之间存在一个物理屏障,分散层的电荷可定义为

$$\sigma=\pm\sqrt{8RTc\varepsilon}\sinh\left[\frac{F}{2RT}(\phi_2-\phi_\infty)\right] \tag{2.38}$$

由电中性原则界面上 $\sigma^{\mathrm{o}}=-\sigma^{\mathrm{w}}$,可导出两个重要的关系式:

$$\varepsilon^{\mathrm{o}}\left(\frac{\mathrm{d}\phi}{\mathrm{d}x}\right)_{x=\chi_2^{\mathrm{o}}}=\varepsilon^{\mathrm{w}}\left(\frac{\mathrm{d}\phi}{\mathrm{d}x}\right)_{x=\chi_2^{\mathrm{w}}} \tag{2.39}$$

和

$$\frac{\sinh[F(\phi_2^{\mathrm{w}}-\phi_\infty^{\mathrm{w}})/2RT]}{\sinh[F(\phi_2^{\mathrm{o}}-\phi_\infty^{\mathrm{o}})/2RT]}=-\sqrt{\frac{\varepsilon^{\mathrm{o}}c^{\mathrm{o}}}{\varepsilon^{\mathrm{w}}c^{\mathrm{w}}}} \tag{2.40}$$

基于公式(2.40),每个分散层中的电势降均可将 $\Delta_{\mathrm{o}}^{\mathrm{w}}\phi-\Delta\phi_i$ 作为函数来进行计算。另外,内层中的电势降也可以计算得到。有趣的是,计算的结果是内层的电势降可以忽略不计。

基于 Gouy-Chapman 理论,从上述公式(2.35)有可能计算出穿过空间区域的 Galvani 电势的分布轮廓。图 2.5 描述了在水相(含有 KCl)和 1,2-二氯乙烷(DCE,含有四丁基铵四苯硼 TBATPB)界面的电势分布情况。

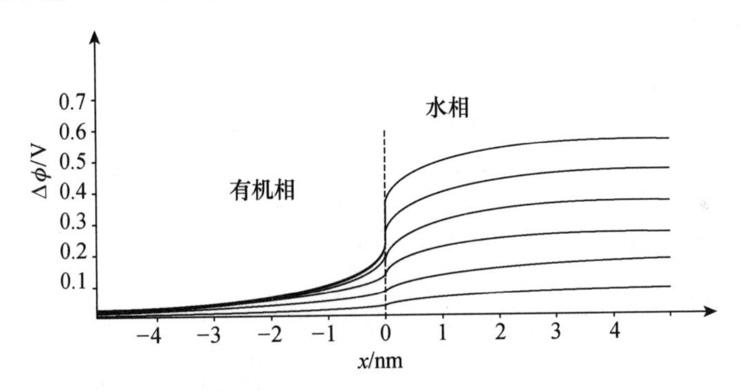

图 2.5 在不同的外加电势下在水(含 10 mol·L^{-1} KCl)和 DCE(含 1 mol·L^{-1} TBATPB)之间的电势分布(引自参考文献[3])。

遗憾的是,在做出了重要贡献后,Gavach 课题组把主要精力专注于液/膜界面的研究,从此很少涉足液/液界面的研究(可能的原因是其组里原研究液/液界面的大将因车祸去世!)。然而,他们的工作引起了广泛的关注,特别是捷克、日本、英国和美国的电化学家及分析化学家们开始进行这方面的研究。20 世纪 80 年代初,在探讨水(W)/硝基苯(NB)和水(W)/1,2-二氯乙烷(DCE)界面结构研究中,发表了一系列的研究工作。Kakiuchi 和 Senda[27,31,32] 采用液滴时间(drop time)法测量界面张力,同时采用四电极恒电位仪测量理想极化界面的电势差,给出了 W/NB 体系电毛细曲线(水相含有 LiCl,有机相含有 TBATPB)。他们显示,通过微分电毛细曲线得到的表面电

荷密度 Q，等于从相应的微分电容与电势曲线的积分。该工作证实 Lippmann 公式适用于极化的液/液界面：

$$Q = -\left(\frac{\partial \gamma}{\partial \Delta \phi}\right)_{\mu, T, p} \tag{2.41}$$

他们应用 Gibbs 吸附公式分析了实验结果，其主要结论是离子的表面相对过剩浓度可以很好地采用 Gouy-Chapman 理论来描述。并采用理想极化界面的 MVN 模型，称紧密层是一种无离子的层，是在两个分散层之间的水与硝基苯的薄层。穿过该紧密层的电势差大约为 20 mV(相当于 PZC)，但随表面电荷密度变化而变化。

同时，Girault 和 Schiffrin 等[33-36]采用悬滴(pendant drop)法并结合图像技术，测量表面张力从而研究在纯有机相和水电解质溶液之间水的表面过剩问题。实验结果显示，在极性溶剂的情况下，与空气/电解质和金属/电解质溶液界面不同，水的表面过剩少于一个单分子层的量。该结果指向离子穿入界面区域，使他们得出界面包括一个混合溶剂层这样的结论，提出了混合溶剂层模型(mixed solvent layer model)，或称为 GS(Girault-Schiffrin)模型(图 2.6)。他们也探讨了另外一种理想极化界面，即含有 KCl 的水与含有 TBATPB 的 DCE 之间的界面。他们的实验结果也证实了 Lippmann 公式适用于理想极化界面。然而，所观察到的电毛细曲线的极大点与通过电容曲线的极小点并不重合，而与流动电解质(streaming electrolyte)法所测量得到的 PZC 一致，并采用 Guggenheim 法对实验结果进行了热力学分析。与 Kakiuchi 和 Senda 工作的主要区别是，他们清楚地显示了从相邻两相中一个阳离子和一个阴离子如何在界面形成离子对，其界面电荷密度 Q 定义为

$$Q = -F\left(\frac{\partial \gamma}{\partial \Delta \phi}\right)_{\mu_{\mathrm{KCl}}, \mu_{\mathrm{TBATPB}}} = F\left[\left(\Gamma_{\mathrm{Cl}^-}^{\mathrm{o,w}} - \Gamma_{\mathrm{K}^+}^{\mathrm{o,w}}\right) + \left(\Gamma_{\mathrm{TBACl}}^{\mathrm{o,w}} - \Gamma_{\mathrm{KTPB}}^{\mathrm{o,w}}\right)\right] \tag{2.42}$$

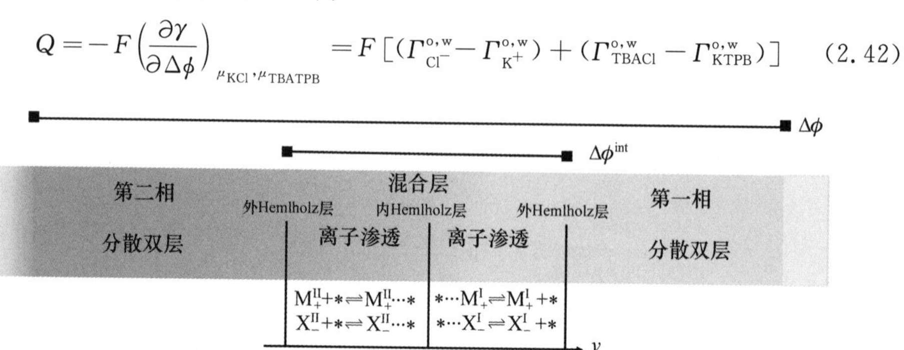

图 2.6　GS 模型界面结构示意图(引自参考文献[52])。

第三个系列工作是由 Samec 等[37-40]完成的，他们选择测量不同界面的电容。这几篇论文的主要结论是 Gouy-Chapman 理论与 MVN 模型能够解释所得的实验数据。他们也证实了穿过混合溶剂层的电势差可以忽略不计，并在 PZC 附近。虽说 Samec 等一直把混合溶剂层称为紧密层，但他们也清楚地表明空间电荷区域与紧密层之间是分散式的，而非平整的；离子可穿入紧密层中一定的距离。因此，由 Girault 和 Schiffrin 提出的混合溶剂层模型与 Samec 等进一步完善的 MVN 模型的主要区别仅在于描述所用的语言不同，而所呈现的物理图像非常近似。另外，值得注意的是，Samec 等

在其所研究的众多体系中,没有发现任何特定吸附或离子对形成的证据。

从上述的三个系列研究工作中我们可以总结出如下的一些相对普遍接受的结论:

(1) 液/液界面的结构是由一个混合层分开的两个分散层;

(2) 大多数电荷分布在两个分散层中,因此 Gouy-Chapman 理论可以较好地描述界面行为,但这种描述是定性的,而非定量的;

(3) 穿过混合溶剂层的电势降可以忽略不计,并在 PZC 附近。

第三条结论很重要,它表明在零电荷电势的 Galvani 电势差约等于零,实际上,它可看作为一种测量离子转移 Gibbs 转移能的超热力学假设[41]。上述三个系列工作的主要分歧在于,液/液界面上是否存在特定吸附? Kakiuchi 和 Senda 以及 Samec 等均认为在液/液界面上不存在吸附的界面离子对;而 Girault 和 Schiffrin 根据其实验结果,即 PZC(电毛细曲线的极大值)与电容曲线的极小值之间的不重合,认为界面上存在特定吸附。Koczorowski 等在 W/NB+苯和 W/DCE 界面上也观察到类似的结果[42]。Schiffrin 等[43]采用 Bjerrum 离子对形成理论计算了特定吸附对于界面电容的贡献。如图 2.7 所示,电容在正电势区间以 $Li^+ < Na^+ < K^+ < Rb^+ < Cs^+$ 序列显著增加,表明阳离子是特定吸附。他们的结论是,混合溶剂层与依赖于离子半径大小的离子对的进入,代表了较真实的液/液界面。

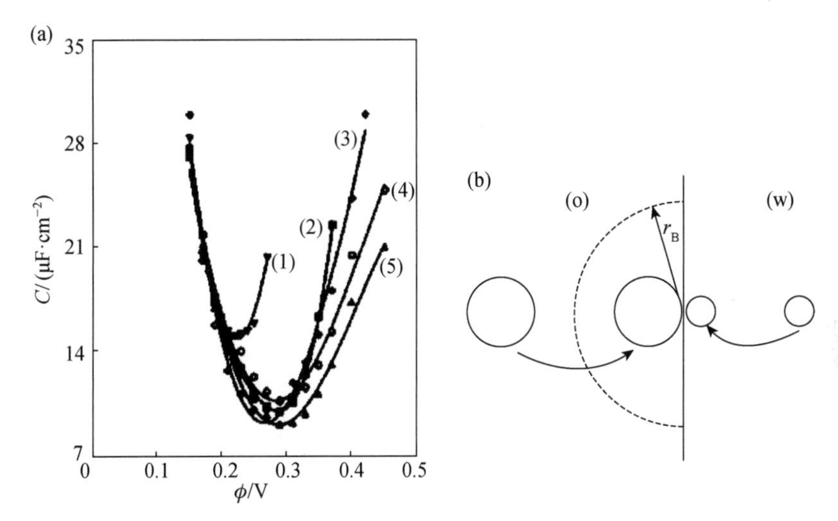

图 2.7　(a) 对于所研究的碱金属的电势-电容曲线。水相中氯化碱金属浓度均为 10 mmol·L^{-1},(1) CsCl,(2) RbCl,(3) KCl,(4) NaCl,(5) LiCl。(b) 界面离子对形成示意图。(o)=有机相,(w)=水相,r_B=Bjerrum 半径。有机相和水相离子分别为 TPB^- 和 Cs^+。引自参考文献[43]。

Kharkats 和 Ulstrup[44]计算了由一个平面区间分开的两个不同介电常数相之间离子的 Gibbs 静电能的分布图,他们考虑了离子的有限尺寸和镜像相互作用。该工作是对上述实验工作的很好补充。他们所得到的结果如图 2.8 所示,显然在离子穿过该区域时没有间断点是连续的,阳离子和阴离子会有一定程度进入该区域,如果它们的大小不同,其浓度分布将有所不同。该工作与 Poisson-Boltzman 公式有所不同,功项不仅包括电能 $zF(\phi-\phi^b)$,而且还有当离子接近界面开始感觉到镜像力的静电对于

Born 溶剂化能的贡献。他们所附加的功项在 $h>a$ 区域是

$$W=\frac{(ze)^2}{8\varepsilon_1 a}\left\{\begin{aligned}&4+\left(\frac{\varepsilon_1-\varepsilon_2}{\varepsilon_1+\varepsilon_2}\right)\frac{2}{h/a}+\\&\left(\frac{\varepsilon_1-\varepsilon_2}{\varepsilon_1+\varepsilon_2}\right)^2\left[\frac{2}{1-(h/a)^2}+\frac{1}{2h/a}\left(\frac{2h/a+1}{2h/a-1}\right)\right]\end{aligned}\right\} \tag{2.43}$$

这里 h 是从离子的中心到混合溶剂层的距离。上述公式的第一项代表 Born 溶剂化能,第二项是离子与它的镜像之间的相互作用(与离子半径无关),第三项是考虑了有限离子尺寸的结果。当 $0<h<a$ 时,可有下列公式:

$$W=\frac{(ze)^2}{8\varepsilon_1 a}\left\{\begin{aligned}&\left(2+\frac{2h}{a}\right)+\left(\frac{\varepsilon_1-\varepsilon_2}{\varepsilon_1+\varepsilon_2}\right)\left(4-\frac{2h}{a}\right)+\\&\left(\frac{\varepsilon_1-\varepsilon_2}{\varepsilon_1+\varepsilon_2}\right)^2\left[\frac{(1+h/a)(1-h/a)}{1+2h/a}+\frac{1}{2h/a}\left(1+\frac{2h}{a}\right)\right]\end{aligned}\right\}$$
$$+\frac{(ze)^2}{4\varepsilon_2 a}\left(\frac{2\varepsilon_2}{\varepsilon_1+\varepsilon_2}\right)\left(1-\frac{h}{a}\right) \tag{2.44}$$

当离子中心正好坐落在混合溶剂层中心,即 $h=0$ 时的极限情况下公式是

$$W=\frac{(ze)^2}{a(\varepsilon_1+\varepsilon_2)} \tag{2.45}$$

界面区域的 Gibbs 静电能对称性依赖于两相的介电常数,但不等于两相的 Born 溶剂化能的平均值。

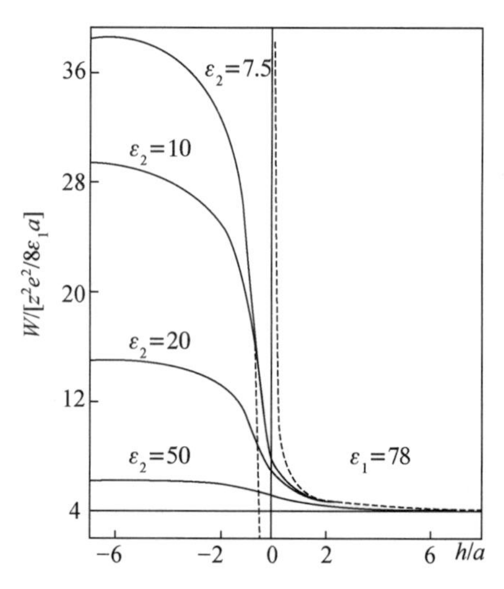

图 2.8 离子在液/液界面转移的 Gibbs 静电能分布图。实线代表的是当 $\varepsilon_1=78$、不同 ε_2 值时有限离子的分布情况[单位是 $(ze)^2/8\varepsilon_1 a$];虚线代表的是当 $\varepsilon_1=78$、不同 ε_2 时基于点电荷模型的分布情况(单位同前)。引自参考文献[44]。

正如 Kharkats 和 Ulstrup 所提到的那样,如果仅简单地考虑介电常数的影响,那么表面过剩电荷是在液/液界面介电常数小的一边,即在有机相一边,水相那边表面电荷匮缺。该讨论导致了如下的结论:有机相中的疏水离子很可能进行特定吸附。Schiffrin 等的实验结果显示界面电容与水相中的平衡离子的本质相关,表明这种特定

吸附是通过形成界面离子对进行的。他们的工作对于是否能够采用 Gouy-Chapman 理论分析电容数据也有影响。当相邻相中电解质浓度较低时，镜像作用的贡献重要，经典的 Gouy-Chapman 电容仅考虑了镜像作用所计算的值较低；当电解质浓度较高时，镜像作用的贡献减少。

Torrie 和 Valleau[45] 应用 Monte Carlo 模拟强调了 Gouy-Chapman 理论用于描述液/液界面上电荷分布的缺点。第一点是该理论在低的介电常数溶剂中通常是不完善的，因为所采用的平均场近似忽略了有机相分散层中离子-离子之间的空间相互作用。在给定的电荷密度下，这些相互作用的结果是使有机相分散层变薄，电势降变小。第二点是两边的平衡离子之间的相互作用会产生一种两个层之间的相互吸引力，导致两个分散层变薄，电势降变小。该论点违背了 Verwey 和 Niessen 的基本设想，即两个分散层是分别独立的，仅反映了对方的电荷密度。不过，他们同时也指出，当采用水作为一相溶剂时，由于其大的介电常数，这种层与层之间的相互作用是比较小的。

2.2.2　液/液界面微观结构的理论模拟

许多有关液/液界面的关键问题，例如，界面微观结构、电荷转移反应机理等，用电化学实验技术探讨起来存在这样那样的困难，无法提供全面和详细的微观信息。然而，理论模拟(包括分子动态模拟、Monte Carlo 模拟等)可以给出实验无法实现的诸多情况，目前液/液界面的基本图像就是由理论模拟提供的，这些非常有用的信息也为随后的实验工作提供了指导。当然，理论模拟由于计算能力的限制，早期大多数探讨的是纯水/有机相界面。

下面简略地对常用的模拟方法进行介绍[46]，想了解更多这方面的知识可参考相关书籍。分子动态(molecular dynamics, MD)模拟[46]是应用力场及牛顿运动力学原理所发展的一种计算机模拟方法，旨在模拟体系内所有分子的时间分辨运动轨迹。通常，这种方法只能模拟有限数目的分子，因此，需要从分子体系中抽取样本计算构型积分，并以此为基础计算体系的热力学和结构等宏观性质，可得到溶剂密度、氢键作用、扩散系数及界面厚度等信息。蒙特卡洛(Monte Carlo, MC)模拟的方法也已应用于描述液/液界面的电势分布[47]。MC 模拟是一种通过设定随机过程，反复生成时间序列，计算参数估计量和统计量，进而研究其分布特征的方法。对于液/液界面，MC 模拟主要计算分子组态和平衡性质，进而获得界面厚度、溶剂密度、氢键作用和分子定向排列等信息。由于取样分子数的限制，MD 和 MC 模拟都没有考虑两种溶剂的互溶性对界面结构的影响。显然，这与液/液界面的真实情况是不符的。大多数有机溶剂与水都有一定的互溶度，比如，水在 DCE 中的溶解度可达 0.11 $mol \cdot L^{-1}$。密度泛函理论(density functional theory, DFT)可以弥补 MD 和 MC 模拟在此方面的缺陷，将互溶性考虑在理论计算当中。当两相互溶性增大时，界面会变厚。在互溶性为零的极限条件下，密度泛函理论将与其他方法一样，得到很窄的界面区域。Schmickler 等[48]利用密度泛函理论研究由两种偶极分子组成的混合物体系。当两种分子的交叉作用弱于自身作用时，体系倾向于分成两相，每相由大部分本相成分和少部分第二相成分构成。界面附近两相的密度分布可通过密度泛函计算。界面的厚度为几个分子直径大小，当两相互溶性高时，界面厚度变大，支持混合溶剂层模型。

上述的计算和理论模型研究的体系多数是针对纯溶剂的液/液界面，然而，电解质离子的存在不仅对界面结构有重要的影响，而且也更接近真实体系。修饰的泊松-玻尔兹曼模型(modified Poisson-Boltzmann model, MPB)是一种将离子-离子相互作用、镜像力和离子尺寸引入界面结构的计算模型。Urbakh 等[49-52]通过求解 MPB 方程计算电解质离子的种类、浓度、离子对的形成和混合溶剂层的存在对界面电容的影响，从而在实验测定的电容数据和界面微观结构之间建立了联系。与 MPB 模型类似，点阵气体模型(lattice gas model)也在界面结构的理论研究中引入了电解质离子，考虑离子-离子、离子-溶剂之间的相互作用。该模型将两个互不相溶体系划分为若干简单立方晶格或六方密堆积晶格，每个晶格被一个溶剂分子或离子占据，其在 xy 平面的投影如图 2.9 所示[53]。粒子与其最近相邻的粒子有相互作用，作用常数通过矩阵的形式表示。所得模型通过准化学近似(quasi-chemical approximation)或 MC 模拟进行计算处理，以得到界面厚度、离子吸附和界面电容等信息。

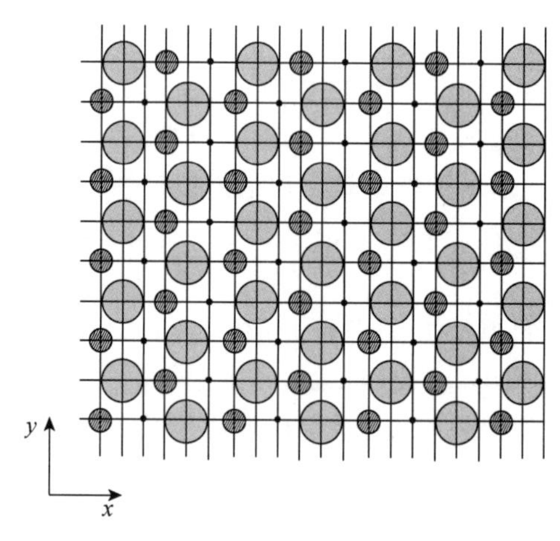

图 2.9　六方晶格中粒子在 xy 平面的投影。不同大小的圈代表不同粒子，点代表空位。引自参考文献[53]。

在过去的 30 多年中，这些模拟方法的应用不仅提供了液/液界面的轮廓，而且也引入了一些新的概念和描述界面行为的新名词，特别是针对界面动态行为方面。Linse 采用 MC 模拟率先研究了水/苯界面[54]，随后 Benjamin 开始其采用 MD 模拟系统地探索水/DCE 界面及相关界面的工作[55-57]。在开始时，大多数模拟的目的是建立界面密度分布图和计算表面粗糙度，随着计算方法的改进和可模拟分子数的增加及计算能力的提高，界面的描述更加详细[58]。早期的理论工作的主要结论是界面会影响相邻两相的分子组成，界面在分子级别是相对平整的，但由于热扰动和毛细波而带有波纹(图 2.10)。

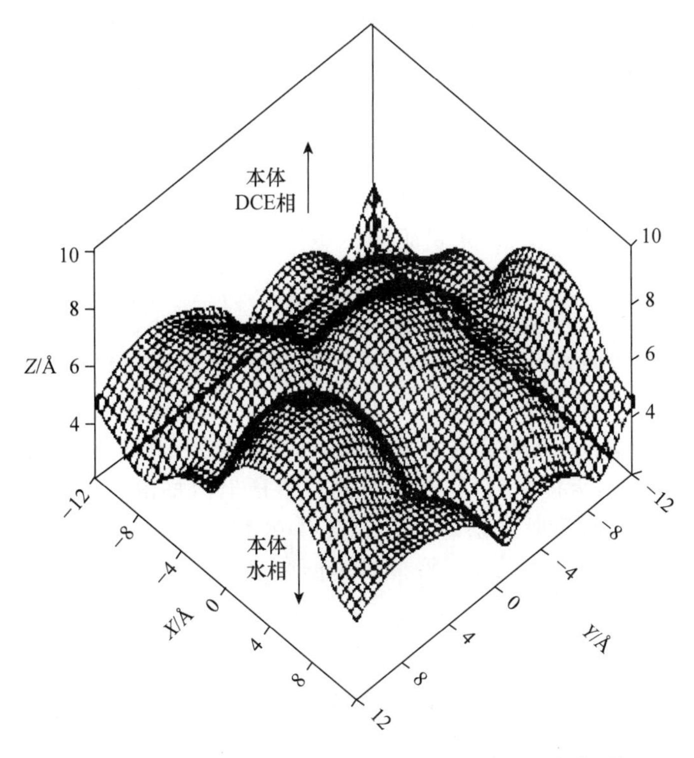

图 2.10　水与 DCE 接触的微观概貌(引自参考文献[56])。

第一个所关注的关键科学问题是液/液界面的厚度(或称为宽度,或界面溶质的密度分布图)问题,即从一相本体穿越到另一相本体的距离。在早期液/液界面电化学的研究中,忽略了界面本质上是动态的,特别是毛细波(capillary wave,或表面张力波,毛细波是指由毛细作用而引起的液体在自由表面的波)的存在[59]。已很好地建立了对于这些热扰动(thermal fluctuation)的理论处理:波长的上限和下限分别为界面的长度(L)和液体的关联长度(correlation length,l_b),在电化学实验中采用的水相和有机相的关联长度通常很类似。由于毛细波所产生的平均平方界面位移 ξ^2 可由如下公式求算[60,61]:

$$\xi^2 \approx \frac{k_B T}{2\pi\gamma_{o/w}} \ln \frac{L}{l_b} \tag{2.46}$$

这里 k_B 是 Boltzmann 常数,$\gamma_{o/w}$ 是界面的张力。根据上述公式和典型的水与纯有机相的张力数据计算得到 ξ^2 的值是在 1 nm 级,与 MD 模拟水/DCE(W/DCE)界面所得的值一致[55];另外,该公式也可预测扰动的大小会随溶剂极性的减小而减小,例如,在同系物中,通过增加碳链长度而使极性减小,进而使扰动的影响降低。由 MD 模拟 W/DCE 界面的主要结论是界面在分子水平是平整的,在水相一边,相对于水相本体溶液中的氢键要少一些。界面宽度(厚度)是由于毛细扰动的平均化效应而产生的。对于一些常用的界面,若基于水相本体溶质密度从 90%变化到 10%来定义其宽度,则界面宽度对于 W/NB、W/DCE 和 W/CCl_4 分别为 0.53、0.54 和 0.35 nm。

对于在界面上是否存在一种固有的叠加在毛细波上的界面厚度或混合溶剂层 ξ_0 仍有争议[53]。这样总的厚度 ξ_{tot} 是

$$\xi_{tot}^2 = \xi_0^2 + \xi^2 \tag{2.47}$$

Schmickler 等[48]通过热力学分析了两种典型的互不相溶溶液体系，考虑了偶极和 Yukawa 相互作用。Yukawa 电势部分 ϕ_{ij} 是可变化的(分离变量 R_{ij}，超越了分子半径 r)，由一个相互作用参数 ψ_{ij} 来表征。

$$\phi_{ij}(R_{ij}) = -\psi_{ij}\frac{2r}{R_{ij}}\exp\left[-\zeta\left(\frac{R_{ij}}{2r}-1\right)\right] - \frac{\mu_i\mu_j}{R_{ij}^3}J(i,j) \tag{2.48}$$

这里 ζ、μ 和 $J(i,j)$ 分别代表 Yukawa 相互作用的范围、偶极矩和偶极相互作用。在交叉相互作用参数 ψ_{ij} 比自身相互作用参数 ψ_{11} 和 ψ_{22} 小的情况下，采用摄动法计算体系的 Helmholtz 能，进而求得体系的 Gibbs 转移能。对于这样的体系，Gibbs 转移能沿垂直于界面的坐标而减低，从而可测量沿该坐标每相中的平衡摩尔分数。这种组分分布图表明，界面厚度随着交叉相互作用参数 ψ_{ij} 的增加而变厚，即随着两相互溶性增加而变厚(图 2.11)。当采用界面张力与常规液/液界面研究中所用体系类似时，通过上述方法得到一个接近于 1 nm 的有限界面宽度。该两相体系也通过一种点阵气体处理法进行了分析，这里在最相近的分子“1”和“2”之间引入了简单的成对相互作用($\pm w$)，以相互作用能作为函数的 MC 模拟揭示与分析研究一致(即随着 $|w|$ 的减小，整体界面宽度增加)[53]。但是，对于一种经典的液/液界面体系，其宽度仅在 0.2～0.3 nm 这个范围(图 2.12)。由毛细波的能量谱可以得到经典的结果是波长 2 nm[62]；另外，模拟的界面宽度与公式(2.46)预测的相近，表明固有的界面宽度对于整个界面宽度的贡献基本上是可忽略的(0.2 nm 或更小)。

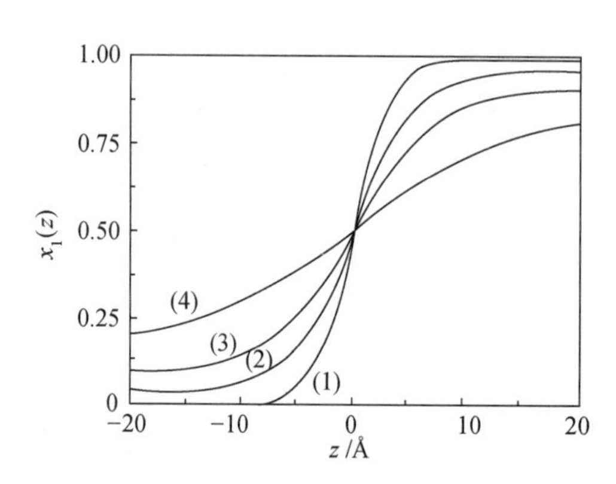

图 2.11　摩尔分数作为沿垂直于界面的位置的函数关系图。(1)～(4)曲线分别对应的 ξ_{12}/k_BT 等于 0.5、0.75、0.80、0.83。引自参考文献[48]。

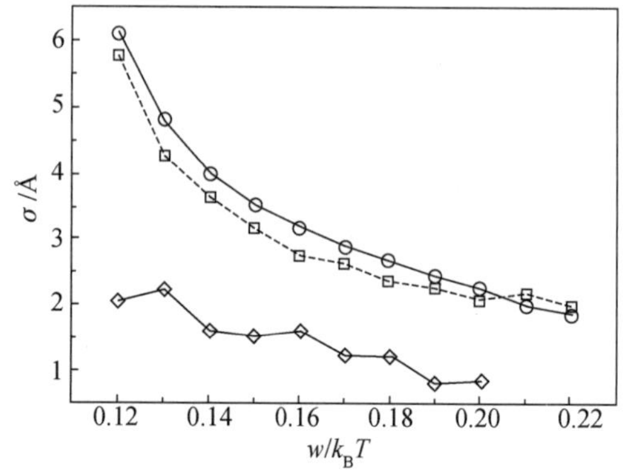

图 2.12　模拟的界面宽度作为点阵气体相互作用参数 w 的函数关系图(含圆圈的曲线)与毛细波表达式[含正方形的曲线，公式(2.46)]的比较，固有的宽度见含菱形的曲线(引自参考文献[53])。

第二个所关心的参数是界面的极性(interfacial polarity)，与异相反应动力学密切相关[4,45,56]。界面的介电环境显然与两个本体相不同，Kharkats 和 Ulstrup[44]较详细

地探讨了本体相介电常数与界面极性的关系(见上文)。更多的进展见下节中实验技术的工作进展介绍[时间分辨全内反射(time-resolved total internal reflection, TIR)荧光光谱,以及二次谐波发生(second-harmonic generation,SHG)]。Benjamin[63]显示界面体系的氢键网络强烈地依赖于有机相的本质。一般来讲,界面上的氢键的寿命与本体相相比要长,特别是可以形成指状水侵(water fingers,由于液/液界面上的热涨落,在两相的界面区域会交叠形成一定厚度的毛细作用区域,由于界面毛细作用的波动,水相或有机相中的分子会在极短的时间域内穿过界面区域进入另一相中,形成像手指插入另外一相中的行为)的溶剂对。所得到的在 Gibbs 面分开的界面上的不同体系的寿命 $\tau_{W/DCE}$、$\tau_{W/NB}$ 和 τ_{W/CCl_4} 分别为 15、10 和 7 ps,的确较本体的值 5 ps 长。

上述理论模拟所涉及的是纯水相与纯有机相组成的液/液界面。人们更关注的是两相中含有电解质的情况,即电化学通常探讨的液/液界面体系。第三个要关注的问题是离子在界面的水合行为,因为理解离子在界面的水合行为对于解释离子转移反应热力学与动力学是非常重要的。1993 年 Benjamin[64]率先采用 MD 模拟的方法研究了有电解质存在下,一个阴离子如何从水相进入有机相的过程。其工作显示了该离子对于界面结构的扰动,以及由于离子-偶极矩相互作用引起的"指状水侵"行为(图 2.13)。该概念在其随后的有关计算中得到进一步证实[60]。1999 年 Schweighofer 和 Benjamin[65]研究了 TMA^+ 在 W/NB 界面上的转移反应,得出了一些有趣的结论:首先,不像碱金属离子(例如 Na^+)转移,TMA^+ 转移进行了完全的溶剂化层的变化;其次,电势平均力场计算的结果与 Kharkats 和 Ulstrup 采用静电连续场模型计算溶剂化能分布图相当一致;最后,在电场作用下,TMA^+ 转移的动力学遵循 Stokes 公式,与移动的速度及电场强度有关。Benjamin 等强调了离子转移过程是一个活化的过程,能垒可能是由于形成"指状水侵"过程导致的。

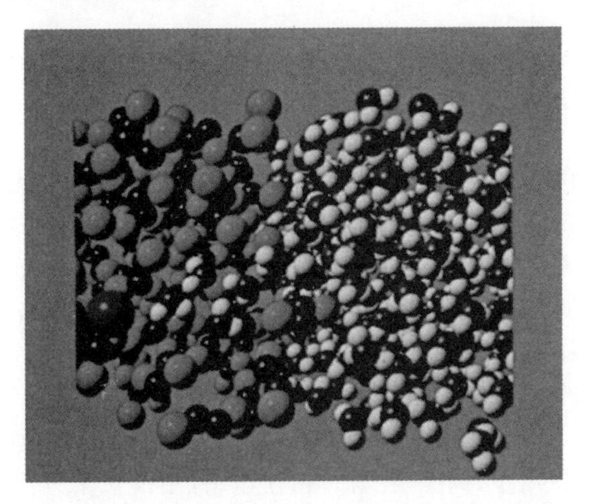

彩图 2.13

图 2.13 一个水形成的指头状深入到 DCE 相中与 DCE 相中的 Cl^- 的相互作用("指状水侵")。为了更突出离子,溶剂分子的大小被缩小了。引自参考文献[64]。扫描二维码查看彩图,下同。

2002 年 dos Santos 和 Gomes 报道了钙离子在 W/NB 界面上的转移过程[66],他们观察到溶剂化能随着离子穿过界面单调增加,转移过程是一个非活化过程。钙离子从水相转移到硝基苯相的过程中，第一水合层保持不变，但第二层脱落了水分子。Wick 和 Deng 从理论上探讨了 W/DCE 界面上过剩阳离子(例如，Na^+ 和 Cs^+)和阴离子(例如 Cl^-)的行为[67]。他们显示，在该界面上阳离子具有正的过剩浓度和较低的势能，阴离子具有负的过剩浓度。在其他界面，例如，水/气、水/CCl_4 界面没有观察到类似的结果。因此他们认为这是由于该界面平均的分子取向导致了该界面的独特性，即 W/DCE 界面更喜欢阳离子的相互作用，而不喜欢阴离子的相互作用。该分子动力学模拟的结论与 Girault 和 Schiffrin 提出的混合溶剂层一致。

对于一些亲油的分子，人们研究了它们是否更优先吸附在界面上。例如，Wipff 等[68,69]探讨了常用于支持电解质的 CCD^- 离子在 W/NB 和水/氯仿界面上的行为。该阴离子在界面，特别是后者的吸附很像一种表面活性剂(虽然该阴离子并不是表面活性剂)。他们将该阴离子的优异萃取性能归因于其特性吸附(图 2.14)。

彩图 2.14

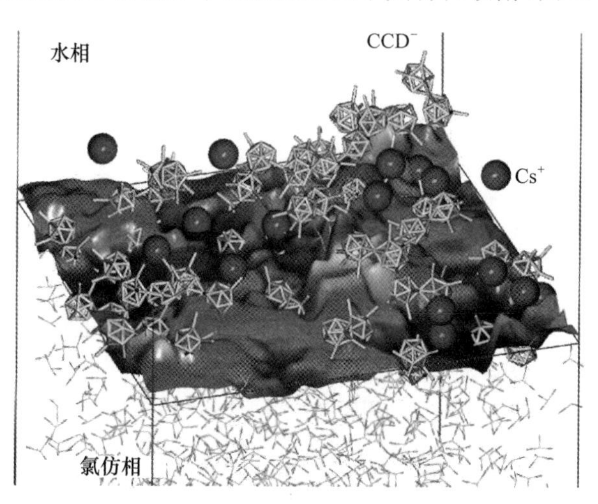

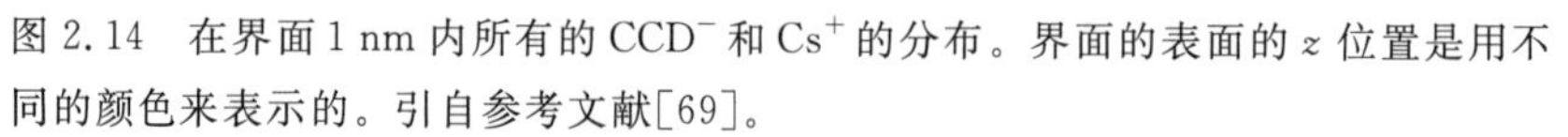
图 2.14　在界面 1 nm 内所有的 CCD^- 和 Cs^+ 的分布。界面的表面的 z 位置是用不同的颜色来表示的。引自参考文献[69]。

第四个问题是在两个含有电解质的溶液所形成的界面上，电势是如何在界面分布的？在有电解质存在下，界面电势的调控在实验中可由如下两种方式来完成：(1) 通过调节两相中共同离子的浓度[见公式(2.28)]，即通过 Nernst 公式来调节；(2) 通过四电极恒电位仪外加电势(对于微米级液/液界面可简化为两电极系统)。从理论上理解液/液界面双电层的意义和更加合理地解释实验结果主要有如下三种方法[59]：(1) 采用可得到数值解的方法来解决逐步增加的界面结构模型的复杂性，通常需要采用扰动的方法，在一定程度上进行简化，例如把 Poisson-Boltzmann 公式线性化；(2) 采用点阵气体法研究离子-离子、离子-溶剂的相互作用，用准化学方法或 MC 模拟进行处理；(3) 分子动态(MD)模拟：统计上有意义的单个分子数不包括在计算中，但要在体系中强加一个电场，探讨电场对于界面结构的影响。

在液/液界面最早的 Verwey 和 Niessen 模型，以及 Gavach 等随后提出的 MVN 模型中，他们均采用 Gouy-Chapman(GC)理论来描述双电层。但后面的实验工作发现，这样的 GC 理论的应用与实验结果有较大的偏差。Urbakh 等[49-52]考虑了界面粗糙度和界面结构对于液/液界面电容的影响，实质上发展了一种平均场模型。他们最初仅考虑了界面上的毛细波对于电容的影响，即假设扰动本身与电场无关，界面在分子水平是平整的[49]。当 $\Delta\phi < RT/F$ 时，线性化的 GC 公式可通过扰动技术求得数值解，得到垂直于界面的电势分布与毛细波矢量的关系。这里每相中两个特定的参数，Debye 长度的倒数(κ)与毛细波数($\tilde{v}$)，在分析电容增强中起到关键作用。随着 Debye 长度的增加，电势分布对于界面的扰动将不敏感，电容将简化为 Gouy-Chapman 值 C_{GC}，放大因子，即粗糙度函数 $R(\kappa_o,\kappa_w)$定义为

$$C = R(\kappa_o,\kappa_w)C_{GC} \tag{2.49}$$

粗糙度函数可由下式给出：

$$R(\kappa_o,\kappa_w) = 1 + 2C_{CG}\int_0^\infty d\tilde{v}g(\tilde{v})\frac{\tilde{v}}{\varepsilon_o q_w}\left\{\begin{array}{l}(Q_o-\kappa_o)\left[(\kappa_o+\kappa_w)+\dfrac{Q_w}{\varepsilon_o}(\varepsilon_w-\varepsilon_o)\right]+\\(Q_w-\kappa_w)\left[(\kappa_o+\kappa_w)+\dfrac{Q_w}{\varepsilon_o}(\varepsilon_o-\varepsilon_w)\right]\end{array}\right\} \tag{2.50}$$

这里 $g(\tilde{v})$是毛细波数相关函数的 Fourier 变换，每相的 Q 定义如下：

$$Q = \sqrt{\kappa + \tilde{v}} \tag{2.51}$$

公式(2.50)中，当界面张力无穷大时，粗糙度函数为 1。随后他们考虑了上述提到的电场对于毛细波的影响，给出了更加全面的探讨[61]。在放弃了上述工作中的近似假设后，通过解非线性 Poisson-Boltzmann 公式(包括静电电势和熵的影响)，得到了更加复杂的描述粗糙度的函数。该函数包括 Debye 长度倒数和规范化的 Galvani 电势差的影响，此处电势差定义为 $F\Delta\phi/RT$，即以 $R(V,\kappa_o,\kappa_w)/R(\kappa_o,\kappa_w)$与水相中的 Debye 长度倒数作图(图 2.15 和 2.16)，显示了有机相电解质的浓度和介电常数的影响。这些工作最有意义的结论是粗糙度函数显著增加与电势差有关。在该模型中 Urbakh 等注意到存在两个缺点：一是将界面的电势窗设成无限大，没有电势诱导的离子在界面的转移；二是假设构成电解质的离子会对毛细波的最高频率响应，这在物理上是不现实的，特别是有机相中电解质中大的离子。因此，应该在毛细波相关函数中设置一个频率上线。

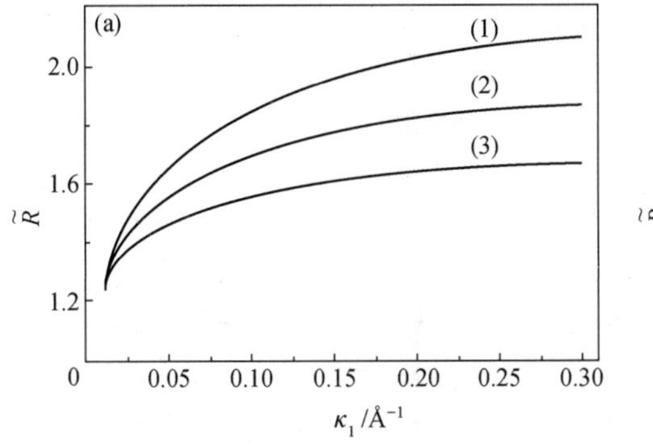

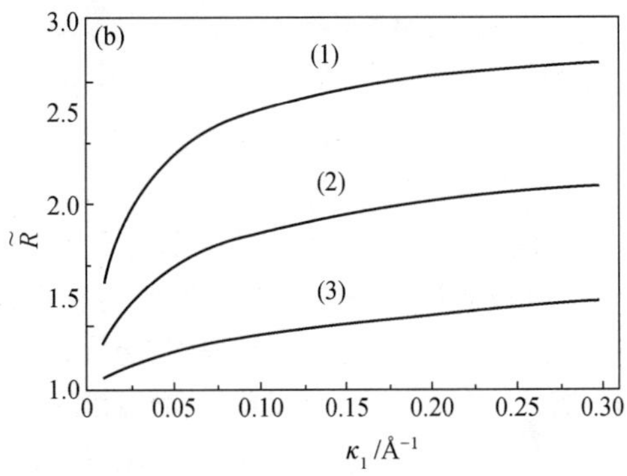

图 2.15　粗糙度与 Debye 长度倒数的函数图。(a) $\gamma_{o\text{-}w}=15\ mN\cdot m^{-1}$，$\varepsilon_o=10$，有机相电解质浓度为(1) 0.1 mol·L^{-1}；(2) 0.05 mol·L^{-1}；(3) 0.025 mol·L^{-1}。(b) $\gamma_{o\text{-}w}=15\ mN\cdot m^{-1}$，有机相电解质浓度为 0.1 mol·L^{-1}，ε_o 为(1) 4；(2) 10；(3) 30。引自参考文献[61]。

他们随后采用自由能函数的方法对于上述第一个问题进行了探讨[50]，假设在两相之间存在一个静态的界面，介电常数从一相平稳地变化到另外一相，以及有限的离子穿入。该图像与混合溶剂层模型类似，并且极化是有限的。他们再次采用摄动法来求解 Poisson-Boltzmann 公式，并假定相对于双电层的厚度，界面区域是小的。该方法得到三个 GC 电容的修正项，每项均与特定长度、介电常数的变化，以及离子沿界面垂直方向的 Gibbs 转移能的积分有关：

$$L_1=\int_{-\infty}^{\infty}\mathrm{d}z\left\{\exp\left[\frac{-G_{\mathrm{o}}^{\mathrm{C}^+}(z)}{RT}\right]-\exp\left[\frac{-G_{\mathrm{o}}^{\mathrm{Y}^-}(z)}{RT}\right]\right\} \tag{2.52}$$

$$L_2=\int_{-\infty}^{\infty}\mathrm{d}z\left\{\exp\left[\frac{-G_{\mathrm{w}}^{\mathrm{A}^+}(z)}{RT}\right]-\exp\left[\frac{-G_{\mathrm{w}}^{\mathrm{X}^-}(z)}{RT}\right]\right\} \tag{2.53}$$

$$L_3=\int_{-\infty}^{\infty}\mathrm{d}z\left\{\frac{1}{2}\left(\frac{1}{\varepsilon_{\mathrm{o}}}\exp\left[\frac{-G_{\mathrm{o}}^{\mathrm{C}^+}(z)}{RT}\right]+\frac{1}{\varepsilon_{\mathrm{o}}}\exp\left[\frac{-G_{\mathrm{o}}^{\mathrm{Y}^-}(z)}{RT}\right]+\frac{1}{\varepsilon_{\mathrm{w}}}\exp\left[\frac{-G_{\mathrm{w}}^{\mathrm{A}^+}(z)}{RT}\right]+\frac{1}{\varepsilon_{\mathrm{w}}}\exp\left[\frac{-G_{\mathrm{w}}^{\mathrm{X}^-}(z)}{RT}\right]\right)-\frac{1}{\varepsilon(z)}\right\} \tag{2.54}$$

这些积分参数考虑了离子穿入界面区域（L_1 和 L_2）和有限界面厚度（L_3）对于电容的影响。注意到每个积分可为正或负值，因此，在该分析中电容与 GC 理论预测的偏差可为正或负（图 2.16）。

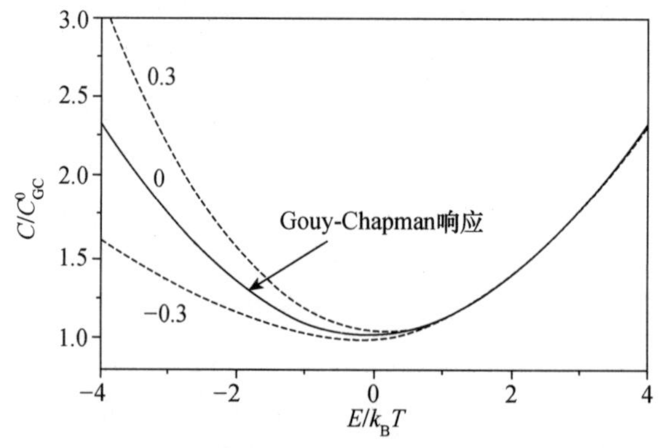

图 2.16　疏水阳离子穿入对于界面电容的影响（与 Gouy-Chapman 响应进行规范化）。Gouy-Chapman 响应是在 $L_1=L_2=L_3=0$ 时的行为；虚线是在如下条件下计算的结果：假设 $L_2=\pm0.3$ nm，$\varepsilon_{\mathrm{o}}=10$，两相中的 Debye 长度的倒数均为 0.3 nm^{-1}。引自参考文献[50]。

很显然，通过上述长度参数可得到经典实验中所得到的结果，例如，不对称电容、PZC 的移动等。他们随后清楚地与实验结果进行了对比[51,70]，这些实验包括各种电解质（AX_w//CY_o）和各类界面的组合。这些工作与 Schmickler 等[53]所采用的方法类似，离子穿入参数可通用化为离子-离子相互作用参数、界面厚度，以及离子与界面相互作用参数，用于说明经典的“非相互作用”双电层图像。通过调节这些参数，可以得到与实验结果很好地一致，对于不同的界面，有不同的参数起决定因素。这些工作的一个缺点是，对于一个特定的体系，起决定因素的特定参数的物理意义不清楚，很难预测该体系的相关性质。最后 Urbakh 等考虑了水相中的电势降，得到了电势分布的数值解，这里四种电解质离子（A_w^+，X_w^-，C_o^+ 和 Y_o^-）的相关关联因子可通过与电势相关的吸附平衡来表示：

$$B_{A^+} = K_{A^+} B_0 \exp\left(-\frac{Z_A + F}{RT}\Delta\phi_w\right) \tag{2.55}$$

式中 Galvani 电势项是水相中的电势降，B_0 是液/液界面的表面覆盖度，B_{A^+} 是离子 A^+ 的表面覆盖度，对于其他离子，有类似于公式(2.55)的表达式。四种离子的吸附项通过 Langmuir 模型最大吸附(单层)相互关联。这种方法的优点是电势与吸附过程的依赖关系可与一个独立可测的参数，即离子的标准 Gibbs 转移能关联起来。将界面看成一个混合溶剂层，Gibbs 转移能图像是随着离子穿过该混合区域，呈现线性变化。仅可调节的参数是一个分数 β，与离子转移到界面区域的 Gibbs 转移能有关：

$$\Delta G_{A^+}^{int} = \beta \Delta G_i^{w\to o} \tag{2.56}$$

β 在一级近似的情况下，对于四种离子均假定为常数。这类分析再一次给出，界面电容的增加、穿入程度不同可引发电容曲线对称性不同程度的改变(更与有机相电解质有关)。

Schmickler 等[71]采用点阵气体法对于相邻的离子-离子及离子-溶剂相互作用进行了处理，得到了 Poisson-Boltzmann 公式的数值解和电势分布。相对于经典理论的主要改进是界面厚度可用一个参数 d_{eff}，即溶剂 1 占据与界面垂直面的分数是一个变量：

$$f_1(z) = \frac{1}{2}\exp\left(\frac{-z}{d_{eff}}\right) \tag{2.57}$$

d_{eff} 变化对于 Debye 长度的影响见图 2.17。该图清楚地显示了随着界面厚度的增加电容也增加，这是因为更多的离子(因此更多的电荷)聚集在空间电荷区域，双电层的相互渗透部分抵消了它们的存在。

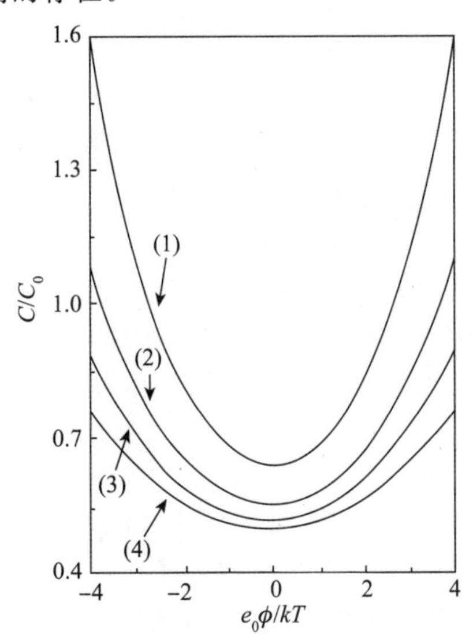

图 2.17　对于各种界面宽度和对称性相互作用参数 d_{eff} 的规范化电容-电势响应曲线。(1)～(4)分别为 d_{eff} 相对于 Debye 长度比 0.2、0.1、0.05 和 Gouy-Chapman 响应。引自参考文献[71]。

MD模拟也应用于探讨液/液界面电势分布[55]。外加电场在1 V·nm^{-1}级别,与实验的可极化电势窗一致,并没有发现界面密度分布有较大的变化。在宏观尺度,外加电场可减少界面张力[见公式(2.41),Lippmann公式],因此可增加界面厚度;MD模拟可从微观结构的变化来深入理解外加电场的影响,在分子水平分析界面的高度和宽度的分布,建议随着外加电场的增强,界面波纹(沟)增大。该工作给出了在零电场下W/DCE界面的张力为32 mN·m^{-1},与室温下的实验值28.43 mN·m^{-1}接近[33]。

2.2.3 液/液界面的微观结构的实验探讨

正如Girault等在一篇综述[25]中所指出的那样,上述电化学实验所得到的液/液界面的模型很多是基于电化学技术所测量得到的宏观量,例如电容(微分电容)、表面张力、电毛细曲线等。两个含有支持电解质的溶液相所构筑的界面本质上是一个具有其自身动态变化的分子界面。通常很难定义界面的结构或界面厚度,这是因为时间长度是该定义的一部分。界面是平整的或是粗糙的?该问题的答案可能与时间有关。另外一个探索液/液界面微观结构的难点是,不像固/液界面,没有合适的分子(原子)分辨率的扫描探针技术可以应用。

除了电化学技术外,一些非线性光学(光谱)技术也已应用于探索液/液界面的结构,这里仅介绍一些典型的例子。1995年Michael和Benjamin曾建议采用皮秒时间分辨荧光光谱来检测吸附在界面上的两亲分子,从而探测界面的厚度[72]。1999年Ishizaka等报道了实验上探测W/CCl_4和W/DCE界面粗糙度的工作,他们采用了时间分辨全内反射(time-resolved total internal reflection, TIR)荧光光谱来测量磺酰罗丹明101(SR101)的动态荧光各向异性[73]。如果界面的粗糙度与SR101分子的大小差不多,那么其旋转运动会被紧紧地限制在界面层,发射偶极矩是在界面的xy面。在此情况下,界面染料的总荧光强度的时间分布应该与$I_{\parallel}(t)+I_{\perp}(t)$成正比,$I_{\parallel}(t)$和$I_{\perp}(t)$分别代表与激发偏振光平行和垂直的发射荧光衰减。当发射偏振片的角度被设在相对于激发光45°(魔角)时,荧光各向异性被抵消,TIR荧光衰减是单指数函数。如果界面层比较厚或粗糙,界面分子比较松散,SR101可自由旋转运动,则与在本体溶液中类似。在这种情况下,总荧光强度必须与$I_{\parallel}(t)+I_{\perp}(t)$成正比,魔角等于54.7°。魔角与不同界面的依赖性揭示SR101分子在W/CCl_4界面的旋转取向被限定在界面的二维面上,而在W/DCE界面上,就像在一个各向同性的介质中,自由旋转。

他们进一步研究了SR101和另外一种染料酸性蓝1(acid blue 1, AB1)在W/CCl_4和W/DCE界面的能量转移行为[74],其荧光动力学由下式给出:

$$I_D(t)=A\exp\left[-\frac{t}{\tau_D}-P\left(\frac{t}{\tau_D}\right)^{d/6}\right] \tag{2.58}$$

这里A是前指因子;τ_D是在没有AB1时SR101在激发态的寿命;P是一个与AB1在激发态给体临界能量转移距离R_0内存在的可能性成正比的参数;d称为分形维数,对于平面几何体为2,体积几何体为3。对于W/CCl_4和W/DCE界面,得到的d分别为2和2.5。这些实验结果表明,W/CCl_4界面相对于SR101(1 nm)是平整的,W/DCE界面相对于W/CCl_4界面是粗糙的(图2.18)。随后他们将该方法拓展于探讨其他不同液/液界面体系，主要的结果见表 2.2[74]。他们也采用时间分辨 TIR 荧光计探讨了液/液界面的极性。在本体相中，对于极性敏感的探针磺酰罗丹明 B(SRB)的非辐射衰减速率常数将随一个溶剂的极性参数 $E_T(30)$的增加而增加，这种关系被用于估算液/液界面的极性。这样的非辐射衰减可由如下的半经验公式给出：

$$k_{nr} \propto \exp\left\{-\left(\frac{\beta}{RT}+\kappa\right)\left[E_T(30)-30\right]\right\}\exp\left(-\frac{\Delta G^0_{A^*B^*}}{RT}\right) \tag{2.59}$$

这里 β 和 κ 是常数；$\Delta G^0_{A^*B^*}$ 是荧光分子 A^* 和 B^* 在一种非极性溶剂中的 Gibbs 能差，A^* 仅能通过辐射衰变到基态 S_0，并与非发射态处于快速平衡中，B^* 仅能通过内部转换衰变到基态；$E_T(30)$是一个常用的经验参数，用于表示一种溶剂的极性，它是基于一种称为 Dimroth-Reichardt 的三甲铵乙内酯(甜菜碱)的溶剂致变色染料的吸收光谱数据进行计算的：

$$E_T(30)(\mathrm{kcal \cdot mol^{-1}}) = hc\tilde{v}_{max}N_A = \frac{28591}{\lambda_{max}}(\mathrm{nm}) \tag{2.60}$$

这里 $\tilde{v}_{max}$ 是波数，λ_{max} 是荷负电的吡啶酚类甜菜碱染料分子内吸收带的最大波长[75]。

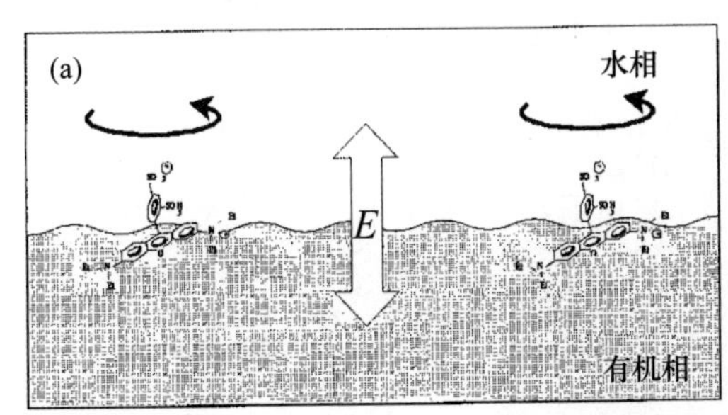

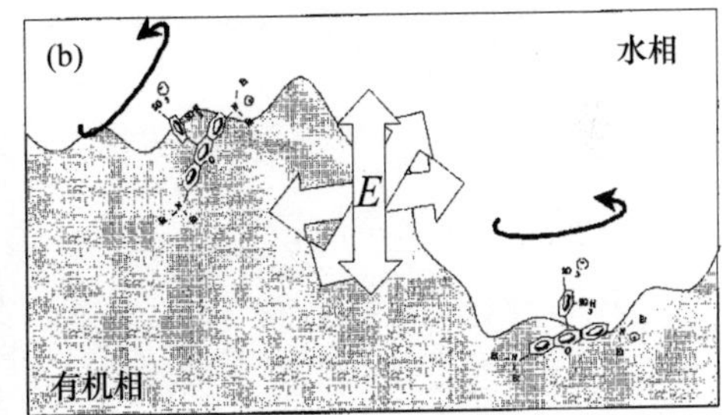

图 2.18　平整(a)和粗糙(b)的液/液界面示意图。E 代表穿过界面所产生的电场的方向。引自参考文献[74]。

表 2.2　SR101 的时间分辨各向异性数据[74]

有机相	界面张力/($\mathrm{mN \cdot m^{-1}}$)	魔角	分形维数	$E_T(30)$/($\mathrm{kcal \cdot mol^{-1}}$)
环己烷	51	45°	1.90	30.9
CCl_4	45	45°	1.93	32.4
甲苯	33	≈45°	2.13	33.9
氯苯(CB)	37	≈45°	2.20	36.8
邻二氯苯	39	45°～(≈54.7°)	2.30	38
1,2-二氯乙烷(DCE)	28	≈54.7°	2.48	41.3

对于一种相对极性较低的有机相[$E_T(30)<35$ kcal·mol^{-1}]，液/液界面的极性是两个本体相的极性算术平均值，与 Eisenthal 等采用二次谐波发生(second harmonic generation, SHG)技术预测的一致[76]。对于一种相对极性较高的有机相[$E_T(30)>35$ kcal·mol^{-1}]，例如，邻二氯苯和 DCE，由 TIR 光谱所测得的界面极性比平均值低。他们通过探针分子在界面的取向进行了讨论(图 2.18)。

1993 年 Higgins 和 Corn 率先将 SHG 技术应用于液/液界面的研究[77]。SHG 是一种二阶的非线性光学技术，具有表面(界面)和分子选择性。1998 年 Eisenthal 等采用 N,N-二乙基-对-硝基苯胺(DEPNA)作为探针，利用 SHG 研究了 W/DCE 和 W/CB(氯苯)界面的极性[76]。其结果是界面的极性等于相邻两个本体相的算术平均值，表明长距离的溶质-溶剂相互作用决定了界面分子的激发态和基态的溶剂化能，而非界面区域的相互作用。

Steel 和 Walker 发展了一种“分子尺”，并结合共振增强二次谐波发生(resonance-enhanced second-harmonic generation，增强 SHG)技术探讨了一些液/液界面的微观结构，主要是通过测量不同长度的分子尺的增强 SHG 信号与界面极性的变化，来理解界面结构，特别是界面极性问题[78,79]。图 2.19 是他们所合成的分子尺的结构，是一种基于对硝基苯甲醚的表面活性剂，亲水基团是硫酸根，通过不同链长的烷基(烷基分别含 2,4 和 6 个 CH_2 基团)与对硝基苯甲醚连接。这类分子在水和环己烷本体中的生色基团激发波长 λ_{max} 分别为 316 nm 和 293 nm，介电常数 ε 分别是 78.9 和 2.0。假设阴离子在水相中保持溶剂化，较长的芳香基团可以进入有机相，检测这些分子的激发波长作为其长度的关系，可用于测量极性从水相变化到有机相极限所需要的距离。

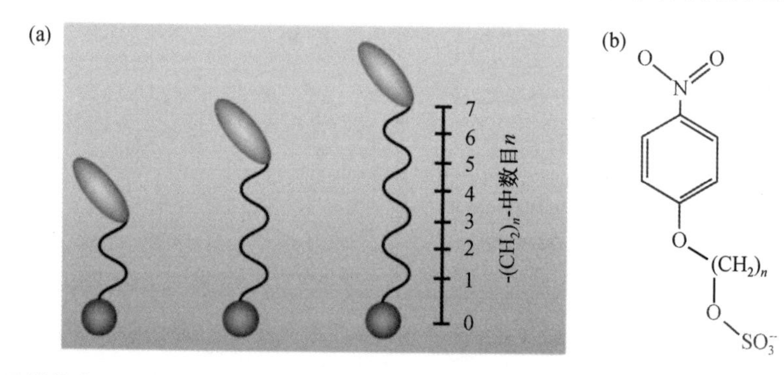

彩图 2.19

图 2.19　吸附的分子尺表面活性剂和它们的结构示意图。(a) 吸附在液/液界面的分子尺表面活性剂示意图。随着亲水基团(红色球形)和溶剂致变色基团(绿色椭圆形)之间烷基链的增长，疏水探针可进一步延伸到有机相。相关的分子尺的长度与溶剂致变色基团的激发波长使得从实验上能够测量界面的极性达到有机相的极限。(b) 分子尺表面活性剂的通用结构式。表面活性剂被称为 C_n 分子尺，n 为 CH_2 的数目。引自参考文献[78]。

在电偶极矩近似的条件下，SHG 的响应仅与各向异性的环境有关；两相的本体溶液是各向同性的，所观察到的 SHG 信号仅与界面上的溶质有关。图 2.20(a)显示的是在水/环己烷这种界面相互作用不强的界面上，不同分子尺(包括中性的对硝基苯甲醚)的增强 SHG 信号的图谱。正如上述所介绍的那样，生色基团在水相中的最大激发波长 $\lambda_{max}=(318\pm2)$ nm，而在环己烷本体相中为 $\lambda_{max}=(295\pm2)$ nm，中性的对硝基苯甲醚吸附在水/环己烷界面上是 308 nm，该实验结果与已报道的相关模拟及实验一致[44,74]，即两相之间的介电环境是相邻两相的平均值。C_2 分子尺的生色基团与阴离子之间的距离约为 3Å，它吸附在水/环己烷界面的 SHG 实验显示有 7 nm 的移动，表明界面没有环己烷那么亲水。随着烷基链的增长，SHG 的最大激发波长减小，当分子尺是 C_6 时为 296 nm，完全处于一个非极性环境。C_6 分子完全展开的烷基链长度是约 9Å,这样设置了一个可探测两相极性变化的范围。这些实验结果表明,水/环己烷这样的弱相互作用界面,其偶极宽度是在分子水平上平整的。

他们同时还研究了存在强相互作用的界面行为,即水/正辛醇界面。这类分子在正辛醇本体中的生色基团激发波长 λ_{max} = 303 nm,介电常数 ε = 10.3(20℃),应该比环己烷极性更强。图 2.20(b)显示了从 C_2 到 C_8 的分子尺的 SHG 谱图。C_2 分子尺的最大激发波长在 285 nm,比中性的对硝基苯甲醚吸附在水/正辛醇界面的最大激发波长 292 nm 还要短,这样可以认为 C_2 分子尺感受到了界面的极性比两个相均要低。随着烷基链长的增加,最大激发波长增加,与水/环己烷界面的情况相反。他们从而认为,在水/正辛醇这种具备强相互作用的界面,可能在两相之间形成了一种亲油的层(图 2.21)[80]。该工作也暗示不同的有机相与水形成的界面会有完全不同的界面行为,可能需要在处理时采用不同的模型。

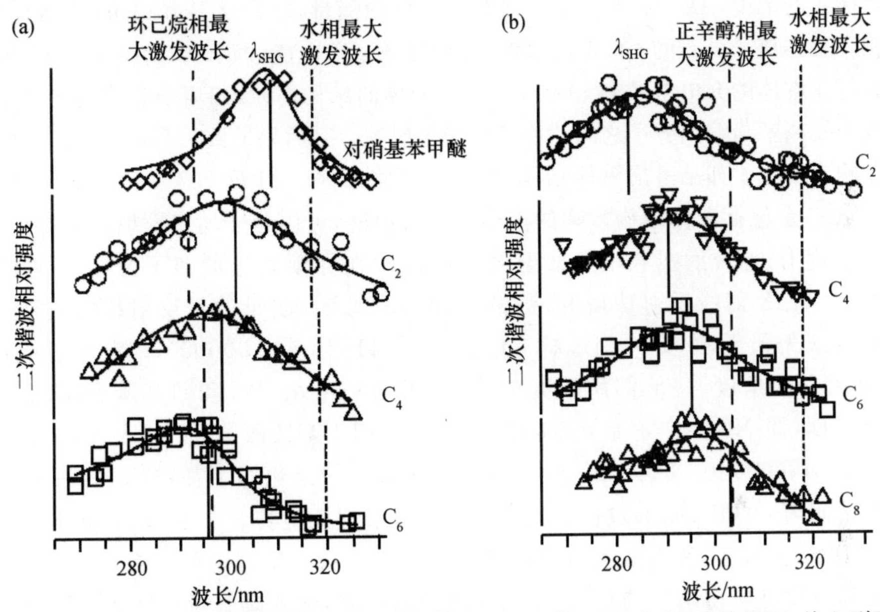

图 2.20　不同分子尺吸附在液/液界面的共振增强 SHG 谱。(a) 水/环己烷界面,从上到下依次为对硝基苯甲醚、C_2～C_6 分子尺。(b) 水/正辛醇界面,从上到下依次为 C_2～C_8 分子尺。长线段虚线和短线段虚线分别对应有机相和水相的最大激发波长,垂直的实线代表实验测量的 SHG 信号最大值。引自参考文献[78]。

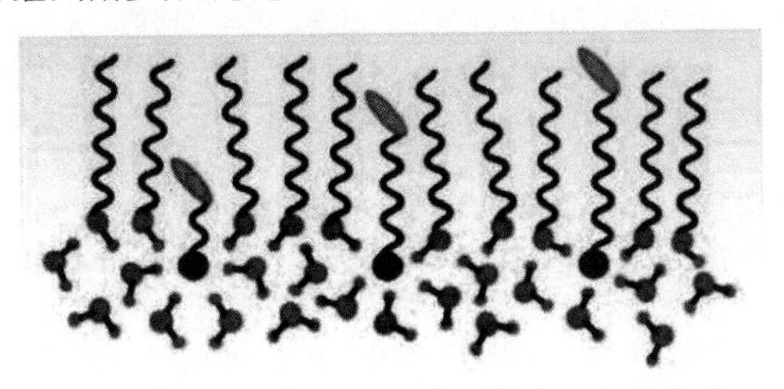

图 2.21　水/正辛醇油腻层的形成示意图(引自参考文献[80])。

另外一个有代表性的工作是 Schlossman 等[81,82]采用 X 射线反射技术并结合分子动态模拟法，即普适性的 Poisson-Boltzmann 公式探讨了离子在荷电的液/液界面附近的离子分布，特别是界面的厚度问题。通常描述离子分布的平均场理论，例如常用的 Gouy-Chapman(GC)公式，在描述一个荷电的表界面附近的离子分布时，把离子看成是无结构的点电荷，通过溶剂中的平均场来处理离子间的相互作用，常常忽略了分子大小结构的影响。理论研究已广泛地探讨了 GC 理论的局限性[45,83]，但很少有实验技术能够直接灵敏地探测荷电界面附近的结构，从而来验证理论的预测。

用于描述离子在荷电的界面附近分布的是 Poisson-Boltzmann 公式：

$$\frac{\mathrm{d}\varepsilon(z)}{\mathrm{d}z}\frac{\mathrm{d}\phi(z)}{\mathrm{d}z}=-\sum_i e_i c_i^0 \exp[-\Delta E_i(z)/k_\mathrm{B}T] \tag{2.61}$$

这里 $\phi(z)$是距离界面 z 处的电势，$\varepsilon(z)$是介电常数函数，e_i 和 c_i^0 分别是离子 i 的电荷和在本体中的浓度，$\Delta E_i(z)$是离子 i 相对于本体的能量，$k_\mathrm{B}T$ 是 Boltzmann 常数与温度的乘积。描述离子分布的 GC 理论假设 E_i 仅依赖于静电能，即 $E_i(z)=e_i\phi_i(z)$，介电常数函数等于本体的介电常数 $\varepsilon(z)=\varepsilon$。然而，液体的结构性质，如离子和溶剂的大小、离子和离子及离子与溶剂分子之间的相互作用被忽视。其后果导致一系列的影响，例如对于离子的自由能。如果考虑液体结构的影响，可将 $E_i(z)$用 $E_i(z)=e_i\phi_i(z)+f_i(z)$代替，$f_i(z)$是包括液体结构影响的离子 i 的自由能，可由分子动态模拟来提供。

从原理上讲，X 射线和中子散射对于溶液中在界面附近的离子分布是灵敏的。图 2.22(a)是 X 射线反射法研究液/液界面的示意图，测量的是反射率相对于垂直于界面的波矢量转移[$Q=(4\pi/\lambda)\sin\alpha$，$\lambda=(0.41360+0.00005)$ Å 是 X 射线的波长，α 是反射的角度]。他们所研究的液/液界面是由水(W)和硝基苯(NB)组成的非极化界面，即 NB 相中含有 0.01 mol·L^{-1} 的四丁基铵四苯硼(TBATPB)和 W 相中含有 0.01、0.04、0.05、0.057 和 0.08 mol·L^{-1} 的溴化四丁基铵(TBABr)。两相中含有共同离子 TBA^+，通过控制其浓度可以调节界面电势差。图 2.22(b)比较了在五种 TBABr 浓度下，X 射线反射所得到的实验结果与 GC 理论及考虑了液体微观结构后的理论模型所得结果的对比，发现在最低浓度时，两种模型与实验结果都吻合，但在所用最高浓度时 GC 模型有 25%的偏差。同时他们也得出结论，MVN 模型也不能正确地解释实验结果。

当 $E_i(z)=e_i\phi_i(z)+f_i(z)$和 $\varepsilon(z)=\varepsilon$ 时，公式(2.61)的分析解即非线性 GC 理论。图 2.22(c)是每种离子的浓度分布与界面垂直距离之间的关系图，显然基于 GC 理论(A)与平均力计算的电势(B)情况非常不同。最主要的区别是 GC 理论预测的是离子在两相中分布是不连续的，而基于分子动态模拟考虑了离子可以穿入界面，离子分布是连续的。

他们还采用分子动态模拟计算了 TBA^+ 和 Br^- 的平均力电势[图 2.22(c)]，可见离子能够穿入界面并进行转移，因此平均力电势是连续的。同时，他们考虑了离子的直径、水合及溶剂化影响。分子动态模拟所预测的情况与 X 射线实验结果基本一致，说明将液体结构参数(离子大小，离子-溶剂相互作用)包括在分子动态模拟中，可以改变离子的分布行为。该工作没有考虑离子与离子的相互作用，他们认为在实验的离子浓度情况下，形成离子对的可能性不大；当浓度高时，会在界面形成离子对。另外，他们强调实验数据与理论模拟一致不是有意拟合的，因为理论模拟中没有可调节的参数。

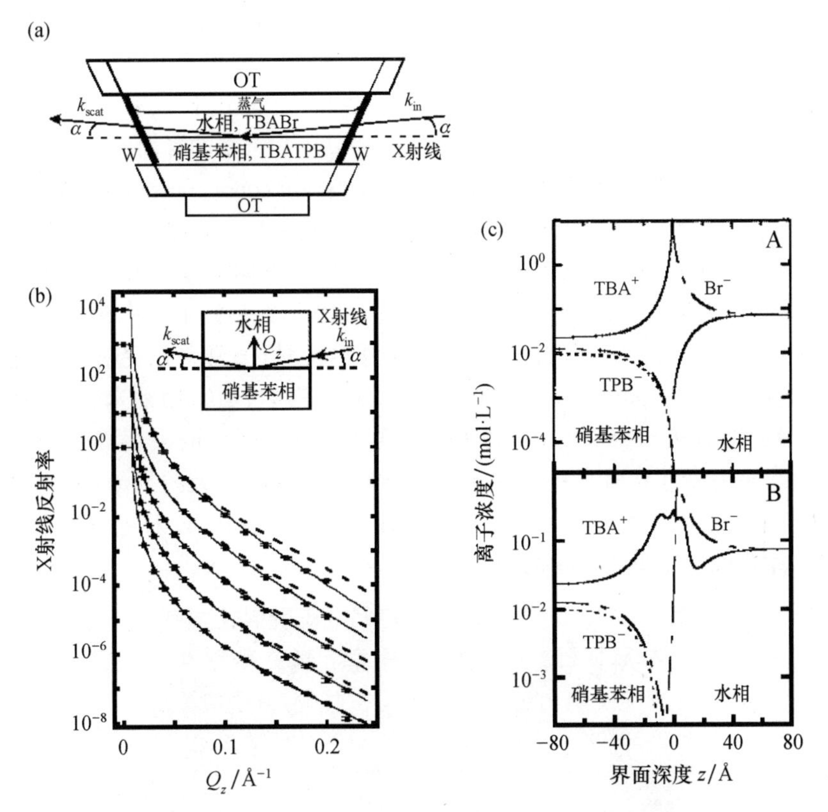

图 2.22　(a) 不锈钢样品池的剖面图。W 是聚酯薄膜窗；OT 是测量温度的热敏电阻；X 射线反射的表面运动学相关的参数是：k_{in} 和 k_{scat} 分别是入射和反射的 X 射线的波矢量，α 是入射和反射的 X 射线的角度(引自参考文献[81])。(b) 反射率与波矢量转移 Q_z 的关系图。所探讨的界面是含有 0.01 mol·L^{-1} TBATPB 的硝基苯与含有不同 TBABr 浓度的水相所形成的界面(水相中 TBABr 的浓度从下到上分别为 0.01、0.04、0.05、0.057 和 0.08 mol·L^{-1})。实线是由 MD 模拟的电势的平均力场所预测的结果，虚线是基于 GC 模型所预测的结果。(c) 离子在含有 0.08 mol·L^{-1} 水相和 0.01 mol·L^{-1} 硝基苯相之间的分布图。实线是 TBA$^+$，短-长线段曲线是 Br$^-$，短线段曲线是 TPB$^-$。A：基于 GC 理论所得到的结果；B：由电势的平均力场 MD 模拟所预测的结果(引自参考文献[82])。

Schlossman 等采用 X 射线反射技术也探讨了水/烷烃界面厚度，得到的值在 0.35～0.6 nm 之间，比毛细波理论预测的要大一些，因此他们认为所测量的是总的界面厚度(固有的加上由于毛细波引起的界面粗糙度)[84]。另外，随着碳链的增加界面厚度增加与公式(2.47)预测的不符。

1995 年 Bard 等采用一个 25 nm 的铂纳米电极作为扫描电化学显微镜(scanning electrochemical microscopy, SECM)的探头探讨了如下非极化体系的界面厚度：H_2O, 0.1 mol·L^{-1} TEAP(高氯酸四乙基铵)//NB, 0.1 mol·L^{-1} TEAP, 10 mmol·L^{-1} Fc(二茂铁)，得出该非极化界面的厚度小于 4 nm，开创了应用 SECM 研究液/液界面微观

结构的先河[85]。我们采用类似的方法,以 10 nm 银电极作为 SECM 的探头,研究了如下极化体系的界面厚度:H_2O,3 mmol·L^{-1} $Ru(NH_3)_6^{3+}$,10 mmol·L^{-1} LiCl//NB,1 mmol·L^{-1} TPAsTPB,得到的厚度为(0.8±0.1) nm($n=5$),该结果比 Bard 等所得的要小很多,与采用其他技术所报道的一致[86]。该工作有两点与 Bard 等的工作不同,一是研究的是极化界面;二是所制备的探头较 Bard 等所采用的实际上要小很多,这是因为该探头是基于玻璃管电极制备的,绝缘层厚度与电极半径之比 RG(见 3.3 节)要比 Bard 等所用的小 10 倍左右,从而提高了空间分辨率,得到了小很多的界面厚度。

2011 年我们采用扫描离子电导显微镜(scanning ion conductance microscopy,SICM)并结合改进的玻璃管电极作为 SICM 探头,探讨了 W/NB 界面的厚度与离子在界面附近的分布[87]。首先是改进了 SICM 的硬件,使其在 z 方向的步进降为 0.1 nm,这样可以俘获到当探头穿过界面时电流的细微变化;其次,改进拉制程序,制备特殊形状的玻璃管电极。如图 2.23 所示,当我们研究液/液界面时,通常采用的玻璃管电极是尖端很短的玻璃管[图 2.23(b)],目的是减少 iR 降的影响;当采用纳米管探讨液/液界面厚度及界面附近离子分布时,需要采用如图 2.23(a)所示的尖端细长的玻璃管电极,一方面当探头接近界面时和穿过界面不会对界面造成太大的扰动,另一方面该探头可以悄悄地看一眼界面并获取其在穿越界面时电流的变化,以及记录电流随距离的变化,有可能获得界面微观结构的信息。

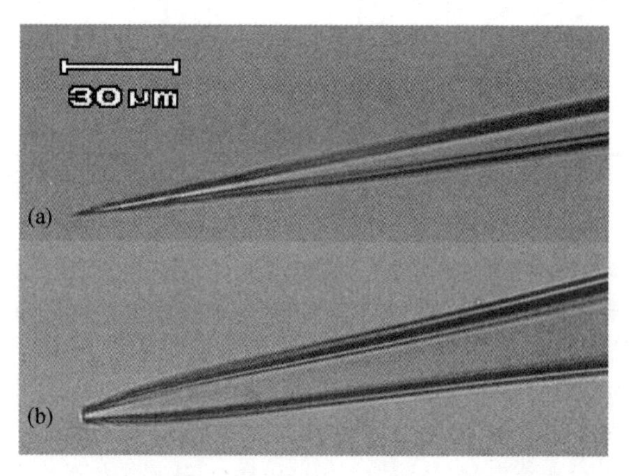

图 2.23 光学显微镜下不同形状的玻璃纳米管。(a) 在 SICM 测量中所采用的玻璃纳米管;(b) 在支撑纳米级液/液界面研究中所采用的玻璃纳米管(比例尺=30 μm)。引自参考文献[46]。

虽说 SICM 已被广泛地应用于细胞表面成像、微区加工等领域[88,89],但应用于液/液界面微观结构研究还是首次。探索的体系是 W/NB 极化界面,水相中含有 10 mmol·L^{-1} LiCl,NB 相中含有 1 mmol·L^{-1} TPAsTPB(四苯砷四苯硼),玻璃管中灌有水相。所采用的电解池是油上水下的模式(图 2.24),优点是所采用的玻璃纳米管不需要进行硅烷化。另外,旁边的一个支管主要用于调节所要探测界面的平整度。从图 2.24 可知,我们可通过一个小的液/液界面的电流与距离的关系来探索一个大的液/液界面的微观结构。实验测定之前,两相溶剂通过手动轻轻摇匀,并将形成的界面放置 2 h 或以上。整个装置放在防震台上以隔绝机械振动,并在法拉第箱中进行

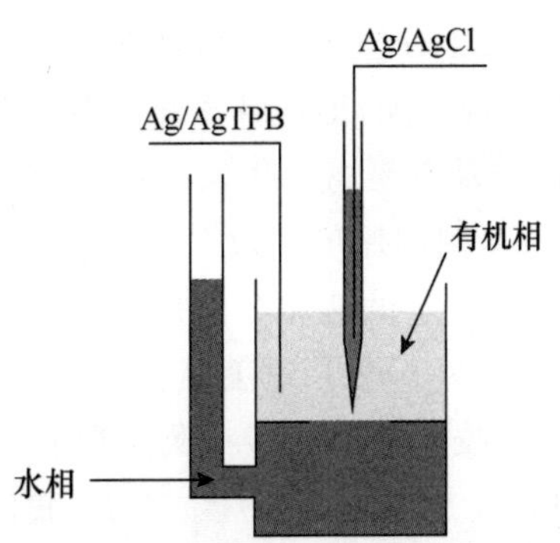

图 2.24　进行 SICM 实验的油上水下电解池示意图。池中的玻璃板分开油和水相(直径约为 0.2～0.5 cm)并与旁边的支管稳定和控制界面的平整度。灌注有水相的玻璃纳米管从 NB 相向水相渐进。引自参考文献[87]。

电磁屏蔽。输入电压的稳定性通过数字示波器进行评价。结果显示的电子噪声很低，以致示波器本身的噪声和输入信号之间的噪声没有显著差异。即使是如此低的噪声，还将进一步被 PI 放大器过滤，以实现对压电平台的精确控制。另外，由于北京地铁 4 号线距离我们实验室在 100 m 左右，为了防止其影响，大部分实验是在地铁不运行时进行的(晚上 12 点后)。实验采用两电极体系，水相参比电极为 Ag/AgCl，有机相参比电极为 Ag/AgTPB，银丝的直径约为 0.25 mm。由探头的循环伏安曲线，我们可知所用玻璃管半径为 3.5 nm，电势窗负方向主要是由 $TPAs^+$ 或 Cl^- 的转移所决定的，当外加电势控制在－0.6 V 时，上述两种离子产生的电流作为反馈电流。探头从有机相往水相记录电流与距离的关系曲线，我们称为渐进曲线(approach curve)，该曲线的突变中心点定义为界面。图 2.25 是实验所得到的渐进曲线。从该图可知，渐进曲线是连续变化的，与 Girault 和 Schiffrin 所提出的混合溶剂层模型一致，即离子可穿越到所谓的紧密层中；另外，也与 Kharkats 和 Ulstrup 的理论分析一致(介电分布没有缺陷点)。我们通过分析引起该突变的原因认为，界面处电流的突变主要由离子转移

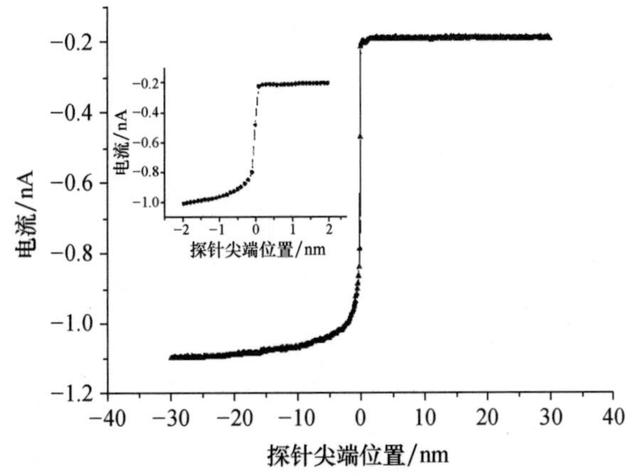

图 2.25　SICM 渐进曲线，纳米管在垂直方向上渐进且穿过 W/NB 界面：1 $mmol \cdot L^{-1}$ TPAsT-PB(NB)//10 $mmol \cdot L^{-1}$ LiCl (W)。探针电压为－0.6 V (vs. Ag/AgCl)。内插图是渐进曲线中间部分的放大(横坐标从－2 nm 到 2 nm)。渐进速度为 50 $nm \cdot s^{-1}$。引自参考文献[87]。

电流决定。通过分析该图,参考 Bard 等定义的界面厚度,W/NB 界面的厚度可以通过渐进曲线电流突变的范围进行估测,即探针电流由有机相本体电流的 120%增大到水相本体电流的 80%所经过的垂直距离。我们可得到该界面厚度为(0.7±0.1) nm (n=5),该结果与其他技术所得到的厚度一致[81]。

除了界面厚度,由离子分布决定的两相分散层厚度也可以通过 SICM 渐进曲线估测。根据 Gouy-Chapman 理论预期,分散层厚度随着支持电解质浓度的增大而降低。然而迄今为止,只有少数几种实验技术能够直接探测该性质。一系列 X 射线反射实验研究了 W/NB 界面附近电子和离子分布情况[81,10]。在此,我们也研究了固定一相支持电解质浓度,改变另外一相支持电解质的浓度,从而可测量得到分散层厚度随浓度的变化(图 2.26)。在改变水相支持电解质浓度实验中,定义从界面到探针电流达到 90%水相本体电流的横坐标之间的距离为水相特定距离,这个距离主要与水相分散层的厚度相关。如图 2.26(a)所示,随着水相 LiCl 浓度增高,水相特定距离依次变小,这意味着水相分散层逐渐变薄。类似地我们也探讨了有机相中支持电解质浓度改变时,其渐进曲线的变化情况[图 2.26(b)]。定义有机相特定距离为从界面处到探针电流达到 110%有机相本体电流(探针在有机相无穷远处的电流)的横坐标之间的距离。这个距离与有机相分散层厚度是密切相关的。如图 2.26(d)所示,高浓度的 TPAsTPB 对应较小的有机相特定距离,意味着此时有机相分散层被高浓度的支持电解质压缩了。

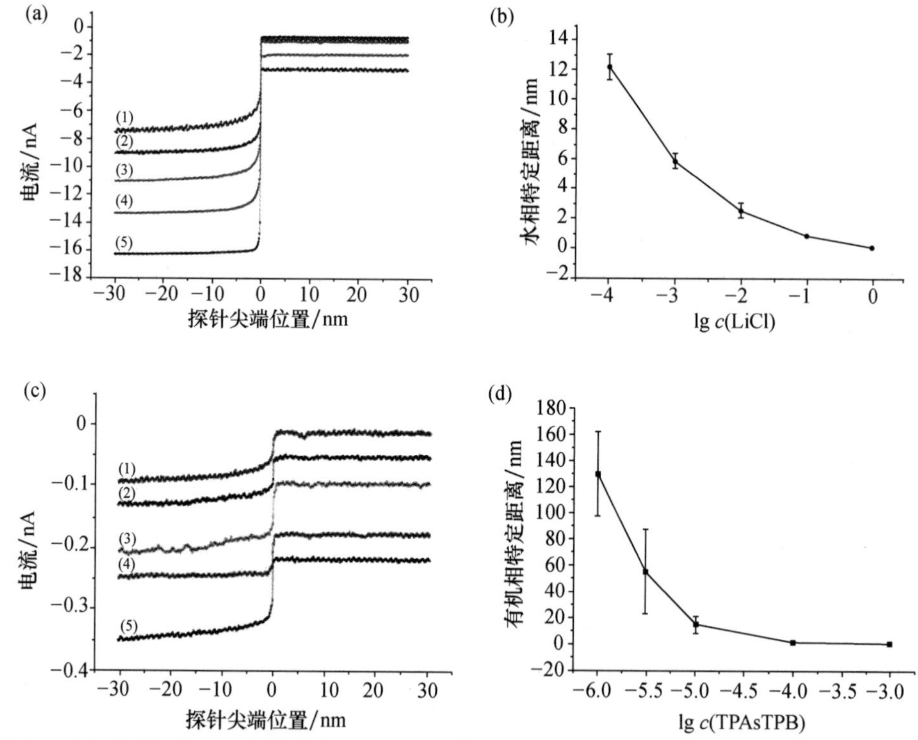

图 2.26 (a) 在有机相(NB 相中含有 1 mmol·L^{-1} TPAsTPB,位于电解池上部)组分保持恒定,水相中含有不同 LiCl 浓度时得到的渐进曲线;(b) 在不同 LiCl 浓度时,得到的水相的特定距离;(c) 在水相(含有 0.1 mmol·L^{-1} LiCl,位于电解池下部)组分保持恒定,有机相中含有不同 TPAsTPB 浓度时得到的渐进曲线;(d) 在不同 TPAsTPB 浓度时,得到的有机相的特定距离(引自参考文献[87])。

另外，我们还研究了非极化界面的微观结构[90]。利用SICM，在“油上水下”模式下系统研究了诸多因素对非极化液/液界面厚度的影响。通过采用有机相位于上层而水相位于下层的操作模式，得到了重复性良好的渐进曲线，因此得以对界面厚度进行定义和比较。由于引入了非极化的液/液界面，可以在一定条件下维持特定的界面Galvani电势，因此更多的外界条件得以通过控制变量法进行研究。当其他实验条件相同时，测得的液/液界面厚度随两相电解质浓度的增大而减小，这是界面分散层被压缩的体现，对极化液/液界面和非极化液/液界面同样适用。界面Galvani电势对厚度影响较小，但依然有着明显的趋势，即更大的Galvani电势绝对值产生更大的界面厚度，这一点乍看与Gouy-Chapman的分散层模型相矛盾，但其实恰恰是Gouy-Chapman的分散层模型过度简化从而不符合现实的结果。不同Galvani电势的结果还从侧面佐证了界面Galvani电势产生的本源：即过剩阴阳离子在两相界面处的富集。界面厚度同样会随穿过液/液界面的离子电流密度的增大而增大，这意味着离子在穿过液/液界面时，其伴生的去溶剂化和溶剂化过程会对界面造成扰动并明显增大界面粗糙度，是理论模拟计算所预测的“指状水侵”过程在实验上的体现。

通过改进实验模式，在“水上油下”模式下取得了较为稳定的渐进曲线，并观测到了分散层的存在。当水相位于上层而有机相位于下层时，探针穿过界面前，电路中不存在任何界面，因此是一个均相的环境。微管探针尖端存在明显的离子整流现象，使得离子电流的大小主要依赖于尖端附近的阳离子浓度，并对此高度敏感。通过对微管外壁的硅烷化，分别取得了极化液/液界面和非极化液/液界面的水上油下模式渐进曲线。对于极化液/液界面而言，由于没有外加电势，不存在为了维持Galvani电势而聚集于界面附近的过剩离子，渐进曲线呈现平稳态。而对于非极化的液/液界面，由于用以控制Galvani电势的两相共同离子的不同和界面Galvani电势的不同，探针触碰界面之前有可能经过阴离子过剩或者阳离子过剩的分散层。探针对阳离子的敏感性使得厚度几纳米的阳离子分散层可以被探知。这为界面附近的离子分布规律提供了实验上的佐证。

从上述的讨论可知，在研究液/液界面的微观结构方面已采用了多种电化学技术，包括表面张力的测量、微分电容的研究等；近年来，SECM和SICM也已应用于该领域。另外，各种光谱技术，以及非线性光学技术、X射线和中子散射技术也为液/液界面微观结构研究提供了大量的信息。然而，很显然液/液界面的微观结构仅有一个大概的轮廓，还没有一个很清晰很完善的图像，还需要进一步发展新的技术和新的理论模拟来进行完善。

2.3　液/液界面电荷转移反应的动力学基础

正如我们上述所介绍的那样，电荷转移反应主要分为离子转移、加速离子转移、电子转移、光诱导电荷转移反应和各种与溶液相耦合的化学反应及界面反应（吸附和离子对形成)等。我们将按照研究时间的顺序,介绍液/液界面电荷转移反应动力学研究的基础与方法。

2.3.1 液/液界面离子转移反应动力学研究

我们在前面介绍了离子转移反应的热力学基础,下面将介绍离子转移反应的动力学基础。如果扩散或传质的时间尺度与转移反应的速率常数在一个数量级,那么任何电化学反应的动力学测量都不是一件容易的事[4]。在动力学研究中,需要把传质速率提高,使动力学过程成为决速步骤,因此,界面的微型化很关键。对于液/液界面的情况,测量动力学数据更加困难,这是因为所用有机相引起的大的 iR 降和这类界面大的双电层电容。对于大的界面(mm~cm),电化学技术如循环伏安法或方波伏安法,很难有效消除 iR 降的影响,所得数据并不可靠;更常用的技术是阻抗法和计时库仑法。阻抗法可以把传质与电化学反应在频率域分开[22,91,92],计时库仑法通过外推扩散控制的行为来获得动力学数据[93,94]。但是,两者也各有其缺点,例如,阻抗法依赖于所采用的等效电路来进行数据拟合,而等效电路并不总是适当的和唯一的;计时库仑法在克服双电层充电影响时也不尽然。显然,经典电化学技术在研究大的液/液界面电荷转移反应动力学时突显力不从心,但该领域也不是无解的。

Fleischmann 等和 Wightman 等在 20 世纪 70 年代末将超微电极(ultramicroelectrodes, UMEs)引入到电分析化学以来,UMEs 在时间和空间方面极大地拓展了电分析化学的研究,使原本许多不能被测量的体系,可采用 UMEs 进行探讨[95,96]。另外一项重要的技术是 Bard 等在 1989 年发明的扫描电化学显微镜(SECM)[97]。在液/液界面微型化方面 Girault 等做出了开创性的贡献,于 1986 年首次将液/液界面支撑在玻璃微米管尖端[98],实现了液/液界面的微型化,在一定的实验条件下,微型化的液/液界面类似于 UMEs。1997 年 Shao 和 Mirkin 采用玻璃纳米管,将界面进一步缩小到纳米级,结合三点法和曲线拟合,发展了一种测量液/液界面上加速离子转移反应动力学参数的方法——纳米管伏安法[99]。同年他们证明 SECM 可在液/液界面上基于加速离子转移反应,得到正反馈曲线[100],发展了一种新的 SECM 模式。2002 年我们课题组采用玻璃纳米管作为 SECM 探头,结合液滴三电极系统,发展了一种测量液/液界面快速转移反应的动力学方法[101]。这方面的详细介绍见第 3 章。

在早期的工作中,许多研究是通过改变体系的参数和采用一系列类似物进行的。1983 年 Samec 等采用卷积伏安法研究了一系列四烷基铵离子在 W/NB 界面上的动力学行为[102]。速率常数在校正扩散层的影响后,其对数与 Gibbs 转移能成正比。随后他们采用阻抗法在平衡电势下重新研究了该系列离子的转移反应,测量得到了大很多的速率常数[23]。这些工作的另外一个重要结论是所测量得到的速率常数遵守 Butler-Volmer 公式,即 $\ln k$ 正比于外加电势,这与离子转移反应的开创者 Gavach 等的工作所得出的结论一致[103]。随后 Girault 等将乙酰胆碱溶解在两相中,进一步证实 Butler-Volmer 公式适用[93],所得到的 Tafel 曲线见图 2.27。

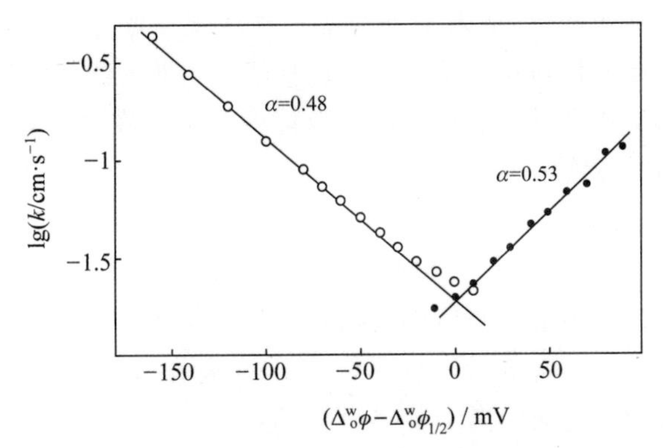

图 2.27　乙酰胆碱转移的 Tafel 图。从 W 到 DCE(●)，从 DCE 到 W(○)。引自参考文献[93]。

1992 年 Kakiuchi 等[104]通过阻抗法测量离子转移速率常数，显示对于半径相当的阴离子其表观速率常数要比阳离子大(表 2.3)。这导致他们认为必须考虑界面的介电摩擦力，同时他们显示 Goldman 类型的电流-电势关系要比 Butler-Volmer 更合适。在分析离子转移反应动力学数据时，一些研究组采用不同的校正方法，例如，对于双电层的影响采用 Frumkin 校正；对于在 Nernst-Planck 传递时的双电层影响采用 Levich 校正[105]。Schiffrin 等清楚地显示 Frumkin 校正可用于平衡状态时的测量，而 Levich 校正必须在法拉第条件下使用[106]。

表 2.3　一些离子的标准转移电势和表观离子转移速率常数

离子	Me_4N^+	Et_4N^+	Pr_4N^+	Me_2V^{2+}	Et_2V^{2+}	Pr_2N^+
$\Delta_o^w\phi$/mV	27	−67	−170	−15	−43	−58
k_{app}/(cm・s^{-1})	0.14	0.09	0.14	0.05	0.05	0.07

离子	PF_6^-	ClO_4^-	BF_4^-	SCN^-
$\Delta_o^w\phi_{1/2}$/mV	343	240	197	161
k_{app}/(cm・s^{-1})	0.16	0.11	0.17	0.09

注：数据来源参考文献[23]和[104]。

从 1990 年开始，通过改变一相的物理化学性质，Girault 等开展了乙酰胆碱离子(Ac^+)转移反应动力学的研究[93,94]。所采用的电化学技术是计时库仑法，不需要任何速率常数依赖于电势的假设。为了验证该技术的适用性，他们探讨了 Ac^+ 从水相转移到有机相和从有机相转移到水相的速率常数与电势的关系(图 2.27)，所观察到的表观速率常数遵守 Butler-Volmer 关系。这里的结果是两个独立的实验所得，在第一个实验中，Ac^+ 是以 AcCl 仅存在于水相，而在第二个实验中，Ac^+ 是以 AcTPB 仅存在于有机相中。在外加电势的情况下，Ac^+ 进行界面转移反应。第一个实验改变溶液性质是通过在水相中加入蔗糖改变溶液的黏度，该方法的优点是在不怎么改变溶液介电常数的情况下，黏度从 1 mPa・s^{-1} 变为 6 mPa・s^{-1}。主要的实验结果是：水相中的扩散系数与溶液的黏度成反比，遵守 Stokes-Einstein 公式($D=kT/6\pi r_s\eta$，r 和 η 分别是 Stokes 半径和黏度系数)；表观标准速率常数(k^0)也与黏度成反比。加入蔗糖会引起乙酰胆碱水合能的变化，结果是可观察到其从水+蔗糖转移到 DCE 相的 Gibbs 转移能的变化。在此值得讨论一下 Gibbs 转移能与扩散的线性关系，有可能对于深入理解界面离子转移有所帮助。所得到的水合能的变化是在介电常数基本不变的情况下，那么可以假设水合能的静电部分[由 Born 公式给出 $\Delta G_{\mathrm{Born}}=(ze)^2(\varepsilon^{-1}-1)/8\pi\varepsilon_0 r$]保持不变。这样，水合能的变化都归于中性部分及黏度的变化。中性部分主要包括腔的形成和所有的短程相互作用所做的功。实验结果表明 $\partial\Delta G_{\mathrm{act}}/\partial\Delta G_{\mathrm{hydration}}$ 是 1.35，意味着水相中转移过程中形成腔所做的功是水合相同物质的 1.35 倍[4,93]。

第二个体系是水与硝基苯+四氯甲烷(TCM)混合溶剂所形成的界面，目的是研究有机相介电常数的变化对于离子转移过程的影响。混合溶剂的应用是为了调节介电常数，但一个缺点是随着 TCM 加入量的增加，介电常数减小，黏度也减小。主要的实验结果概括如下：扩散系数随 TCM 的增加而增大，遵守 Stokes-Einstein 公式；表观标准速率常数随 TCM 的增加而减小；从水相到有机相的标准 Gibbs 转移能增加，表明在混合溶剂中的溶剂化能增加；$\ln D$ 和 $\ln k^0$ 与所测得的 Gibbs 转移能成正比。该工作显示扩散系数和标准速率常数并不总是成正比关系，与 Samec 等所给出的 Brønsted 类型的关系不一致。

上面主要介绍的是研究离子转移反应动力学的电化学实验进展，多年来一直缺乏合适的理论来处理液/液界面上的离子转移反应。通常是按如下这两种方法来考虑这些反应的：把离子转移反应看成是一个活化过程(Gavach 等最先提出[107])，或者如 Girault 等基于电化学势梯度提出是一个离子电导过程[93]。后者与 Kontturi 等基于 Nernst-Planck 公式[108]，或 Kakiuchi 等[104]基于离子渗透到生物膜的 Goldman 模型类似。为什么离子转移反应的动力学常数很难进行测量？为什么交流阻抗与法拉第法(稳态法)存在如此大的差别？对于这些问题，可从 Milner 与 Weaver[109]和 VanderNoot[110]这两篇论文中找出答案。第一篇论文主要报道了采用数值模拟法研究溶液中阻抗对于获取标准速率常数的影响，指出通常实验测量的值要比真实值小。对于液/液界面，有机相中的未补偿阻抗是主要的误差来源，并且很难完全克服。第二篇论文阐述的是如何在法拉第过程和扩散过程很难分开时获取动力学信息。从机理上看，离子在界面的转移过程与离子在液体中的传输过程并没有太大的区别，VanderNoot 所探讨的与离子转移反应密切相关。他得出的结论是，当法拉第时间常数 t_{F}(等于 $R_{\mathrm{CT}}C$，R_{CT} 是电荷转移阻抗，C 是界面电容)小于 30 倍的扩散时间常数[等于 $2(R_{\mathrm{CT}}/2\sigma)^2$，$\sigma$ 是下面公式定义的 Warburg 阻抗]时，由非线性回归分析可能得到可靠的动力学参数。

$$\sigma=\frac{RT}{2^{1/2}n^2F^2A}\left(\frac{1}{D_{\alpha}^{1/2}C_{\alpha}}+\frac{1}{D_{\beta}^{1/2}C_{\beta}}\right) \tag{2.62}$$

但在液/液界面上经常是法拉第时间常数比扩散时间常数要大[111]，因此 VanderNoot 得出结论：任何交流阻抗、交流极谱或暂态技术都不适用于测量动力学参数，除非采用线性回归分析使动力学摆脱扩散的影响。其他的技术，例如，卷积线性扫描伏安法、计时电位法和计时库仑法，得到的数据是在扩散控制的区域，但外推到时间为 0 来测量动力学参数，不受这些限制的影响。但这些技术通过界面的直流法拉第电流较交流对于界面平衡结构的影响要大得多。特别是如果考虑到与离子一起转移的溶剂分子，存在离子转移反应可能引起介电常数分布的变化。因此，Girault 在 1993 年的综述中得出结论：还没有一种理想的研究液/液界面电荷转移反应动力学的实验技术[3]。

在早期分析动力学数据时通常采用把固/液界面的研究方法搬过来使用。对于一种离子在液/液界面的转移过程，其流量可用动力学常规的公式表示：

$$J = zF(k^{w\to o}c^{w} - k^{o\to w}c^{o}) \tag{2.63}$$

这里 c 代表两相中的本体浓度。当然人们最关心的是，速率常数与外加电势是什么关系？在平衡时，两相本体浓度相等，界面电势差等于离子转移反应的式电势，活化能垒是对称的[112]。随着电势的变化，总的驱动力 $zF(\Delta_o^w\phi - \Delta_o^w\phi^{0'})$ 中有一部分可用于降低活化能垒，那么在 Butler-Volmer 公式中电流由下式给出：

$$I = zFAk^{0}\left\{c^{w}e^{zF\alpha(\Delta_o^w\phi-\Delta_o^w\phi^{0'})} - c^{o}e^{-zF(1-\alpha)(\Delta_o^w\phi-\Delta_o^w\phi^{0'})}\right\} \tag{2.64}$$

这里 α 代表驱动力作用于活化能垒的分数。

已采用不同的方式对 Butler-Volmer 行为进行解释。1986 年 Gurevich 等[113-115]提出了一种随机的方法来处理离子转移反应动力学。其主要公式是 Langevin 公式：

$$\frac{du}{dt} = -\beta u + \frac{1}{m}\left[-\frac{\partial V}{\partial r} + A(t,r)\right] \tag{2.65}$$

这里 u 和 m 分别是离子的速度和质量；$\frac{\partial V}{\partial r}$是在势能 V 时作用于离子的力；$A(t,r)$是由于凝聚相的扰动而产生的随机力；β 是摩擦系数，描述粒子与介质相互作用的耗散过程。由 Fokker-Planck 公式，可得到如下两个描述分配函数的公式：

$$\frac{df}{dt} = -\frac{\partial f}{\partial r}j \tag{2.66}$$

$$j = -\frac{kT}{\beta m}\left[\frac{\partial f}{\partial r} + \frac{1}{kT}\frac{\partial V}{\partial r}\right] \tag{2.67}$$

关键问题是如何求得势能 V。在第一近似的条件下，他们采用电势和一个谐波模型，得到一个非常类似于 Butler-Volmer 公式的表达式。Indenbom 和 Dvorak 在考虑了界面的弹性行为后推导出活化能垒的表达式[116]。Schmickler 在 1997 年基于晶格点阵气体法提出了一种离子转移反应的理论[117]，可以求算在液/液界面附近单个离子所感受到的平均力电势。离子转移过程被看成是一个活化过程，与 Butler-Volmer 公式类似。

另外一种处理方法是基于 Nernst-Planck 公式的形式，离子的流量与电化学势成正比[104,105]：

$$\begin{aligned} J_i(x) &= -c_i(x)u_i(x)\mathrm{grad}\mu_i \\ &= -RTu_i(x)\mathrm{grad}c_i(x) - z_iFc_i(x)u_i(x)\mathrm{grad}[\phi(x) - \phi_i^0(x)] \end{aligned} \tag{2.68}$$

这里 $\phi_i^0(x) = -\mu_i^0/z_iF$。在恒定流量下积分得到：

$$J_i\int_w^o \frac{e^{z_iF[\phi(x)-\phi_i^0(x)]/RT}}{u_i(x)}dx = -RT\int_w^o d\left\{c_ie^{z_iF[\phi(x)-\phi_i^0(x)]/RT}\right\} \tag{2.69}$$

如果假设 $\phi(x) - \phi_i^0(x)$在穿过界面区域时线性变化，通过引入下面两个常数：

$$y_o = \frac{z_iF}{RT}[\phi(o) - \phi_i^0(o)] \quad 和 \quad y_w = \frac{z_iF}{RT}[\phi(w) - \phi_i^0(w)] \tag{2.70}$$

可得到下式：

$$z_iF[\phi(x)-\phi_i^0(x)]/RT=y_w+(y_o-y_w)\frac{x}{L} \tag{2.71}$$

这里的主要问题是对于所表示的标准化学势的标准项 $\phi_i^0(x)=-\mu_i^0/z_iF$，在穿越混合层(≈1 nm)时是以阶跃式的方式，而在没有吸附时穿越两个背靠背的分散层时是以线性的方式。因此，对于公式(2.71)，在离子的 Gibbs 转移能大于±5 kJ·mol^{-1}时，仅是一种很粗糙的近似。

该方法的另外一个假设是穿过界面区域的电化学淌度是恒定的，即在两相中的扩散系数相同。穿过界面的离子流量是

$$J_i(x)=\frac{2RTu_iy}{L}\left[\frac{c_i^o-c_i^w e^{2y}}{1-e^{2y}}\right]=\frac{RTu_iy}{L\sinh y}(c_i^w e^y-c_i^o e^{-y}) \tag{2.72}$$

这里 y 为

$$y=\frac{y_w-y_o}{2}=\frac{z_iF}{2RT}(\Delta_o^w\phi-\Delta_o^w\phi_i^0) \tag{2.73}$$

当 y 较小时，公式(2.72)可简化为扩散流量公式：

$$J_i(x)=\frac{RTu_i}{L}(c_i^w-c_i^o) \tag{2.74}$$

该方法的主要缺点是假设扩散系数不变。当探讨和理解离子从一相到另外一相变化时，关键点是采用线性变化或是采用活化能垒变化的方法。

2000 年 Marcus 基于下面的机理提出了离子转移反应的理论[118]：离子从 A 相去溶剂化，到 B 相进行协同溶剂化。该模型包括四个步骤(图 2.28)：(1) B 相在 A 相中形成一个凸起(类似于在上文谈到的“指状水侵”)；(2) 离子与凸起进行双分子反应；(3) 凸起带着离子穿过界面；(4) 离子脱离。表观速率常数 k_{rate} 可表示为

$$\frac{1}{k_{rate}}=\frac{1}{k_{association}^A}+\frac{1}{K_{eq}^A k_{diffusion}}+\frac{1}{K_{eq}^B k_{dissociation}} \tag{2.75}$$

这里 $k_{association}^A$ 是 A 相的离子与来自 B 相的凸起之间的结合速率常数，K_{eq}^A 是 A 相的离子与来自 B 相的凸起之间的平衡常数，$k_{diffusion}$ 是离子穿过界面区域的扩散速率常数，K_{eq}^B 是离子与凸起在 A 相结合并一起从 A 到 B 的平衡常数，$k_{dissociation}$ 是离子从 A 相尾巴脱离的离解常数。随着离子扩散进入到 B 相，最后留下离子尾巴的遗迹。找到高度为 h 的凸起的概率密度可由如下公式表示：

$$P(h)=\frac{e^{F(h)/k_BT}}{\int_{-\infty}^{\infty} e^{F(h)/k_BT}\,dh} \tag{2.76}$$

这里 $F(h)$是形成凸起需要的自由能，当 $h<0$ 时，是 B 相凸进 A 相；当 $h>0$ 时，是 A 相凸进 B 相。当扰动较小时，$F(h)$是 h 的二次方函数。

离子与凸起形成附属物可作为一种双分子反应进行处理，其附属速率为 $k_Ac(z)P(h)$，这里 $c(z)$是离子未附属时在位置 z($z=ha$，a 是离子半径)的浓度。如果假设离子仅在 h_i 与凸起结合，那么

$$k_{association}^A=k^AP(h)\Delta h_i \tag{2.77}$$

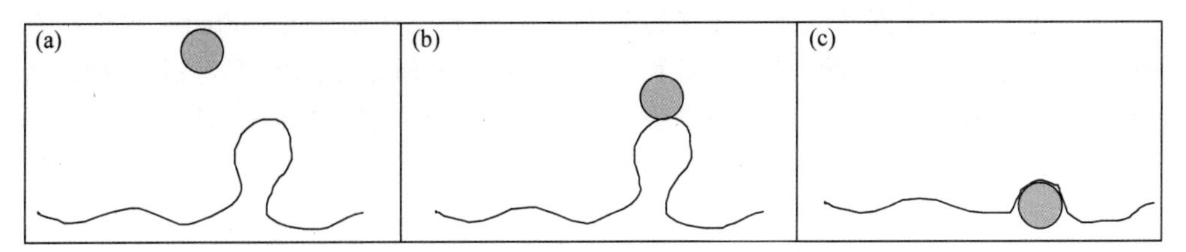

图 2.28　离子转移反应的机理示意图：(a) 在 A/B 界面从 B 相形成的凸起；(b) 形成附属物并穿越界面；(c) 从另外一个凸起(B 到 A)离去到 B 相(引自参考文献[118])。

平衡常数可由本体与界面位置的电化学势给出：

$$K_{\mathrm{eq}}^{\mathrm{A}}=\exp\left[-\frac{\mu(z)-\mu_{\mathrm{A}}}{k_{\mathrm{B}}T}\right] \tag{2.78}$$

在该模型中，很可能是极性一相(水相)形成凸起，正如图 2.28 所示，离子转移到水相，凸起的形成是由于长程离子-偶极矩相互作用的结果。对于逆过程水相中离子对界面施加压力，在穿过界面时拽着水分子。

Kornyshev、Kuznetsov 和 Urbakh(KKU)按照类似的思路，讨论了不同的离子转移模型，发现离子穿过液/液界面有三种可区分的方式[119]：

(1) 界面极化子(polaron)限制：如果在离子电化学势中无能垒存在，离子转移反应的速率常数是由离子和界面凸起的二维扩散所决定。离子-凸起对的有效扩散系数为

$$D_{\mathrm{eff}}=\frac{k_{\mathrm{B}}T}{6\eta\left[r_{\mathrm{ion}}+\dfrac{4L}{3}\left(\dfrac{h_{\mathrm{max}}}{A}\right)^{2}\right]} \tag{2.79}$$

这里 L 和 h_{max} 分别是凸起的横向大小和最大高度；A 是函数 $h_{\mathrm{eq}}(z)$ 的半宽，表示的是离子与界面耦合的平衡。当界面的弛豫比离子扩散慢很多时，离子转移的动力学是由界面慢的弛豫所控制，称之为界面极化子限制。

(2) 裸离子跳跃：如果在离子电化学势中存在大的能垒，转移完全由离子越过该能垒所决定。速率常数公式已由 Gurevich 和 Kharkats[114,115]，以及 Schemickler[117] 导出。

(3) 界面限制：对于在 Marcus 所探讨的条件[118]下，如果在离子电化学势中存在大的能垒，离子转移反应由产生凸起所需要的时间决定，该凸起的形成可降低离子转移的能垒。

该理论常被称为 KKU 理论，他们随后进一步完善和改进了该理论[119,120]。KKU 理论是目前有关离子转移反应动力学研究中比较全面的模型。从实验的角度来测量离子转移反应参数的问题，我们会在第 4 章中讨论。

2.3.2　加速离子转移反应的机理及动力学

对于式(2.3)所示的加速离子转移(FIT)反应，是由 Koryta 等在 1979 年率先提出的[9,21]。在有机相中加入配体或离子载体，可以降低离子转移反应的自由能，进而使原

来不能在电势窗内观察到的离子转移到电势窗内，进行电化学研究。Freiser 等借用常规电化学机理研究中的术语，即 E、EC 和 CE 反应来描述 FIT 的机理[122]，显然这种命名法容易产生误解。Girault 等采用玻璃微米管支撑的微米级液/液界面，研究了二苯基-18-冠-6(DB18C6)加速钾离子在 W/DCE 界面上的 FIT 反应，由实验结果他们提出了加速离子转移反应的四种机理[123]：先水相配位后转移(aqueous complexation followed by transfer，ACT)，先转移到有机相后进行配位(transfer to the organic phase followed by complexation，TOC)，由界面配位引发的转移(transfer by interfacial complexation，TIC)和由界面离解引发的转移(transfer by interfacial dissociation，TID)(图 2.29)。

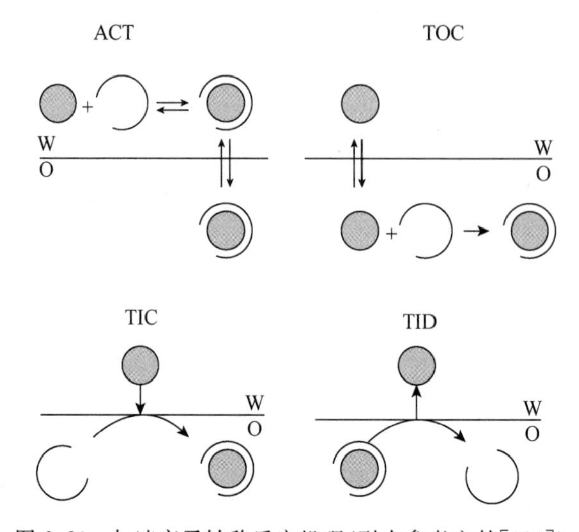

图 2.29　加速离子转移反应机理(引自参考文献[123])。

对于配体 L 加速一价阳离子 M^+ 在液/液界面转移，形成 1∶1 的反应物，如果所有的离子均在两相分配(图 2.30)，那么其 Nernst 公式即可用离子的形式或配合物的形式来表述：

$$\Delta_o^w \phi = \Delta_o^w \phi_{M^+}^0 + (RT/F)\ln(a_{M^+}^o / a_{M^+}^w) = \Delta_o^w \phi_{ML^+}^0 + (RT/F)\ln(a_{ML^+}^o / a_{ML^+}^w) \tag{2.80}$$

由该公式可得到下式：

$$\Delta_o^w \phi_{ML^+}^0 = \Delta_o^w \phi_{M^+}^0 - (RT/F)\ln(K_a^o/K_a^w) - (RT/F)\ln P_L \tag{2.81}$$

由该公式通过实验结果可以求算出一些热力学参数。

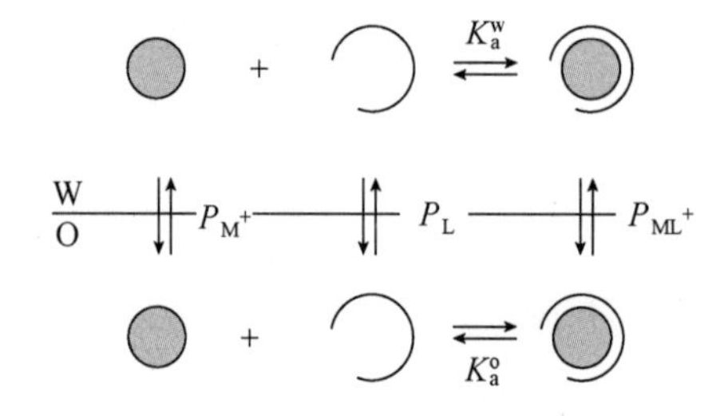

图 2.30　加速离子转移反应的相关热力学常数示意图(引自参考文献[4])。

结合上述两个图，对于四种反应机理，我们有：

ACT 机理：$pK_a^w<0$，$pK_a^o>0$ 和 $\lg P_L<0$（亲水配体）；

TOC 机理：$pK_a^w>0$，$pK_a^o<0$ 和 $\lg P_L>0$（疏水配体）；

TIC 和 TID 机理：$pK_a^w>0$，$pK_a^o<0$ 和 $\lg P_L>0$（疏水配体）。

通常 TIC 和 TID 是正反应和逆反应的两个方面，早期的缬氨霉素[124]和二苯基-18-冠-6[125]加速 K^+ 转移反应就是典型的 TIC/TID 机理。

人们已经进行了大量的加速阳离子转移反应的研究，从碱金属到过渡金属离子，采用冠醚家族的各类衍生物，包括 N、O 和 S 取代的，以及杯芳烃，各种为离子选择性电极和萃取发展的商品化离子载体等。虽说阴离子识别的超分子化学发展很快[126]，但加速阴离子转移反应的报道屈指可数[127-135]。这主要是因为阴离子的形状多样化以及它们与溶液 pH 密切相关。与阴离子结合的载体主要包括脲这样的中性载体（通过氢键与阴离子相互作用）和带正电荷的含有胍或聚胺大分子的环状分子（通过库仑静电相互作用）。

Matsuda 等率先开始了非 1∶1 类型的加速离子转移反应研究[136-138]，这类反应也称为连续反应。Girault 等扩展了这类反应的理论[139]，它们可以表述如下：

$$\begin{array}{ll} M^{z+}+L \rightleftharpoons ML^{z+} & ML^{z+}+L \rightleftharpoons ML_2^{z+} \\ ML_{j-1}^{z+}+L \rightleftharpoons ML_j^{z+} & \end{array} \tag{2.82}$$

结合常数 K_a 和 β 定义为

$$K_{aj}=\frac{c_{ML_j^{z+}}}{c_{ML_{j-1}^{z+}}c_L} \tag{2.83}$$

$$\beta_j=\frac{c_{ML_j^{z+}}}{c_{M^{z+}}(c_L)^j}=\prod_{k=0}^{j}K_{aj} \tag{2.84}$$

这里 $\beta_0=K_{a0}=1$。对于每种配合物，其 Nernst 公式与 1∶1 的情况类似，即

$$\frac{c_{ML_j^{z+}}^{o}}{c_{ML_j^{z+}}^{w}}=\exp\left[\frac{zF}{RT}(\Delta_o^w\phi-\Delta_o^w\phi_{ML_j^{z+}}^0)\right] \tag{2.85}$$

配合物的标准转移电势是

$$\Delta_o^w\phi_{ML_j^{z+}}^0=\Delta_o^w\phi_{M^{z+}}^0-\frac{RT}{zF}\ln\left(\frac{\beta_j^o}{\beta_j^w}P_L^j\right) \tag{2.86}$$

对于这些反应中的每个物种，其对于电流的贡献可通过解其传质公式得到：

$$\frac{\partial c_{ML_j^{z+}}^o}{\partial t}=D_{ML_j^{z+}}^o\frac{\partial^2 c_{ML_j^{z+}}^o}{\partial x^2}+r_{ML_j^{z+}}^o \tag{2.87}$$

这里 $r_{ML_j^{z+}}^o$ 是配合和离解的反应速率。Matsuda 等没有解这一系列的微分方程，而是提出了另外一种方法，即定义每个相中的金属离子和配体的总浓度分别为

$$c_{M_{tot}^{z+}}=c_{M^{z+}}+c_{M_1^{z+}}+c_{M_2^{z+}}+\cdots \tag{2.88}$$

$$c_{L_{tot}}=c_L+c_{ML_1^{z+}}+c_{ML_2^{z+}}+\cdots \tag{2.89}$$

假设在一个相中所有物种的扩散系数相等，每相中的传质方程可减少为两个 Fick

公式：

$$\frac{\partial c_{M_{tot}^{z+}}}{\partial t}=D\frac{\partial^2 c_{M_{tot}^{z+}}}{\partial x^2} \tag{2.90}$$

$$\frac{\partial c_{L_{tot}}}{\partial t}=D\frac{\partial^2 c_{L_{tot}}}{\partial x^2} \tag{2.91}$$

通过计算可得到这种连续反应的循环伏安图。

下面讨论不同机理的加速离子转移反应的情况：

(1) TIC/TID-TOC 机理：配体浓度远远大于金属离子的浓度，$c_L^o \gg c_{M^{z+}}^o$，其半波电势为

$$\Delta_o^w \phi_{ML_j^{z+}}^{1/2}=\Delta_o^w \phi_{M^{z+}}^{0'}-\frac{RT}{zF}\ln\left[\xi\sum_{j=0}^{m}\beta_j^o(c_L^o)^j\right] \tag{2.92}$$

这里 $\xi=\sqrt{D_o/D_w}$，假设一相中所有物种的扩散系数相等，$\beta_0=1$。对于 1∶1 的情况，该公式可简化为

$$\Delta_o^w \phi_{ML^{z+}}^{1/2}=\Delta_o^w \phi_{M^{z+}}^{0'}-\frac{RT}{zF}\ln[\xi(1+\beta_1^o c_L^o)]\approx\Delta_o^w \phi_{M^{z+}}^{0'}-\frac{RT}{zF}\ln[\xi\beta_1^o c_L^o] \tag{2.93}$$

通过改变配体的浓度，可以求算出一些热力学常数。如果该 FIT 反应很快，电流是由水相中的金属离子和有机相中的配合物控制的，这也是为什么上述公式依赖于参数 ξ。在此情况下 TIC/TID 机理与 TOC 机理等同。

(2) TIC/TID-TOC 机理：金属离子浓度远远大于配体的浓度，$c_{M^{z+}}^o \gg c_L^o$，其半波电势为

$$\Delta_o^w \phi_{ML_j^{z+}}^{1/2}=\Delta_o^w \phi_{M^{z+}}^{0'}-\frac{RT}{zF}\ln\left[c_{M^{z+}}^o\sum_{j=0}^{m}j\beta_j^o(c_L^o/2)^{j-1}\right] \tag{2.94}$$

对于 1∶1 的情况，该公式可简化为

$$\Delta_o^w \phi_{ML^{z+}}^{1/2}=\Delta_o^w \phi_{M^{z+}}^{0'}-\frac{RT}{zF}\ln[c_{M^{z+}}^o(1+\beta_1^o)]\approx\Delta_o^w \phi_{M^{z+}}^{0'}-\frac{RT}{zF}\ln[c_{M^{z+}}^o\beta_1^o] \tag{2.95}$$

与公式(2.81)类似，金属离子浓度每改变 10 倍，转移波电势移动约 60 mV/z。如果该类 FIT 反应是快速的，电流是由配体和配合物控制的，由于两者均在有机相，故与参数 ξ 无关。上述公式常用于研究加速质子转移反应，通过改变溶液的 pH 求得 β_1^o。

(3) ACT 机理：其半波电势的方程为

$$\Delta_o^w \phi_{ML_j^{z+}}^{1/2}=\Delta_o^w \phi_{M^{z+}}^{0'}+\frac{RT}{zF}\ln\left[\frac{\xi\sum_{j=0}^{m}\beta_j^w(c_L^o)^j}{\sum_{j=0}^{m}\beta_j^o(P_L c_L^o)^j}\right] \tag{2.96}$$

对于 1∶1 的情况，该公式可简化为

$$\Delta_o^w \phi_{ML^{z+}}^{1/2}=\Delta_o^w \phi_{M^{z+}}^{0'}+\frac{RT}{zF}\ln\left[\frac{\xi\beta_1^w}{\beta_1^o P_L}\right] \tag{2.97}$$

在该机理下，如果 FIT 反应是快速的，其电流是由水相和有机相中配合物的扩散所控制的，这也是为什么上述公式也依赖于参数 ξ。上述方法被 Garcia 等拓展到不同配体

的竞争反应中[140]。

我们最近采用循环伏安法和电化学-质谱(EC-MS)联用技术探讨了 DB18C6 加速零到二代的聚酰胺树枝状分子[poly(amidoamine) dendrimer, PAMAM, G0～G2]在 W/DCE 界面上的转移反应[141](图 2.31)。显然,PAMAM 上的多个 NH_4^+ 会与 DB18C6 形成配合物,但在界面转移处,对于大于 G0 的该类加速树枝状离子转移反应,从质谱仪获到的产物主要是配位比 1∶2 的,而不是 1∶4 或更多的中间体。结合电化学实验数据和质谱结果,可以认为带多电荷的 PAMAM 首先在界面处进行了去质子化,然后再与 DB18C6 进行配位反应,与原来报道的机理有所不同。

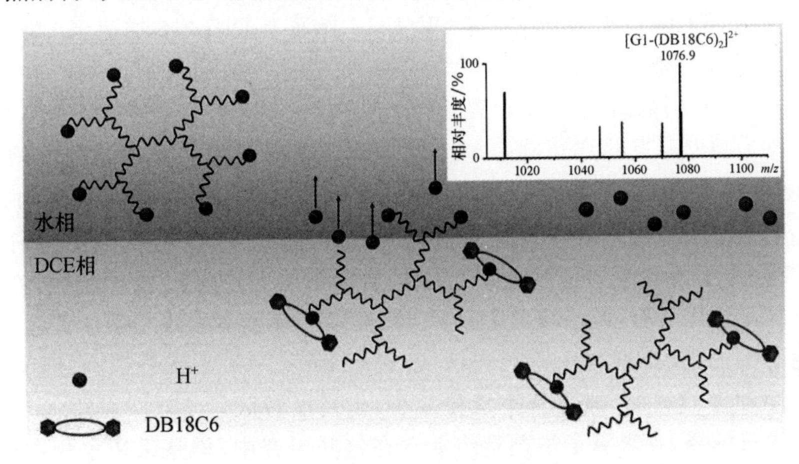

图 2.31　DB18C6 加速 PAMAM 离子转移反应的示意图(引自参考文献[141])。

Samec 等早在 1982 年就开始了研究液/液界面上加速离子转移反应的动力学问题[142]。随后 Senda 等也采用类似的方法报道了 FIT 动力学研究[143]。由于他们均采用大的液/液界面,无法使传质速率远远大于界面转移反应的速率,因此结论是界面 FIT 是扩散控制的,速率太快、无法测定。为了解决该问题,Girault 等将液/液界面微型化,将 W/DCE 界面支撑在玻璃微米管尖端,形成了微米级的液/液界面(μ-L/L interface)[144,145]。采用电化学技术深入探讨了该界面上 DB18C6 加速 K^+ 转移反应的动力学行为,结论是该加速离子转移反应不是由界面转移反应所决定的,而是由参与反应的物种,例如 DB18C6 的扩散所决定的。他们估算了该 FIT 反应的标准速率常数(k^0)应该大于 3 cm·s^{-1}。他们工作的另外一个重要贡献是给出了一个经验公式,即

$$I_{ss} = 3.35\pi nDcr \tag{2.98}$$

这里 I_{ss} 是稳态电流,n 是转移的电荷数,D 是该扩散过程的扩散系数,c 是扩散物的浓度,r 是玻璃管的半径。该公式已被广泛地应用于求算微米或纳米玻璃管管径的大小。

显然,从上述工作可以看出,由于传质(扩散)速率小于或等于界面转移反应的速率,因此采用大的界面或微米级的界面很难准确地测量界面转移反应的速率常数。1997 年 Shao 和 Mirkin 利用玻璃纳米管来支撑液/液界面,得到了纳米级的液/液界面(nano-L/L interface)[99]。他们采用三点法并结合曲线拟合发展了一种测量液/液界面上

快速 FIT 动力学参数的方法——纳米管伏安法[99,146]，得到的该 DB18C6 加速 K^+ 在 W/DCE 界面的转移反应速率高达 1.0 cm·s^{-1}。这主要是因为随着玻璃管管径的减小，传质速率增大，使原本在较大界面上的可逆转移反应变成了准可逆或不可逆过程。

另外一个可测量液/液界面上 FIT 速率参数的方法是 SECM 法[147-149]。在 Bard 等率先将 SECM 应用于液/液界面的研究[85,148]后，其重要的应用之一就是测量液/液界面上的电荷转移反应的速率参数。但他们所探讨的界面均是非极化的液/液界面，即液/液界面的电势差均是由两相中的共同离子所控制的。为了解决该问题，Shao 等将液滴三电极系统[150]（有关液滴三电极系统可参看第 3 章）与 SECM 相结合，采用玻璃纳米管作为 SECM 的探头研究了在 W/DCE 界面上 DB18C6 加速 K^+ 快速转移反应的动力学行为，并测量得到其动力学参数[151]。随后，他们采用类似的方式研究了 DB18C6 加速一系列的碱土金属在 W/DCE 界面上的转移反应，得到了速率常数的大小顺序是 $k^0_{K^+} > k^0_{Na^+} > k^0_{Rb^+} > k^0_{Li^+} > k^0_{Cs^+}$[152]。上述的工作均采用类似于固/液界面上电子转移反应的方法进行处理，即 Butler-Volmer 公式适用。后来，他们采用 SECM 结合液滴三电极系统，探讨了 DB18C6 加速 Li^+ 和 Na^+ 在 W/DCE 界面上的转移反应[153]。由于两者的 FIT 反应均在电势窗的右端，具有较大的可控电势，因此他们重点研究了外加电势（即反应的驱动力）与转移反应速率常数之间的关系。发现随着外加电势的增加，标准速率常数先增加，符合 Butler-Volmer 公式；达到最大值后，随着外加驱动力的增加，标准速率常数减小，出现反转区。该现象可用 Marcus 电子转移理论进行解释，并求算了溶剂重组能。在这些研究中，均是采用水相中被加速的物种的浓度一般要比有机相中配体的浓度大 20 倍左右，以保证该液/液界面类似于固/液界面，即水相类似于固态电极，这样可大大地简化理论分析。

2.3.3 电子转移反应的动力学探讨

对于方程(2.2)所示的水相中电对 O_1/R_1 和有机相中电对 O_2/R_2 之间的电子转移反应（图 2.32），其 Nernst 公式见式(2.14)，界面上的电子转移反应标准电势差 $\Delta_o^w\phi_{ET}^0$ 见式(2.15)。现在我们考虑如何将界面转移的标准电势与常用的水相的标准电势联系起来。通常水相中的一个氧化还原电对的标准电势 $[E^0_{O/R}]^w_{SHE}$ 是相对于氢电极来定义的[112]：

$$[E^0_{O/R}]^w_{SHE} = \frac{1}{F}\left[\mu_O^{0,w} - \mu_R^{0,w} - n\mu_{H^+}^{0,w} + \frac{n}{2}\mu_{H_2}^0\right] \tag{2.99}$$

同理，有机相中的一个氧化还原电对的标准电势相对于氢电极可定义为

$$[E^0_{O/R}]^o_{SHE} = \frac{1}{F}\left[\mu_O^{0,o} - \mu_R^{0,o} - \mu_{H^+}^{0,w} + \frac{1}{2}\mu_{H_2}^0\right] \tag{2.100}$$

然而从实验的角度讲，有机相的标准电势很难测量，这是因为需要测量有机相和水相中氢电极之间的液接电势。在绝对电势定义中，公式(2.15)可写为

$$\Delta_o^w\phi_{ET}^0 = [E^0_{O/R}]^o_{SHE} - [E^0_{O/R}]^w_{SHE} \tag{2.101}$$

为了克服定义有机相中氧化还原电对标准电势的困难，常用的方法是将所有有机相中的标准氧化还原电势相对于一个参比氧化还原电对，例如二茂铁离子/二茂铁（Fc^+/

Fc)。参比氧化还原电对在有机相的标准氧化还原电势相对于水相可表示为

$$[E^0_{Fc^+/Fc}]^o_{SHE} = [E^0_{Fc^+/Fc}]^w_{SHE} + (\Delta G^{0,w\to o}_{tr,Fc^+} - \Delta G^{0,w\to o}_{tr,Fc})/F \qquad (2.102)$$

中性分子二茂铁在水与 DCE 之间的分配系数已求出，约等于 2×10^4，因此其 Gibbs 转移能 $\Delta G^{0,w\to o}_{tr,Fc}$ 为(−24.5±0.5) kJ・mol^{-1}，由离子转移伏安法可得到 Fc^+ 的 Gibbs 转移能为−0.5 kJ・mol^{-1}[154]。查表可得 $[E^0_{Fc^+/Fc}]^w_{SHE}$ 为 0.380 V，因此 $[E^0_{Fc^+/Fc}]^{DCE}_{SHE}$ 是(0.64±0.05) V。以这样的方式，结合图 2.33，得出下式：

$$\Delta^w_o \phi^0_{ET} = [E^0_{O/R}]^{DCE}_{SHE} - [E^0_{O/R}]^w_{SHE} + 0.64\ V \qquad (2.103)$$

按照同样的方式，Osakai 等研究了 W/NB 界面体系，得出 $[E^0_{Fc^+/Fc}]^{NB}_{SHE}$ 是(0.51±0.05) V[155]。

1981 年 Samec 等率先报道了 NB 相中二茂铁与水相中铁氰化钾之间的电子转移反应[156]，随后人们对该反应进行了广泛探讨。但是，正如 Schiffrin 等所显示的那样，采用伏安法研究电子转移反应通常会遇到 IT 耦合的困难[157]。通常研究 ET 要比 IT 难很多，Quinn 和 Kontturi 总结了在探讨 ET 反应时遇到的困难，例如，反应的分解、离子对的形成以及 ET 和 IT 的耦合反应等[158]。Osakai 等对于第一例 ET 反应提出了质疑，认为水相中铁氰化钾氧化二茂铁不是一个真正的异相 ET 反应，而是二茂铁首先分配到水相与铁氰化钾进行均相 ET 反应，然后生成的二茂铁离子转移回到有机相(图 2.34)。这可能是因为在该体系中二茂铁的浓度远远大于铁氰化钾的浓度，当实验条件反过来时，界面上异相 ET 反应占据主导[155]。我们采用同质(twin)和杂化(hybrid)电极(这两类电极将在第 3 章中进行详细介绍)对该体系也进行了探讨[159]。实验结果表明两种机理都存在，哪种占据主导地位是由两相中氧化还原物种的浓度比所决定的。

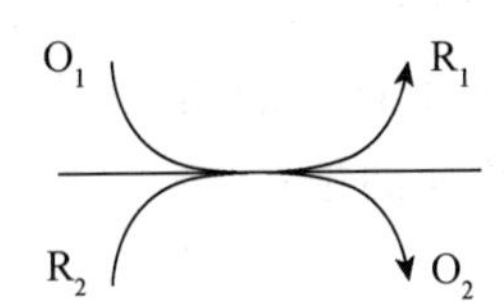

图 2.32　液/液界面上的异相氧化还原反应(引自参考文献[4])。

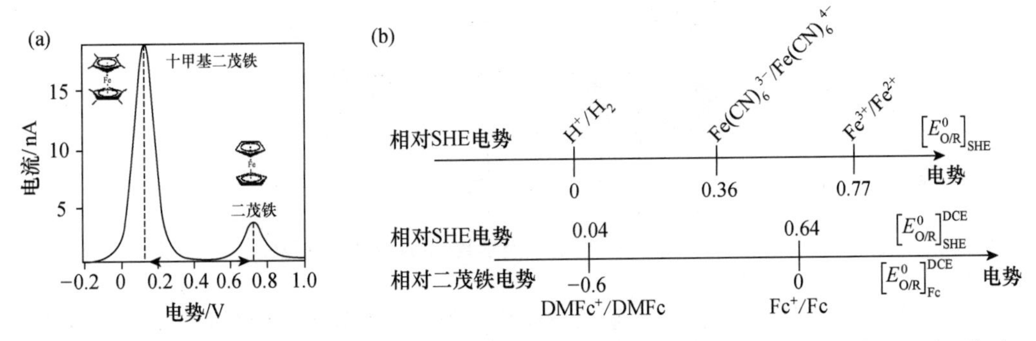

图 2.33　(a) 以 Fc^+/Fc 作为内参比测量十甲基二茂铁的标准转移电势(W/DCE 界面)；(b) 基于 H^+/H_2 标度的各种电对的标准电势与基于 Fc 标度的电对的标准电势(引自参考文献[4])。

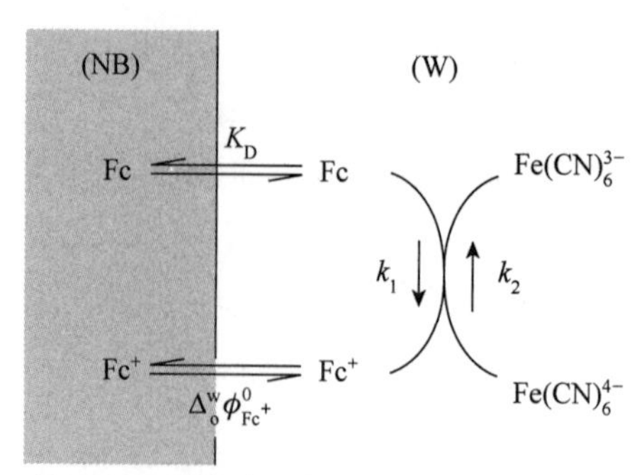

图 2.34　界面上电子转移反应示意图(引自参考文献[155])。

从上述讨论可知,界面上的 ET 反应与两相中电对的浓度比有关。对于采用循环伏安法研究液/液界面上的 ET 反应而言,其传质公式将与在经典的固体电极上不同,不仅仅考虑一相中反应物和产物的扩散,而是要同时考虑两相中反应物和产物的扩散。因此,对于一个电子转移的反应,判断是否可逆不是峰电势差为 60 mV,而是 120 mV(如果电对在两相中的浓度相同)[160]。

从理论的角度讲主要是计算溶剂化能,如图 2.35 所示,将液/液界面看成一个平板隔开两个均相介电介质。Kharkats 率先发展了一种静电模型[161,162]:

$$\lambda = \frac{1}{8\pi}\left(\frac{1}{\varepsilon_{\mathrm{opt}}} - \frac{1}{\varepsilon_{\mathrm{r}}}\right)\iiint_{\infty - V_a - V_b} (D_{\mathrm{f}} - D_{\mathrm{i}})^2 \mathrm{d}r^3 \tag{2.104}$$

这里 $\varepsilon_{\mathrm{opt}}$ 和 ε_{r} 代表光学和相对介电常数,D 代表电位移矢量,V 代表反应物的体积。结合图 2.35,Girault 导出了上述公式的解[163]:

$$\lambda = \frac{1}{8a\pi}\left(\frac{1}{\varepsilon_{\mathrm{opt1}}} - \frac{1}{\varepsilon_{\mathrm{r1}}}\right) + \frac{(ne)^2}{16h\pi\varepsilon_0}\left[\frac{1}{\varepsilon_{\mathrm{opt1}}}\left(\frac{\varepsilon_{\mathrm{opt1}} - \varepsilon_{\mathrm{opt2}}}{\varepsilon_{\mathrm{opt1}} + \varepsilon_{\mathrm{opt2}}}\right) - \frac{1}{\varepsilon_{\mathrm{r1}}}\left(\frac{\varepsilon_{\mathrm{r1}} - \varepsilon_{\mathrm{r2}}}{\varepsilon_{\mathrm{r1}} + \varepsilon_{\mathrm{r2}}}\right)\right] \tag{2.105}$$

Marcus 进行了类似的计算并得到了相同的结论[164,165]。Benjamin 和 Kharkats 拓展了这些计算,包括反应物相对于界面的位置[166]。

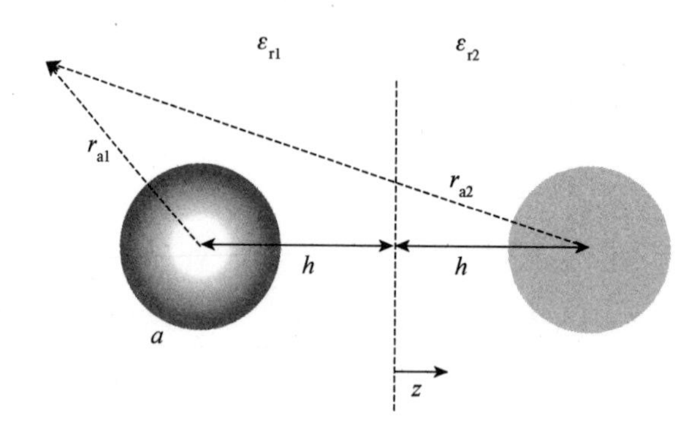

图 2.35　公式(2.105)中的几何参数(引自参考文献[163])。

液/液界面上的 ET 反应速率常数与电势的关系一直是争论的焦点。反应物能够感受到多大的电场?部分的答案在于反应物相对于界面的位置。Girault 和 Schiffrin 在考虑了该问题后,采用经典的溶液 ET 模型(见图 2.32),推导出描述 ET 反应速率常数的公式[167]。

除了上述介绍的液/液界面上的三种主要的电荷转移反应外，该领域还包括光诱导电荷(电子和离子)转移反应、质子耦合电子转移(proton-coupled electron transfer，PCET)反应等，我们会在随后的章节中进行介绍。

参考文献

[1] Vanysek P. Electrochemistry at Liquid-Liquid Interfaces. Lecture Notes in Chemistry. Berlin：Springer，1985：Vol 39.

[2] Samec Z. Chem Rev，1988,88：617.

[3] Girault H H. Modern Aspects of Electrochemistry. Bockris J O' M，Conway B E，and White R E，Ed. New York：Plenum，1993：Vol 25.

[4] Girault H H. Electroanalytical Chemistry. Bard A J and Zoski C G，Ed. Boca Raton：CRC Press，2010：Vol 23.

[5] Volkov A G and Deamer D W. Liquid-liquid Interfaces：Theory and Methods. Boca Raton：CRC Press，1996.

[6] Samec Z. Pure Appl Chem，2004，76：2147.

[7] Jing P，He S，Liang Z，Shao Y. Anal Bioanal Chem，2006,385(3)：428.

[8] Shao Y. Handbook of Electrochemistry. Zoski C G，Ed. Amsterdam：Elsevier，2007：785-809.

[9] Koryta J. Electrochim Acta，1979，24：293.

[10] Girault H H，Schiffrin D J. Electroanalytical Chemistry. Bard A J，Ed. New York：Marcell Dekker，1989：Vol 15.

[11] Shao Y. PhD Thesis. Edinburgh University，1991.

[12] http://lepaepflch/cgi/DB/InterrDBpl.

[13] Marcus Y. Pure Appl Chem，1983,55：977.

[14] Hung L Q. J Electroanal Chem，1980，115：159.

[15] Hung L Q. J Electroanal Chem，1983,149：1.

[16] Kakiuchi T. Anal Chem，1996,68：3658.

[17] Koryta J，Březina M，Vanysek P. J Electroanal Chem，1977,75：211.

[18] Kakiuchi T. Electrochim Acta，1995,40：2999.

[19] Koryta J，Vanysek P. Advances in Electrochemistry and Electrochemical Engineering. Gerischer H and Tobias C W，Ed. New York：John Wiley，1981：Vol 12.

[20] 刘俊杰，何芃，邵毅，詹佶睿，邵元华. 分析科学学报，2021,37(4)：427.

[21] Homolka D，Hung L，Hofmanova A，Khalil M W，Koryta J，Marecek V，Samec Z，Sen S K，Vanysek P，Weber J，Janda M，Stiber I. Anal Chem，1980，52：1606.

[22] Stewart A A，Shao Y，Pereira C M，Girault H H. J Electroanal Chem，1991,305：135.

[23] Wandlowski T，Marecek V，Holub K，Samec Z. J Phys Chem，1989，93：8204.

[24] Brown A. PhD Thesis. Edinburgh University，1992.

[25] Reymond F，Fermin D，Lee H，Girault H H. Electrochimica Acta，2000,45：2647.

[26] Guggenheim E A. Thermodynamics. Amsterdam：North-Holland，1959.

[27] Kakiuchi T，Senda M. Bull Chem Soc Jpn，1983,56：2912.

[28] Gavach C, Seta P, D'Epenoux B. J Electroanal Chem, 1977, 83: 225.
[29] Gros M, Gromb S, Gavach C. J Electroanal Chem, 1978, 89: 29.
[30] Reid D, Melroy O R, Buck R P. J Electroanal Chem, 1983, 147: 71.
[31] Kakiuchi T, Senda M. Bull Chem Soc Jpn, 1983, 56: 1322.
[32] Kakiuchi T, Senda M, Bull Chem Soc Jpn, 1983,56: 1753.
[33] Girault H H, Schiffrin D J, Smith B D V. J Colloid Interface Sci, 1984, 101: 257.
[34] Girault H H, Schiffrin D J. J Electroanal Chem, 1983,150: 43.
[35] Girault H H, Schiffrin D J. J Electroanal Chem, 1984,170: 127.
[36] Girault H H, Schiffrin D J. J Electroanal Chem, 1984,161: 415.
[37] Samec Z, Marecek V, Homolka D. Faraday Discuss Chem Soc, 1984, 77: 277.
[38] Samec Z, Marecek V, Homolka D. J Electronanal Chem, 1981,126: 121.
[39] Samec Z, Marecek V, Homolka D. J Electroanal Chem, 1985,187: 31.
[40] Samec Z, Marecek V, Holub K, Racinsky S, Hajkova P. J Electroanal Chem, 1987,255: 65.
[41] Girault H H, Schiffrin D J. Electrochirn Acta, 1986,31: 1341.
[42] Koczorowski Z, Paleska I, Kotowski J. J Electroanal Chem, 1987,235: 287.
[43] Cheng Y, Cunnane V I, Schiffrin D J, Murtomaki L, Konturri K. J Chem Soc Faraday Trans, 1991,87: 107.
[44] Kharkats Y I, Ulstrup J. J Electroanal Chem, 1991,308: 17.
[45] Torrie G M, Valleau P. J Electroanal Chem, 1986, 206: 69.
[46] 纪天容. 博士论文. 北京大学,2013.
[47] Andersen H C. J Chem Phys, 1980, 72: 2384.
[48] Henderson D J, Schmickler W. J Chem Soc Farad Trans, 1996,92: 3839.
[49] Daikhin L I, Kornyshev A A, Urbakh M. Electrochim Acta, 1999, 45: 685.
[50] Daikhin L I, Kornyshev A A, Urbakh M. J Electroanal Chem, 2001,500: 461.
[51] Daikhin L I, Urbakh M. J Electroanal Chem, 2003,560: 59.
[52] Monroe C W, Kornyshev A A, Urbakh M. J Electroanal Chem, 2005,582: 28.
[53] Frank S, Schmickler W. J Electroanal Chem, 2004, 564: 239.
[54] Linse P. J Chem Phys, 1987,86: 4177.
[55] Benjamin I. J Chem Phys, 1992,97: 1432.
[56] Benjamin I. Chem Rev, 1996,96: 1449.
[57] Benjamin I. Annu Rev Phys Chem, 1997,48: 407.
[58] Partay L B, Horvai G, Jedlovszky P. Phys Chem Chem Phys, 2008,10: 4754.
[59] Dryfe R A W. Adv Chem Phys, 2009,141: 153.
[60] Schweighofer K J, Benjamin I. J Electroanal Chem, 1995,391: 1.
[61] Daikhin L I, Kornyshev A A, Urbakh M. J Electroanal Chem, 2000,483: 68.
[62] Rowlinson J S, Widom B. Molecular Theory of Capillarity. Oxford: Clarendon Press, 1989.
[63] Benjamin I. J Phys Chem B, 2005,109: 13711.
[64] Benjamin I. Science, 1993, 261: 1558.
[65] Schweighofer K J, Benjamin I. J Phys Chem A, 1999,103: 10274.
[66] dos Snatos D J, Gomes A A. ChemphysChem, 2002, 3: 946.
[67] Wick C D, Deng L. J Phys Chem C, 2008, 112: 647.
[68] Chevrot G, Schurhammer R, Wipff G. Phys Chem Chem Phys, 2007,9: 5928.

[69] Chevrot G，Schurhammer R，Wipff G. J Phys Chem，2006，110：9488.
[70] Pereira C M，Martins A，Rocha M，Silva C J，Silva F. J Chem Soc Farad Trans，1994，90：143.
[71] Pereira C M，Schmickler W，Silva A F，Sousa M J. Chem Phys Lett，1997，268：13.
[72] Michael D，Benjamin I. J Phys Chem，1995，99：16810.
[73] Ishizaka S，Habuchi S，Kim H，Kitamura N. Anal Chem，1999，71:3382.
[74] Ishizaka S，Kim H，Kitamura N. Anal Chem，2001，73：2421.
[75] Dimroth K，Bohlmann F，Reichard C，Siepmann T. Liebigs Ann Chem，1963，661：1.
[76] Wang H，Borguet E，Eisenthal K B. J Phys Chem B，1998，102：4927.
[77] Higgins D A，Corn R M. J Phys Chem，1993，97：489.
[78] Steel W H，Walker R A. Nature，2003，424：296.
[79] Steel W H，Damkaci F，Nolan R，Walker R A. J Am Chem Soc，2002，124：4824.
[80] Rouhi M. Chem&Eng News，2003，81：4.
[81] Luo G，Malkova S，Yoon J，Schultz D G，Lin B，Meron M，Benjamin I，Vanysek P，Schlossman M L. J Electroanal Chem，2006，593：142.
[82] Luo G，Malkova S，Yoon J，Schultz D G，Lin B，Meron M，Benjamin I，Vanysek P，Schlossman M L. Science，2006，311：216.
[83] Levine S，Outhwaite C W，Bhuiyan L B. J Electroanal Chem，1981，123：105.
[84] Mitrinovic D M，Tikhonov A M，Li M，Huang Z，Schlossman M L. Phys Rev Lett，2000，85：582.
[85] Wei C，Bard A J，Mirkin M V. J Phys Chem，1995，99：16033.
[86] Zhu X，Qiao Y，Zhang X，Zhang S，Yin X，Gu J，Chen Y，Zhu Z，Li M，Shao Y. Anal Chem，2014，86：7001.
[87] Ji T，Liang Z，Zhu X，Wang L，Liu S，Shao Y. Chem Sci，2011,2：1523.
[88] Hansma P K，Drake B，Marti O，Gould S A C，Prater C B. Science，1989，243：641.
[89] Novak P，Li C，Shevchuk A，Stepanyan R，Caldwell M，Hughes S，Smart T G，Gorelik J，Ostanin V P，Lab M J，Moss G W J，Frolenkov G I，Klenerman D，Korchev Y E. Nat Methods，2009,6：279.
[90] Gu Y，Chen Y，Dong Y，Liu J，Zhang X，Li M，Shao Y. Sci China：Chem，2020，63(3)：411.
[91] Wandlowski T，Marecek V，Samec Z. J Electroanal Chem，1988，242：291.
[92] Wandlowski T，Marecek V，Samec Z，Fuoco R. J Electroanal Chem，1992,331：765.
[93] Shao Y，Girault H H. J Electroanal Chem，1990，282：59.
[94] Shao Y，Campbell J A，Girault H H. J Electroanal Chem，1991，300：415.
[95] Fleischmann M，Pons S，Rolison D R，Schmidt P. Ultromicroelectrodes. Morganton，NC：Datatech Systems，Inc，1987：Chapter 3.
[96] Wightman R M，Wipf D O. Electroanalytical Chemistry. Bard A J，Ed. New York：Marcel Dekker，1989：Vol 15.
[97] Bard A J，Fan F，Kwak J，Lev O. Anal Chem，1989，61：132.
[98] Taylor G，Girault H H. J Electroanal Chem，1986，208：179.
[99] Shao Y，Mirkin M V. J Am Chem Soc，1997，119：8103.
[100] Shao Y，Mirkin M V. J Electroanal Chem，1997，439：137.

[101] Sun P, Zhang Z, Gao Z, Shao Y. Angew Chem Int Ed, 2002, 41: 3445.
[102] Samec Z, Marecek V, Homolka D. J Electroanal Chem, 1983 158: 25.
[103] Gavach C, D'Epenoux B, Henry F. J Electroanal Chem, 1975, 64: 107.
[104] Kakiuchi T, Noguchi J, Senda M. J Electroanal Chem, 1992, 327: 63.
[105] Samec Z, Kakiuchi T, Senda M. Electrochim Acta, 1995, 40: 2971.
[106] Murtomki L, Kontturi K, Schiffrin D J. J Electroanal Chem, 1999, 474: 89.
[107] D'Epenoux B, Seta P, Amblard G, Gavach C. J Electroanal Chem, 1979, 99: 77.
[108] Kontturi K, Manzanares J A, Murtomaki L. Electrochim Acta, 1995, 40: 2979.
[109] Milner D F, Weaver M J. J Electroanal Chem, 1987, 222: 21.
[110] VanderNoot T J. J Electroanal Chem, 1991, 300: 199.
[111] VanderNoot T J, Schiffrin D J. Electrochim Acta, 1990, 35: 1359.
[112] Girault H H. Analytical and Physical Electrochemistry. Lausanne, Switzerland: EPFL Press, 2004.
[113] Samec Z, Kharkats Y I, Gurevich Y Y. J Electroanal Chem, 1986, 204: 257.
[114] Gurevich Y Y, Kharkats Y I. Sov Electrochem, 1986, 22: 463.
[115] Gurevich Y Y, Kharkats Y I. J Electroanal Chem, 1986, 200: 3.
[116] Indenbom A V, Dvorak O. Bio Membranes, 1991, 8: 1314.
[117] Schmickler W. J Electroanal Chem, 1997, 426: 5.
[118] Marcus R A. J Chem Phys, 2000, 113: 1618.
[119] Kornyshev A A, Kuznetsov A M, Urbakh M. J Chem Phys, 2002, 117: 6766.
[120] Kornyshev A A, Kuznetsov A M, Urbakh M, Russ J. Electrochem, 2003, 39: 119.
[121] Verdes C G, Urbakh M, Kornyshev A A. Electrochem Commun, 2004, 6: 693.
[122] Lin S, Zhao Z, Freiser H. J Electroanal Chem, 1986, 210: 137.
[123] Shao Y, Osborne M D,Girault H H. J Electroanal Chem, 1991, 318: 101.
[124] Vanysek P, Ruth W, Koryta J. J Electroanal Chem, 1983, 148: 117.
[125] Campbell J A, Stewart A A, Girault H H. J Chem Soc Farad Trans, 1989, 85: 843.
[126] Gale P. Chem Rev, 2006, 39: 465.
[127] Shiota T, Nishizawa S, Teramae N. J Am Chem Soc, 1998, 120: 11534.
[128] Nishizawa S, Yokobori T, Kato R, Shiota T, Teramae N. Bull Chem Soc Jpn, 2001, 74: 2343.
[129] Nishizawa S, Yokobori T, Kato R, Shiota T, Teramae N. Chem Lett, 2001,1058.
[130] Shao Y, Linton B, Hamilton A D, Weber S G. J Electroanal Chem, 1998, 441: 33.
[131] Qian Q, Wilson G S, Bowman-James K, Girault H H. Anal Chem, 2001, 73: 497.
[132] Qian Q, Wilson G S, Bowman-James K. Electroanal, 2004, 16: 1343.
[133] Katano H, Murayama Y, Tatumi H. Anal Sci, 2004, 20: 553.
[134] Dryfe R, Hill S, Davis A, Joos J, Roberts E. Org Biomol Chem, 2004, 2: 2716.
[135] Cui R, Li Q, Gross D E, Meng X, Li B, Marquez M, Yang R, Sessler J L, Shao Y. J Am Chem Soc, 2008, 130: 14364.
[136] Kudp Y, Imamizo H, Kanamori K, Katsuta S, Takeda Y, Matsuda H. J Electroanal Chem, 2001,509: 128.
[137] Matsuda H, Yamada Y, Kanamori K, Kudo Y, Takeda Y. Bull Chem Soc Jpn, 1991, 64: 1497.

[138] Kudo Y, Takeda Y, Matsuda H. J Electroanal Chem, 1995, 396: 333.
[139] Reymond F, Carrupt P A, Girault H H. J Electroanal Chem, 1998, 449: 49.
[140] Garcia J I, Iglesia R A, Dassie S A. J Electroanal Chem, 2005, 580: 255.
[141] Li M, He P, Yu Z, Zhang S, Gu C, Nie X, Gu Y, Zhang X, Zhu Z, Shao Y. Anal Chem, 2021, 93: 1515.
[142] Samec Z, Homolka D, Marecek V. J Electroanal Chem, 1982, 135: 265.
[143] Kakutani T, Nishiwaki Y, Osakai T, Senda M. Bull Chem Soc Jpn, 1986, 59: 781.
[144] Beatie P D, Delay A, Girault H H. J Electroanal Chem, 1995, 380: 167.
[145] Beatie P D, Delay A, Girault H H. Electrochim Acta, 1995, 40: 2961.
[146] Mirkin M V, Bard A J. Anal Chem, 1992, 64: 2293.
[147] Bard A J, Fan F, Kwak J, Lev O. Anal Chem, 1989, 61: 132.
[148] Solomon T, Bard A J. Anal Chem, 1995, 67: 2787.
[149] Tsionsky M, Bard A J, Mirkin M V. J Phys Chem, 1996, 100: 17881.
[150] Ulmeanu S, Lee H, Fermin D J, Girault H H, Shao Y. Electrochem Commun, 2001, 3(5): 219.
[151] Sun P, Zhang Z, Gao Z,Shao Y. Angew Chem Int Ed, 2002, 41(18): 3445.
[152] Yuan Y, Shao Y. J Phys Chem B, 2002, 106: 1809.
[153] Li F, Chen Y, Sun P, Zhang M, Gao Z, Zhan D, Shao Y. J Phys Chem B, 2004, 108: 3295.
[154] Fermin D J, Lahtinen R. Liquid Interfaces in Chemical, Biological and Pharmaceutical Applications. Volkov A G, Ed. New York: Marcel Dekker, 2001: 179
[155] Hotta H, Ichikawa S, Sugihara T, Osakai T. J Phys Chem B, 2003, 107: 9717.
[156] Samec Z, Marecek V, Weber J, Homolka D. J Electroanal Chem, 1981, 126: 105.
[157] Cunnane V J, Geblewicz G, Schiffrin D J. Electrochim Acta, 1995, 40: 3005.
[158] Quinn B, Kontturi K. J Electroanal Chem, 2000, 483: 124.
[159] Zhang X, Wang H, Morris C, Gu C, Li M, Baker L, Shao Y. Chem Electro Chem, 2016, 3: 2153.
[160] Stewart A A, Campbell J A, Girault H H, Eddows M. Ber Bunsen Phys Chem, 1990, 94: 83.
[161] Kharkats Y I. Elektrokhimiya, 1976, 12: 1370.
[162] Kharkats Y I. Elektrokhimiya, 1979, 15: 409.
[163] Girault H H. J Electroanal Chem, 1995, 388: 93.
[164] Marcus R A. J Phys Chem, 1990, 94: 4152.
[165] Marcus R A. J Phys Chem, 1995, 99: 5742.
[166] Benjamin I, Kharkats Y I. Electrochim Acta, 1998, 44: 133.
[167] Girault H H, Schiffrin D J. J Electroanal Chem, 1988, 244: 15.

第3章 液/液界面电分析化学的研究方法与技术

3.1 基本的电化学技术

几乎所有的常规电化学技术与方法均能够应用于探讨液/液界面上的电荷转移反应。例如,在经典电化学(固/液界面)研究中最常用和最有用的循环伏安法,主要得益于1979年捷克海洛夫斯基物理化学研究所的Samec等所提出的四电极恒电势(位)仪(potentiostat)和恒电流仪(galvanostat)(图3.1)[1]。穿过一个液/液界面的电势差或电流可分别由恒电势仪或恒电流仪控制,当电流流过界面,在界面和参比电极之间总有电势差存在,这是因为整个电化学池中有电阻 R(或更广义地讲有阻抗),称该电势差为电势降或 iR 降。为了得到准确的实验结果,该 iR 降必须从外加的电势(E_{cell})扣除:

$$E_{cell} = \Delta_o^w \phi + iR - E_{ref} \tag{3.1}$$

在实际测量中,iR 降是通过恒电势仪的正反馈来补偿的,或在恒电势或恒电流条件下,通过数学计算扣除。在图3.1(a)中,恒电势仪是由电压信号发生器(PG)(现在主要由计算机来完成)来驱动,流过电解池的电流通过测量穿过测量电阻R3作为浮点电势降测定,该电压的一部分被反馈到恒电势仪的输入点进行自动 iR 降补偿。控制恒电流相对简单一些,通过电压信号发生器PG在输入电阻R上加一电压,电流信号是由运算放大器OA1反馈电路产生的[图3.1(b)]。液/液界面通常可采用Randles等效电路来表示[图3.1(c)]。通常,对于固/液界面的研究,阻抗不是太大,采用自动补偿即可。但对于液/液界面,特别是微纳米管支撑的微纳米级液/液界面,其阻抗特别大,可达 $10^7 \sim 10^8\ \Omega$。对于这样的情况,可采用手动进行 iR 降补偿,即采用渐进的方法,逐步将阻抗调到接近实际值,使循环伏安图出现震荡,然后减小一点即可。

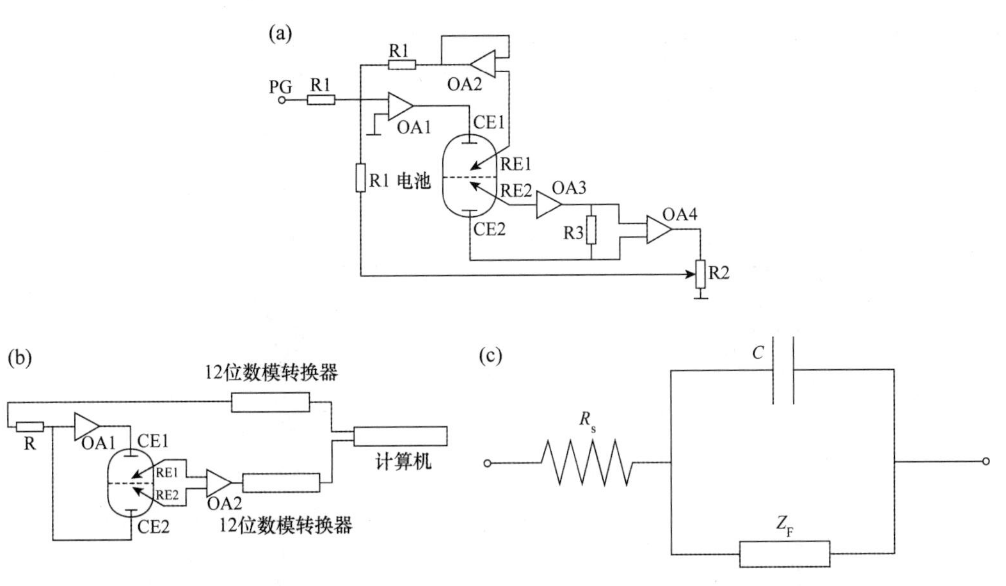

图 3.1 (a) 带有 iR 降补偿的四电极恒电位仪示意图;(b) 恒电流测量的电路图;(c) 液/液界面的 Randles 等效电路图。C:界面的微分电容,Z_F:法拉第阻抗,R_s:溶液中的电阻。引自参考文献[2]。

在早期的研究中,通常采用的是大的液/液界面(直径 mm～cm)[图 3.2(a)],这样需要采用四电极系统(即四电极恒电位仪),即需要两根提供电流的对电极和两根用于测量电势的参比电极。参比电极与 Luggin 毛细管相连,离界面 1 mm 左右。另外,早期的工作中,人们也经常采用水相或有机相参比溶液,如下所示(电化学池 1 的实例):

Ag/AgCl/0.01 mol · L^{-1} LiCl/0.1 mmol · L^{-1} A^+Cl+0.01 mol · L^{-1} LiCl//0.01 mol · L^{-1} TBAP/0.01 mol · L^{-1} TBACl/AgCl/Ag

这里 A^+ 是所要研究的转移离子。随后人们对该体系进行了简化,把银丝分别电镀为 AgCl 和 AgP(根据支持电解质阴离子 P^- 不同,电镀为 AgP),直接插入到含有相同阴离子的支持电解质水相或有机相中即可。采用四电极恒电势仪研究液/液界面上的离子转移反应,得到和经典电化学非常类似的循环伏安图[见图 3.2(b)]。四电极恒电势仪与通常所用的双恒电势仪是不同的。双恒电势仪用于单独控制两个三电极系统,常见于 SECM 或一些联用技术,具体原理参见相关电化学书。

与极谱法研究中采用滴汞电极类似,Koryta 等于 1976 年提出了滴水(升水)电极[图 3.3(a)][4]。这里的关键部件是用一个很小缝隙的 PTFE(聚四氟乙烯)帽严密地扣在玻璃毛细管上,通过调节储水池的高度来控制升水水滴的速度。该电解池看起来比较复杂,但一个好的吹玻璃工是可以做的。我们在 20 世纪 80 年代中期在武汉大学曾经采用这样的装置结合电流扫描极谱法探讨过离子及加速离子转移反应[6,7],得到了与滴汞电极上非常类似的极谱图[图 3.3(b)]。

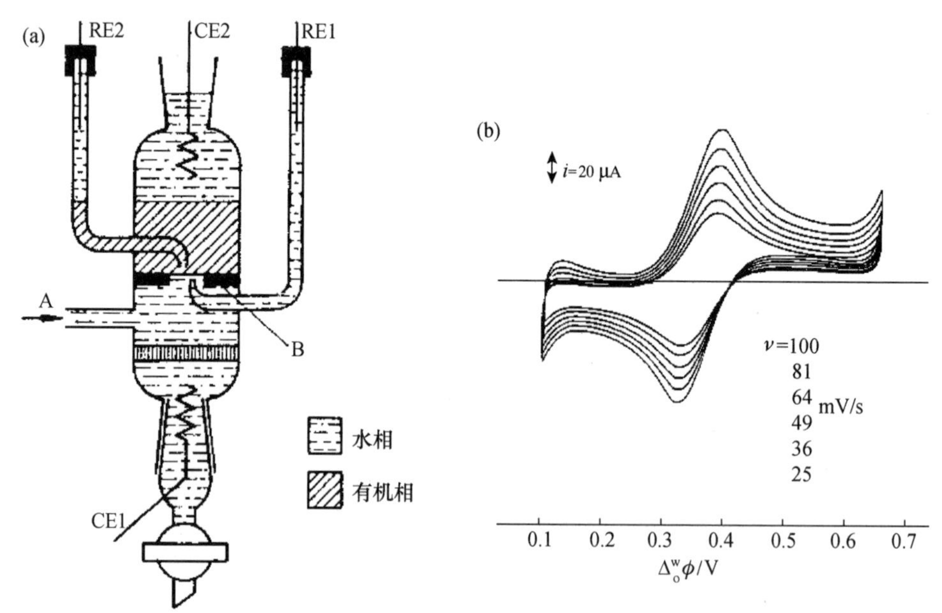

图 3.2 (a) 在一个极化液/液界面上测量所采用的四电极电池体系示意图。CE1 和 CE2 是对电极，RE1 和 RE2 是参比电极。A：连接到一个微型注射器或一个玻璃管，用于调节界面；B：带有圆孔的玻璃隔膜。引自参考文献[2]。(b) 经典的液/液界面上的循环伏安图。水相：0.4 mmol · L^{-1} AcCl（氯化乙酰胆碱）+ 0.01 mol · L^{-1} LiCl + 0.3 mol · L^{-1} Li_2SO_4。二氯甲烷相：0.01 mol · L^{-1} TBATPBCl。引自参考文献[3]。

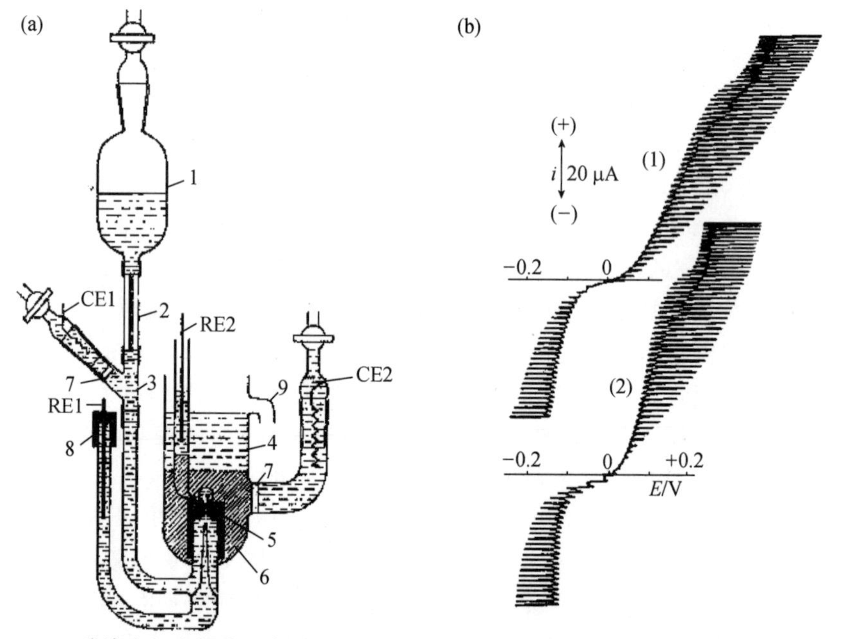

图 3.3 (a) 液滴电极电解池示意图。1：储水池；2：玻璃毛细管或软管；3：水相；4：水废液；5：PTFE 毛细管；6：有机相；7：烧结玻璃；8：PTFE 帽；9：废液出口；RE1 和 RE2：参比电极；CE1 和 CE2：对电极。引自参考文献[2]。(b) 采用液滴电极电解池得到的 TMA^+ 电流扫描极谱图。曲线(1)和(2)分别对应于没有和有 *iR* 降补偿的情况。水溶液含有 1 mmol · L^{-1} TMABr + 0.05 mol · L^{-1} LiCl，TBATPB 作为 NB 相中的支持电解质。引自参考文献[5]。

在早期的研究中，测量液/液界面的表面张力对于理解界面结构等起到重要作用[8-12]。极化或非极化的液/液界面表面张力可通过一些经典的方法来测量，这些经典的技术包括液滴重量/液滴时间法、最大气泡压力法、白金板法(Wilhelmy plate)、Langmuir-Blodgett 法，以及悬滴法等。感兴趣的读者可参考相关图书[13]。

3.2 三电极系统应用于研究液/液界面电化学

三电极系统应用于探讨液/液界面现在也已经比较普及，这主要得益于 Shi 和 Anson 等[14]、Marken 和 Compton 等[15,16]、Scholz 等[17]和 Girault 和 Shao[18]等所发展的方法与技术，三电极系统的应用对于普及液/液界面电分析化学起到了重要作用。在一个电化学或电分析化学实验室中，电化学工作站通常装备的是三电极恒电势仪，一般情况下无法直接应用于研究大的液/液界面上的电荷转移反应，主要是由于所用有机相带来的巨大的 iR 降。现在已经有不少厂家可提供带有四电极系统的恒电势仪。

上述不同课题组提出的可用于研究大的液/液界面的三电极系统均是将液/液界面支撑在固体电极表面[19]，但所采用的方式和方法不同。1998 年 Shi 和 Anson 率先报道了采用硝基苯薄膜修饰高温热解石墨(EPG)电极，然后把该修饰电极浸入水溶液中，采用三电极恒电势仪可进行异相电子转移反应研究[图 3.4(a)]。该体系实际上包括两个串联的极化界面，即 EPG/NB 和 W/NB 界面。由于 NB 相很薄(20～30 μm)，有效地减少了 iR 降，因此采用该装置可观察到催化电流。他们已研究的体系包括有机相中的氧化还原物质十甲基二茂铁、Zn-Co 四苯基卟啉等，以及水相中的氧化还原物种：$Fe(CN)_6^{3-/4-}$、$Ru(CN)_6^{4-}$、$Mo(CN)_8^{4-}$和 $Ir(CN)_6^{2-}$。他们在随后的工作中采用了其他的有机相，例如，4-甲基苯腈、氯仿和苯，修饰在高温热解石墨电极表面。离子转移与电子转移的耦合使定量分析实验结果变得困难[14,20-22]。Chung 和 Anson 也显示该类有机相薄膜适用于探讨 PCET 反应[23]。

卢小泉等采用类似的实验装置，探讨了不同卟啉衍生物对于液/液界面上电子转移反应的影响[24]，并结合 SECM 研究了界面上电子转移反应的动力学行为。随后他们还研究了在 W/NB 界面上三种不同卟啉取代基衍生物与水相中 $Fe(CN)_6^{3-/4-}$ 之间发生的连续电子转移反应[25,26]。

Cheng 和 Corn 采用层层组装技术在金电极上修饰了巯基十一酸，然后依次交叉地在聚阳离子和聚阴离子溶液中进行不同层的组装，并将得到的水膜修饰电极插入到有机相中进行研究[27]。Kontturi 等[28]和 Krtil 等[29]分别采用交流阻抗和电化学石英晶体微天平(EQCM)对该类电极进行了表征和研究。Girault 等[30]采用网状碳作为支撑基底，构筑了三维液/液界面。这些修饰膜电极系统的一个重要应用是可以加载带电荷的纳米颗粒[31]，在特定条件下可以加速电子转移通过膜[32]。量子点也可用于形成光阳极或光阴极[33,34]。这方面的应用会在下面章节中进行介绍。

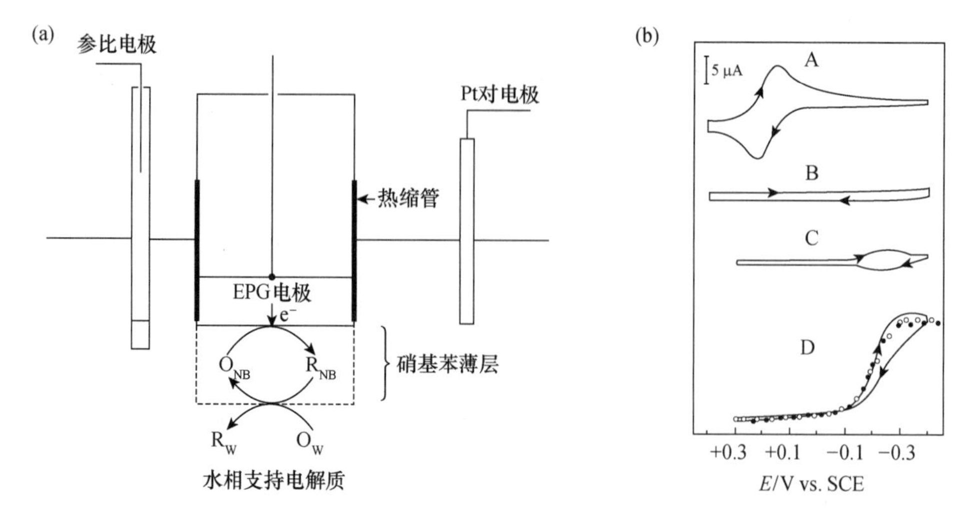

图 3.4 (a) 采用 EPG 电极辅助有机相薄膜的三电极研究液/液界面示意图。EPG 电极直径 0.64 cm，NB 相厚度 20～30 μm。(b) 所观察到的电子转移反应循环伏安图，NB 相含有 DMFc，水相中含有 $Fe(CN)_6^{3-}$，扫描速度 5 mV·s^{-1}。A：未修饰的 EPG 电极所得到的循环伏安图，水相含有 0.47 mmol·L^{-1} $Fe(CN)_6^{3-}$ +0.1 mol·L^{-1} $NaClO_4$ +0.1 mol·L^{-1} NaCl；B：用 1 μL NB 覆盖 EPG 电极后重复 A 的实验；C：水相中仅含有支持电解质，有机相中含有 0.55 mmol·L^{-1} $DMFc^+$（在初始电势下氧化 DMFc 产生的）；D：水相中含有 1.7 mmol·L^{-1} $Fe(CN)_6^{3-}$，重复 C 得到的循环伏安图。引自参考文献[14]。

2001 年 Shao 和 Girault 等基于上述固体支撑的原理，发展了一种更加简便的可采用三电极系统研究大的液/液界面上电荷转移反应的方法——液滴三电极法[18]。将含有氧化还原电对的水溶液液滴（1～5 μL）完全覆盖在一个亲水的固体电极表面（例如 Pt 电极，直径在 1～3 mm），然后将完全覆盖有液滴的电极浸入到有机相中，参比电极和对电极插入到有机相，就可组成一个三电极系统，可用于研究液滴与有机相形成的液/液界面上的电荷转移反应（图 3.5）。由于液滴中氧化还原电对的浓度比一定，根据 Nernst 公式，固体电极与液滴形成的固/液界面的 Fermi 能级一定，即固体电极与液滴的组合可作为准参比电极，该组合与有机相所形成的液/液界面作为工作电极。其次，采用微小液滴有利于减少体系 iR 降。最后，液滴三电极系统突破了 Anson 等提出的薄层法和 Scholz 等发展的三相结法仅能支撑有机相的限制。

从传质的角度讲，固体电极上的氧化还原反应和液/液界面上的离子转移反应的耦合与 Girault 等[35]所探讨的液/液界面上的电子转移反应类似。当阳离子离开液滴时，该电荷转移反应耦合的是 Pt 电极 Fe^{2+} 的氧化。两种反应物扩散到不同的界面，然而两种电荷转移反应可通过一个流量相同的公式进行耦合。对于电化学池 2 所代表的两个界面串联体系，可用一系列相同的偏微分方程来模拟。对于串联的界面有

$$\frac{\partial c_{Fe^{2+}}}{\partial t}=D_{Fe^{2+}}\frac{\partial^2 c_{Fe^{2+}}}{\partial x^2} \text{和} \frac{\partial c_{Fe^{3+}}}{\partial t}=D_{Fe^{3+}}\frac{\partial^2 c_{Fe^{3+}}}{\partial x^2}, \quad \frac{\partial c_{ion}^{w}}{\partial t}=D_{ion}^{w}\frac{\partial^2 c_{ion}^{w}}{\partial x^2} \text{和} \frac{\partial c_{ion}^{o}}{\partial t}=D_{ion}^{o}\frac{\partial^2 c_{ion}^{o}}{\partial x^2} \tag{3.2}$$

对于异相电子转移反应有

$$\frac{\partial c_{O_1}^{w}}{\partial t}=D_{O_1}^{w}\frac{\partial^2 c_{O_1}^{w}}{\partial x^2}\text{和}\frac{\partial c_{R_2}^{o}}{\partial t}=D_{R_2}^{o}\frac{\partial^2 c_{R_2}^{o}}{\partial x^2},\quad \frac{\partial c_{R_1}^{w}}{\partial t}=D_{R_1}^{w}\frac{\partial^2 c_{R_1}^{w}}{\partial x^2}\text{和}\frac{\partial c_{O_2}^{o}}{\partial t}=D_{O_2}^{o}\frac{\partial^2 c_{O_2}^{o}}{\partial x^2} \tag{3.3}$$

它们有相同的边界条件，对于串联的界面是

$$D_{Fe^{2+}}\left(\frac{\partial c_{Fe^{2+}}}{\partial x}\right)_{Pt/W}+D_{Fe^{3+}}\left(\frac{\partial c_{Fe^{3+}}}{\partial x}\right)_{Pt/W}=0 \tag{3.4}$$

$$D_{ion}^{w}\left(\frac{\partial c_{ion}^{w}}{\partial x}\right)_{W/O}+D_{ion}^{o}\left(\frac{\partial c_{ion}^{o}}{\partial x}\right)_{W/O}=0 \tag{3.5}$$

$$\phi^{Pt}-\phi^{w}=\Delta_{w}^{Pt}\phi_{Fe^{2+}/Fe^{3+}}^{0}+\frac{RT}{F}\ln\left(\frac{c_{Fe^{3+}}}{c_{Fe^{2+}}}\right) \tag{3.6}$$

$$\Delta_{o}^{w}\phi=\Delta_{o}^{w}\phi_{ion}^{0}+\frac{RT}{z_{ion}F}\ln\left(\frac{c_{ion}^{o}}{c_{ion}^{w}}\right) \tag{3.7}$$

这里公式(3.6)和(3.7)分别是在 Pt 电极上进行氧化还原反应和离子在液/液界面上转移反应的 Nernst 公式。

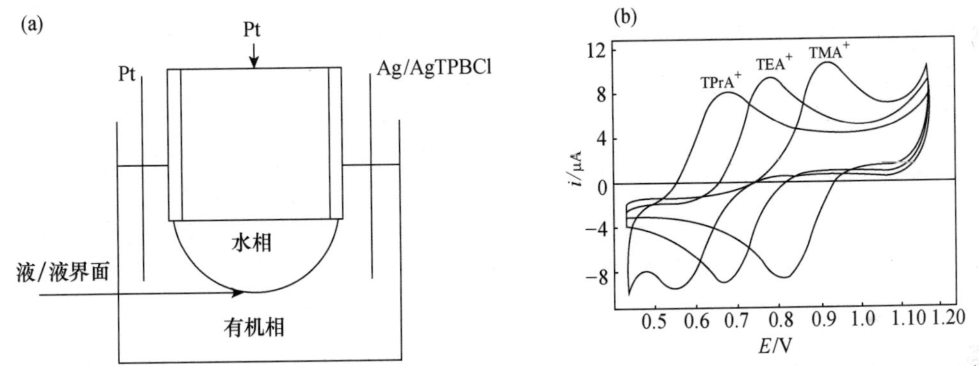

图 3.5　(a) 液滴三电极系统示意图；(b) 采用液滴三电极系统所得到的 TMA^+、TEA^+ 和 $TPrA^+$ 在 W/DCE 界面上转移反应的循环伏安图(见第 2 章电化学池 2)，扫描速度 100 $mV \cdot s^{-1}$(引自参考文献[18]和[36])。

异相反应的边界条件如下：

$$D_{O_1}^{w}\left(\frac{\partial c_{O_1}^{w}}{\partial x}\right)_{W/O}+D_{R_2}^{o}\left(\frac{\partial c_{R_2}^{o}}{\partial x}\right)_{W/O}=0 \tag{3.8}$$

$$D_{R_1}^{w}\left(\frac{\partial c_{R_1}^{w}}{\partial x}\right)_{W/O}+D_{O_2}^{o}\left(\frac{\partial c_{O_2}^{o}}{\partial x}\right)_{W/O}=0 \tag{3.9}$$

$$\Delta_{o}^{w}\phi=\Delta_{o}^{w}\phi_{HET}^{0}+\frac{RT}{zF}\ln\left(\frac{c_{R_1}^{w}c_{O_2}^{o}}{c_{O_1}^{w}c_{R_2}^{o}}\right) \tag{3.10}$$

这里公式(3.10)是异相电子转移反应的 Nernst 公式。对于电化学池 2 所给出的体系，如果 Fe^{2+}/Fe^{3+} 浓度过量且等摩尔，那么 Pt/W 界面等同于常规电化学中的金属电极，所观察到的电流由离子转移反应的线性扩散所控制，因此峰-峰电势差应该为

60 mV。这里所采用的氧化还原电对的过量浓度确保在进行循环伏安扫描时，公式(3.6)所定义的电极电势恒定，外加电势的变化均反映在液/液界面上。

图 3.5(b)显示的是采用液滴三电极系统结合电化学池 2 所得到的几种阳离子在 W/DCE 界面上转移反应的循环伏安图，很显然与采用四电极系统所得结果一致。为了提高电极的稳定性，后来的工作大都采用电极朝上支撑液滴，而不是悬挂液滴的方式(图 3.6)。支撑液滴的固体电极也可拓展为其他金属电极，例如，Ag 丝镀成 Ag/AgCl 电极，只要水溶液中含有氯离子，即可确保固/液界面电势一定；另外，采用亲油的支撑电极也可覆盖有机相液滴，例如，把 Ag 丝镀成 AgTPBCl，可用于支撑有机相液滴[37]，其优点是具有较宽的电势窗。该方法已广泛地应用于探讨带电药物离子在两相之间的转移反应，以及构筑离子分布图(pH-电势分布图)[38,39]。这部分工作将在下一章液/液界面电化学的应用中进行详细介绍。牛利等采用类似的装置，结合循环伏安法和方波伏安法(square wave voltammetry, SWV)研究了一系列阳离子和阴离子的转移反应，并测量了它们的转移电势[40]。当测量阳离子转移电势时，采用 Fe^{2+}/Fe^{3+} 作为液滴中的电对；测量阴离子转移电势时采用的电对是 $K_3Fe(CN)_6/K_4Fe(CN)_6$(图 3.7)。

王立世等采用傅里叶变换 SWV(Fourier transformed SWV, FT-SWV)并结合类似于 Anson 等所采用的三电极系统，测量了一些阴离子在 W/NB 界面上转移反应的动力学常数[41]。相对于经典的 SWV, FT-SWV 更加快速和简便。

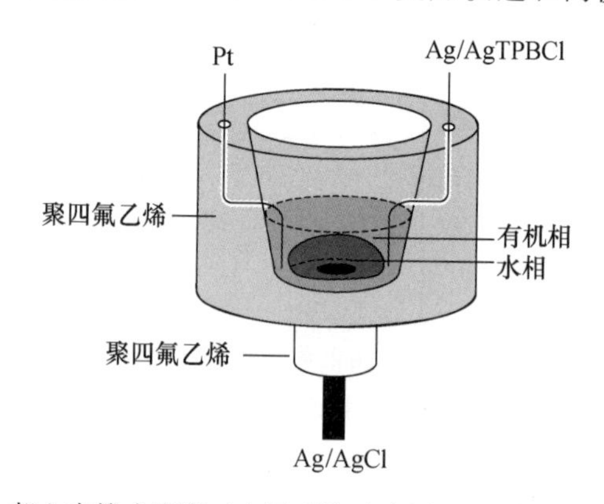

图 3.6　朝上支撑式液滴三电极系统示意图(引自参考文献[38])。

另外一类固体电极支撑有机相液滴构筑液/液界面并采用三电极系统进行研究的是 Marken 和 Compton 等[15,16]、Scholtz 等[17]提出的三相结(three-phase junction)的方法。其原理主要是：采用一个石墨电极上部分覆盖有机相液滴(既有液/液界面，同时也有固/液界面)，当在固体/有机相界面上发生电子转移反应的同时，在液/液界面上也必须发生电荷转移反应(图 3.8)。如果水相中没有氧化还原电对，其电中性平衡可由离子转移反应来保障，例如，当电极上发生氧化反应时，水相中的阴离子可转移进入到有机相。王立世等采用 FT-SWV 并结合三相结，测量了一些阴离子在 W/NB 界面上转移反应的热力学和动力学常数[42]。Compton 等[43]和 Scholtz 等[44]分别对该领域工作进行了综述。

这类装置的一个优点是，可以在有机相液滴中没有离子存在下，测量离子从水相转移到有机相液滴的 Gibbs 转移能[17]。对于图 3.8 所示的体系，其电极电势相对于水相中的标准氢电极如下：

$$E_{\mathrm{SHE}}=[E^0_{\mathrm{O/R}}]^{\circ}_{\mathrm{SHE}}+\frac{RT}{nF}\ln\left(\frac{a_{\mathrm{O}}}{a_{\mathrm{R}}}\right)-\Delta^{\mathrm{w}}_{\mathrm{o}}\phi \tag{3.11}$$

这里 $[E^0_{\mathrm{O/R}}]^{\circ}_{\mathrm{SHE}}$ 代表有机相电对相对于水相中标准氢电极的电势，$\Delta^{\mathrm{w}}_{\mathrm{o}}\phi$ 是两相之间的 Galvani 电势差。Aoki 等[45-47]从理论上探讨了三相结体系，他们认为在液滴内有很强

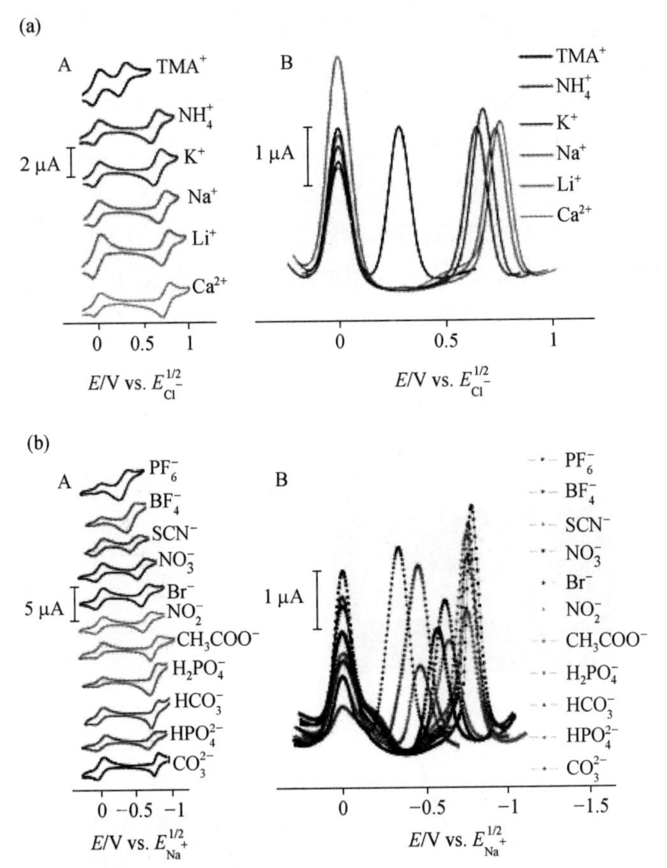

彩图 3.7

图 3.7　循环伏安法和方波伏安法测量阳离子和阴离子的转移电势(引自参考文献[40])。

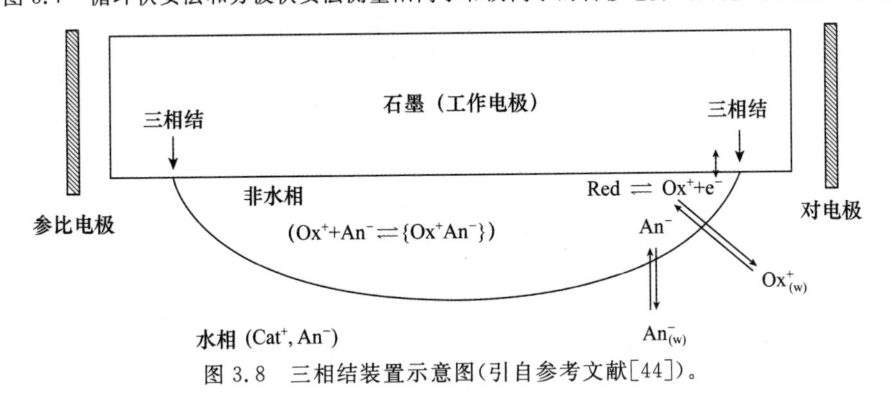

图 3.8　三相结装置示意图(引自参考文献[44])。

的对流效应，主要是由于与表面张力梯度相关的 Marangoni 流引发的。

3.3 液/液界面的微型化

液/液界面的微型化始于 1986 年，Taylor 和 Girault 首次将液/液界面支撑在玻璃微米管尖端[48]，实现了液/液界面的微型化（即构筑了微米级的液/液界面，micro-L/L interface 或 μ-L/L interface 或 μ-ITIES）。在早期工作中，制备玻璃微米管采用垂直拉制机（例如，Kopf 720），目前大都采用平面激光拉制仪（例如，Sutter 公司的 P-2000）[48-51]。采用垂直拉制机仅能够制备玻璃微米管，而采用 P-2000 激光拉制仪不仅可以拉制微米管，而且可以拉制纳米管和双管，以及不同形状的单管电极（图 3.9）。通过控制 P-2000 的五个参数（HEAT，FILAMENT，VELOCITY，DELAY 和 PULL），可在十几秒左右拉制得到两根几乎相同的微米或纳米玻璃空管，比制备固体微米或纳米电极要快捷得多，成功率也高。拉制的玻璃管仅尖端很尖，后面粗的部分有 5 cm 以上，非常适合作为电极或探头使用。可直接在空管中灌入水溶液，插入到有机相中形成微型化的液/液界面；也可以通过硅烷化后把有机相灌入到管内，然后插入到水相中形成液/液界面。后者适合于探讨生物体系，因为像细胞这类生命体，无法长时间存在于有机相中。有关微/纳米玻璃管电极的制备、表征和分析化学应用可参见相关综述[52,53]。

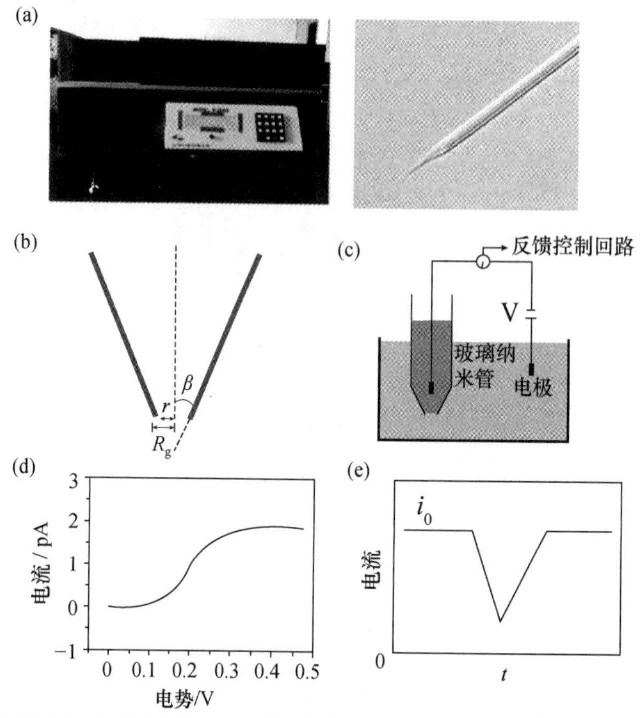

图 3.9 (a)左：P-2000 激光拉制仪，右：拉制的玻璃管；(b) 玻璃管的主要参数，r 为玻璃管半径，R_g 为玻璃管半径+壁厚，β 为尖端的角度，$RG=R_g/r$；(c) 两电极系统；(d) 采用玻璃纳米管得到的典型循环伏安图；(e) 采用玻璃纳米管得到的典型阻碍-脉冲或分子穿孔的示意图（引自参考文献[51]）。

玻璃微/纳米管最初源于电生理的研究[50]，其构筑了一个细胞与外界联系的通道。1946 年 Graham 和 Gerard 报道了微米管可作为研究细胞内的微电极[54]，Brown 和 Flaming 在 1977 年制备了一个直径为 45 nm 的纳米管作为在细胞内测量用的参比电极[55]。两位德国的科学家 Sakmann 和 Neher 在 20 世纪 70 年代发明了一种测量膜电势的技术——膜片钳(patch clamping)[56]，他们于 1991 年获得诺贝尔生理学或医学奖。化学特别是分析化学(现在也称为化学测量学)不仅依赖于自身的发展，同时也要借助于其他学科的进展，例如，物理、数学、生命科学和工程学，可谓“他山之石，可以攻玉”。玻璃微/纳米管(电极)就是分析化学借助于电生理领域发展的一个很好的例子。

微米级的液/液界面具备所有超微电极(ultramicroelectrode, UME)的优点，并且具有自己独特的优点。由于其特殊的几何形状，离子从管外转移进入管内，像发生在微圆盘电极上的氧化还原反应一样，是一个半球形扩散模式，相对应的循环伏安图是稳态曲线；而对于离子从管内转移到管外时，由于管径大小的限制，扩散过程是线性的，相对应的循环伏安图是峰形的。这种不对称的扩散场会产生不对称的循环伏安图(图 3.10)[57]。我们会在第 4 章中详细介绍该特性的一些特殊应用。

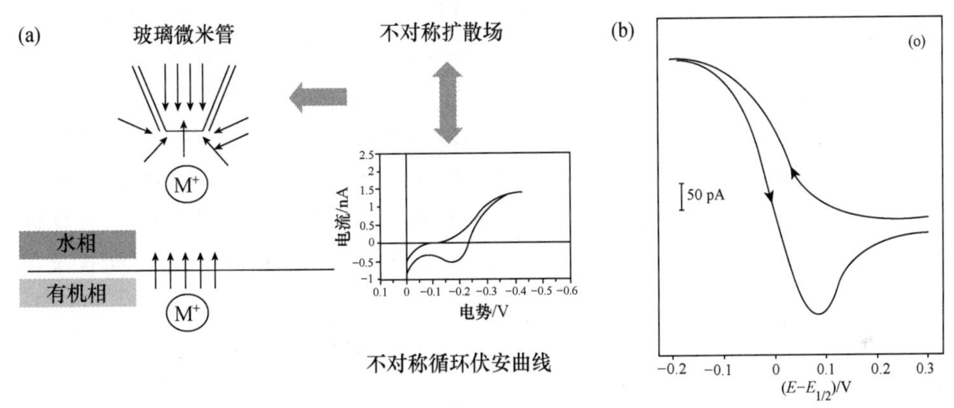

图 3.10　液/液界面支撑在玻璃微米管尖端的循环伏安图：(a) 玻璃微米管不对称的扩散场示意图；(b) TEA^+ 从有机相(管内)转移到水相(管外)的循环伏安图，玻璃管半径 15 μm，扫描速度 100 mV · s^{-1}(引自参考文献[57])。

基于玻璃微米管支撑的液/液界面，Girault 等研究了 DB18C6 加速 K^+ 在 W/DCE 界面上的转移反应，结合实验结果提出了四种 FIT 反应机理(见第 2 章，加速离子转移反应机理)[58]。对于 TIC/TID(基于界面配位/界面离解)机理，所观察到的循环伏安图与离子在微米级液/液界面上不同，是稳态曲线，类似于在固体圆盘微电极上所观察到的氧化还原反应的循环伏安图。实验条件是管中水相含有的 K^+ 浓度要远远大于管外有机相中 DB18C6 的浓度，使界面上配位反应和离解反应成为决速步骤，即 TIC/TID 过程均在界面上发生，而没有进入(或离开)管内。随后，Shao 和 Mirkin[59] 以玻璃微米管作为 SECM 的探头，研究了液/液界面上的加速离子转移反应，观察到了正、负反馈电流，提出了一种新的 SECM 模式——基于离子转移的 SECM 模式(图 3.11)，该 SECM 模式是基于液/液界面上离子转移反应的，其中

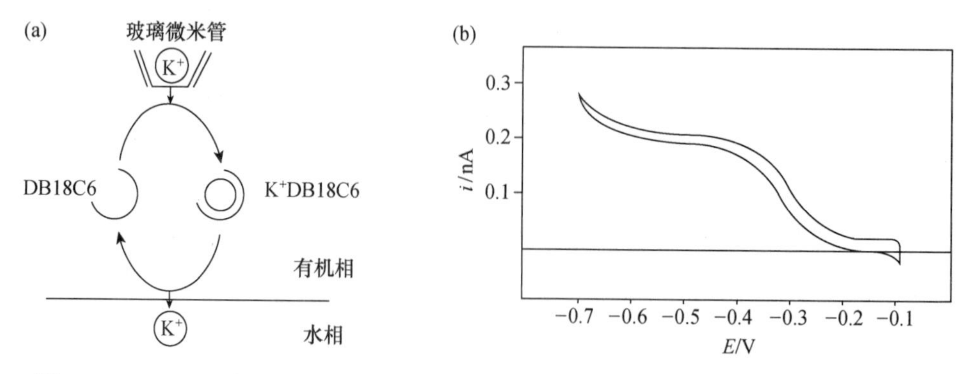

图 3.11 (a) 基于液/液界面离子转移反应的 SECM 模式示意图(引自参考文献[59])。(b) DB18C6 加速 K^+ 的循环伏安图(引自参考文献[58])。

不涉及电子转移反应,即不涉及氧化还原反应。该工作进一步证实了 TIC/TID 机理的正确性。他们发现,采用玻璃微米管电极在液/液界面电荷转移反应研究中,所观察到的电流总是比基于微圆盘电极的公式计算的要大 2.6 倍左右[60]。那么是因为所形成的微米级液/液界面不是平的吗?针对该问题,他们在进行循环伏安扫描的同时,采用现场光学显微镜监控玻璃管尖端处的液/液界面(图 3.12)。在没有外部压力作用的情况下,液/液界面基本上是平的;在正压下,界面是凸起的;而在负压下,界面是凹进去的。这样一根玻璃管电极在不同压力下,可以成为不同形状的电极[图 3.12(a)]。显然电流的增大不是因为界面不是平的这一原因。由于玻璃管是硼玻璃或石英玻璃,本身是亲水的,可能的原因是灌入管内的水溶液会自动爬到管壁外,在临近管口处形成一层水膜,增大了实际液/液界面的面积。通过硅烷化外壁,可以防止水相浸入外壁,这样得到的电流值与基于微圆盘的公式计算的值基本一致[图 3.12(b)],但稍微大一点(该问题我们下面会讨论),说明外壁的水膜是引起电流值变大的主要原因。

对于玻璃管进行修饰是化学家的特长,同时可以增加玻璃管的功能。改变其物理或化学性质,如亲/疏水性、选择性、表面电荷和分子特异性识别等,从而改变玻璃管内离子的传质过程。对玻璃管的修饰主要包括硅烷化法、控制溶液 pH 法、化学气相沉积法和吸附法等。玻璃微/纳米管表面的硅羟基可与多种硅烷化试剂(例如三甲基氯硅烷)发生反应,改变其表面基团。有机硅烷能够与硅羟基发生缩合反应,为了使玻璃微/纳米管表面游离硅羟基的数量尽可能多,通常在拉制前将玻璃管在水虎鱼酸溶液(98% H_2SO_4 : H_2O_2 体积比为 3 : 1)中浸泡。有机硅烷的官能团 R 改变了玻璃微/纳米管表面的性质(图 3.13),对其实现功能化具有重要的作用[61]。利用三甲基氯硅烷等硅烷化试剂与玻璃微/纳米管表面硅羟基的反应,可以对其内壁和外壁进行修饰,也可单独修饰内壁或外壁,使其表面由亲水状态变为疏水状态。玻璃管的硅烷化分为内壁和外壁硅烷化两个方面,所采用的方法不同。通过内壁硅烷化,可使内壁不带电荷,这样有机相可被灌入到管内。通常采用的方法是将一定浓度的硅烷化试剂从玻璃管的后端灌入到玻璃管内,反应一段时间(通常几分钟)后,硅烷化试剂可反应掉大部分玻璃或石英内壁表面的羟基，然后需要将未反应的硅烷化试剂及产物尽快清理干净。对于微米管，可直接使用惰性气体将其吹出；对于纳米管，特别是对于直径小于 20 nm 的玻璃管，可使用 10 μL 微量进样器，将含有一定浓度硅烷化的环己烷溶液（OTS 溶液）由玻璃管后端注入管内，反应 1 h 后吸出溶液，玻璃管放置于通风橱中 2 h 左右，待残留的少量 OTS 溶液完全挥发干，光学显微镜下检查玻璃管尖端，确保溶液无残留，如仍有残留，可使用封口膜将玻璃管后端包封在 50 mL 注射器前端，制造负压将剩余环己烷完全吸出。

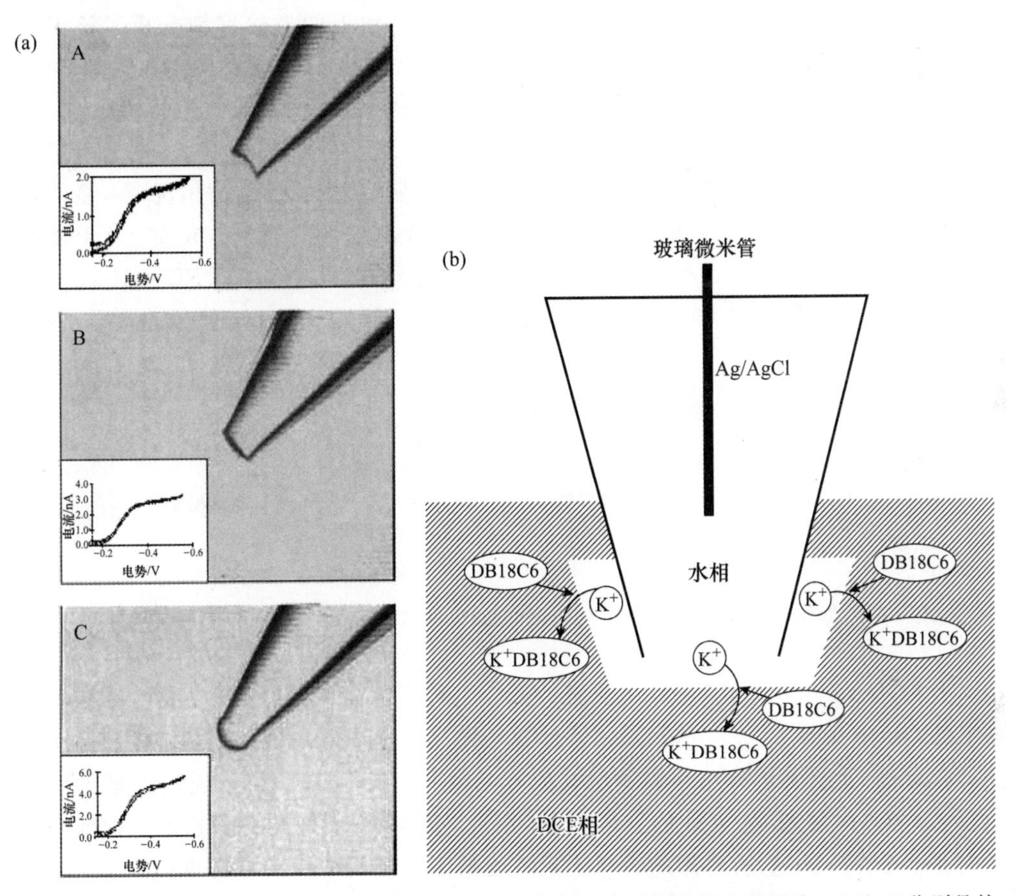

图 3.12　(a) 半径为 15.5 μm 的玻璃管尖端在不同外加压力下的视频显微照片。A 和 C 分别是外加负压或正压下的凹面的或凸面的液/液界面，B 是没有外加压力下的平的液/液界面。管内灌入水溶液后插入到 DCE 相中。(b) 玻璃管尖端附近形成水膜的示意图。引自参考文献[60]。

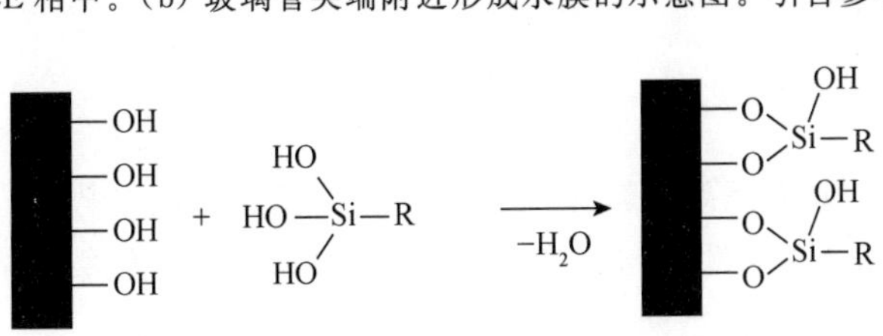

—OH
—OH
—OH
—OH
\+ HO—Si(—R)(HO)(HO)
$\xrightarrow{-H_2O}$
—O—Si(OH)—R (—O—)
—O—Si(OH)—R (—O—)

图 3.13　玻璃管壁硅烷化反应示意图，R 代表官能团（引自参考文献[61]）。

对于外壁硅烷化，微米管尾端可与惰性气体钢瓶连接，在通气的情况下插入到硅烷化试剂溶液中，反应一段时间后移开，晾干后即可。或者利用有机溶液的低饱和蒸气压，将玻璃管置于含有三甲基氯硅烷的溶液上方 1 cm 左右，通入氩气作为保护气，几分钟后取出，蒸气中的三甲基氯硅烷可与玻璃表面硅羟基反应完全[60]。

其他的修饰方法会在第 4 章中进行详细介绍(如离子电流整流)。

在探讨基于离子转移 SECM 模式的研究中 Shao 和 Mirkin 发现，采用固体超微电极作为 SECM 探头拟合正、负反馈渐进曲线(approach curve)的方法存在误差[62]，特别是拟合负反馈时误差较大。他们随后采用理论模拟的方法仔细分析了该误差的来源，认为这主要是固体超微电极与玻璃管超微电极不同导致的[62](图 3.14)。对于固体超微电极，通常 RG(定义为电极半径＋绝缘层厚度 b 与电极半径 a 之比，即 b/a)大于或等于 10；而对于玻璃管超微电极，绝缘层厚度较薄，RG 一般在 1.1～1.5。Bard 等所发展的 SECM 渐进曲线拟合方法是基于 RG＝10 的情况[63]，显然对于 RG＜10 是不适用的，在该情况下需要考虑从背面扩散的影响。例如，对于微圆盘电极其稳态电流 $i_{T,\infty}=AnFDca$，不同 RG 时其 A 分别为 4.06(RG＝10)、4.43(RG＝2)、4.64(RG＝1.5)和 5.14(RG＝1.1)[62]，显然，从背后扩散的影响不能忽略。

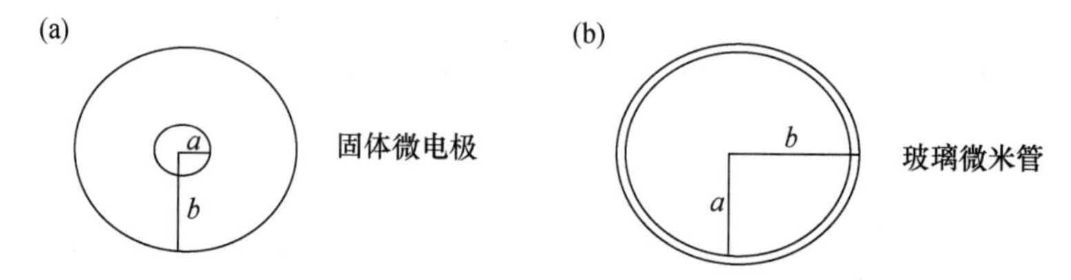

图 3.14　固体超微电极(a)与玻璃管超微电极(b)的对比示意图(引自参考文献[62])。

1989 年 Campbell 和 Girault 发展了另外一种支撑微米级液/液界面的方法——微孔法(microhole)[64,65]。他们采用紫外激光烧蚀技术在薄的惰性膜(例如 12 μm 厚的聚酯纤维)上打孔的方法来制备单孔或阵列微孔电极(图 3.15)。通过处理可使一面亲水，另外一面亲油，从而便于支撑微米级液/液界面。由于界面两边的扩散场均为半球形[图 3.15(b)]，所得到的循环伏安图类似于微圆盘电极的稳态曲线。Wilke 和 Zerihun 从理论上探讨了微孔中的扩散行为[66]，他们假设微孔是圆柱形的，且有机相充满孔道。如果假设离子在孔道内和外的扩散分别为线性和半球形，那么离子转移反应的稳态电流为

$$i=i_{\mathrm{d}}\Big/\left\{1+\exp\left[\frac{RT}{zF}(\Delta_{\mathrm{o}}^{\mathrm{w}}\phi_{1/2}-\Delta_{\mathrm{o}}^{\mathrm{w}}\phi)\right]\right\} \tag{3.12}$$

这里 $\Delta_{\mathrm{o}}^{\mathrm{w}}\phi_{1/2}$ 和 $\Delta_{\mathrm{o}}^{\mathrm{w}}\phi$ 分别是离子转移反应的半波电势和外加电势。

Girault 等结合微孔的几何与物理参数模拟了一个离子转移反应的半波电势与上述参数之间的依赖关系[67]，当两相达到稳态时，其半波电势为

$$\Delta_{\mathrm{o}}^{\mathrm{w}}\phi_{1/2}=\Delta_{\mathrm{o}}^{\mathrm{w}}\phi^{0'}+\frac{RT}{zF}\left(\frac{D_{\mathrm{w}}\delta_{\mathrm{o}}}{D_{\mathrm{o}}\delta_{\mathrm{w}}}\right) \tag{3.13}$$

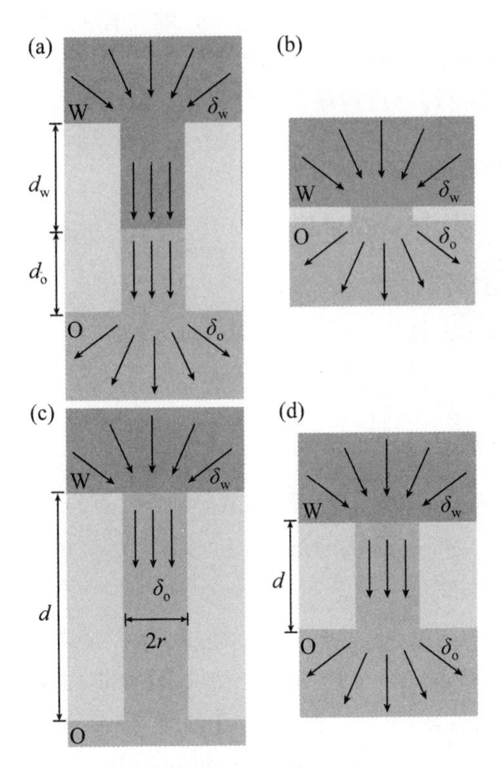

图 3.15　微孔电极的扩散场示意图(引自参考文献[66])。

这里 D_w 和 D_o 分别为水相和有机相的扩散系数，δ_w 和 δ_o 分别是两相中扩散层中的稳态厚度。依赖于微米级液/液界面的几何形状与实验时间，可分为四种极限情况进行讨论(图 3.15)。图 3.15(a)是界面在孔道中，距离各自的相分别为 d_w 和 d_o，如果膜的厚度为 d，有

$$d = d_w + d_o \tag{3.14}$$

相应的半波电势可表示为

$$\Delta_o^w \phi_{1/2} = \Delta_o^w \phi^{0'} + \frac{RT}{zF}\left(\frac{D_w \delta_o + \pi r/4}{D_o \delta_w + \pi r/4}\right) \tag{3.15}$$

当高分子膜非常薄[图 3.15(b)]时，上式可简化为

$$\Delta_o^w \phi_{1/2} = \Delta_o^w \phi^{0'} + \frac{RT}{zF}\left(\frac{D_w}{D_o}\right) \tag{3.16}$$

其他的两种情况此处不作讨论。基于这样的装置构筑微米级液/液界面在应用中的一个困难是界面在孔道中的位置不确定，这直接影响计算半波电势，因此，目前还没有采用微孔进行界面电荷转移反应动力学的报道。L'Her 等讨论了界面位置与微孔之间的关系，以及对于传质的影响，指出计时安培法有助于解决该问题[68]。我们会在第 4 章详细介绍阵列微孔(或纳米孔)在分析化学中的应用。

第三种支撑微米级液/液界面的方法是 Schiffrin 等[69]提出来的，是把玻璃所包封的 Ag 微电极采用化学溶解的方法产生一个微腔，灌入水相后插入到有机相中，从而

形成微型化液/液界面(或者相反,图 3.16)。关键是控制微腔内外的亲水性或疏水性。Sun 报道了采用圆柱形纳米孔电极,内含有几百 aL(10^{-18} L)的水溶液插入到氯仿中,进行液/液界面电荷转移反应研究[70]。

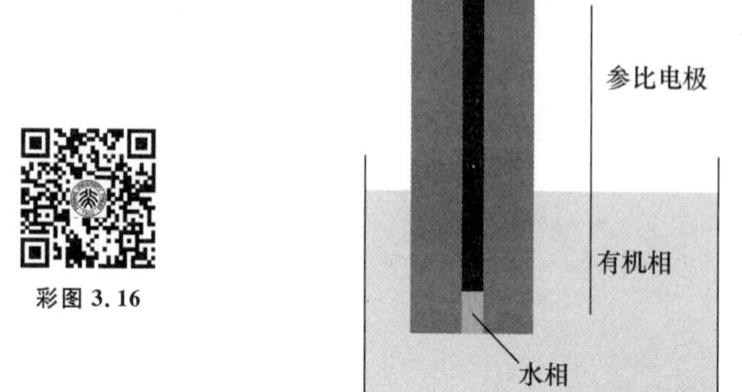

彩图 3.16

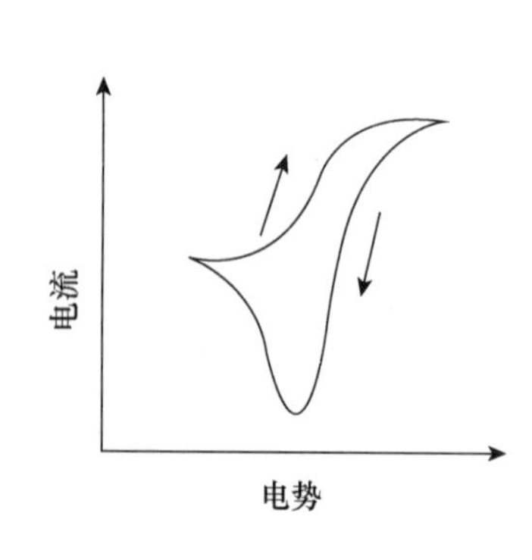

图 3.16 微腔电极及相应的循环伏安图(引自参考文献[69])。

1997 年 Shao 和 Mirkin 将液/液界面支撑在玻璃纳米管尖端[51],形成了纳米级液/液界面(nano-L/L interface),用于研究 DB18C6 加速 K^+ 在纳米级 W/DCE 界面上的快速转移反应,发展了一种新的测量液/液界面上快速加速离子转移反应动力学的方法——纳米管伏安法(nano pipette voltammetry),其探讨液/液界面上电荷转移反应动力学的应用我们会在随后的章节中详细介绍。纳米管不仅从几何尺度上比微米管减小了 1000 倍,它还具备一些特殊的性质,例如,玻璃管尺寸小于扩散层厚度,由于管径更小,因此得到的电流基本上是在 pA 级,iR 降的影响可消除;尖端的扩散场呈现一个类似于支撑薄膜上的微孔行为,即两边均为半球形扩散;由于半径在纳米尺度,传质速率大大增加,可以研究快速反应的动力学;另外,玻璃纳米管可作为 SECM 和 SICM 的探头,大大地提高了两种技术的空间分辨率。当然,相对于玻璃微米管,玻璃纳米管更难于制备和表征。通常一位研究生培训几天就可拉制较好的微米管,并通过光学显微镜和电化学技术进行粗略表征;但对于制备纳米管的掌握可能需要几个月。这是因为拉制玻璃纳米管受到许多外界因素的影响:温度、湿度等均影响拉制的重现性。为了得到重现性好的玻璃纳米管,通常需要采用多行的拉制程序。另外一个难点是表征,特别是直径小于 10 nm 的玻璃管。由于其具有的特殊几何形状和玻璃的不导电性,在进行电镜表征时其表面需要镀(或喷)上导电的材料。我们曾采用电镜和循环伏安法表征过一根半径为 3.5 nm 的玻璃管[71](图 3.17),作为 SICM 的探头用于研究液/液界面的厚度,这可能是目前世界上能够全面表征的最小的玻璃管。由于表面张力的影响,通常也很难把溶液灌入到纳米管中,这需要制备带有细玻璃丝(filement)的玻璃纳米管,溶液可通过该细丝爬入到管内。纳米管的成功制备和应用,极大地促进了液/液界面电分析化学微型化的发展,也为 SECM 和 SICM 提供了拓展的机会,第 4 章将更详细地介绍其应用。

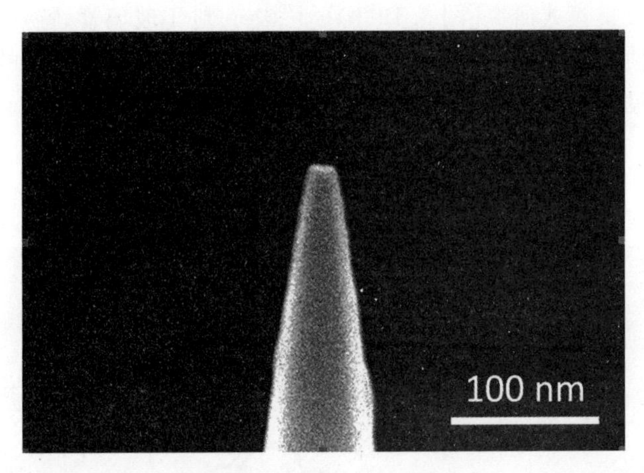

图 3.17 喷碳的玻璃纳米管的侧面图，角度为 60°，半径为 3.5 nm（引自参考文献[71]）。

在液/液界面电荷转移反应研究中，玻璃双管（dual pipette）电极也发挥了重要作用。就像人的手一样，一只手可做很多事情，而两只手可干的事情更多。玻璃双微/纳米管的制备与单管类似，需要发展特定的拉制程序。图 3.18（a）是玻璃双管的结构示意图，两个管之间有一个薄的玻璃隔膜（厚度 d），通常小于 1 μm，两个管呈现对称的半椭圆形。图 3.18（b）是拉制好的微米双管的电镜图，可以清楚地看到两个半椭圆形的空管被一个薄的玻璃隔板分开，这样两个管可灌入相同的溶液或不同的溶液，插入到另外一相中；或一个管灌入水相，另外一个灌入有机相，悬在空气中，两种情况下均可进行液/液界面电荷转移反应研究[53]。

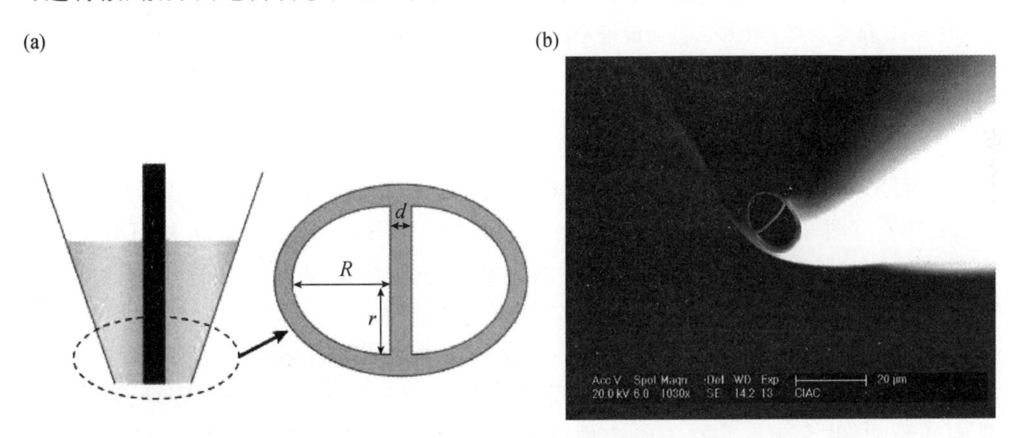

图 3.18 （a）玻璃双管的示意图；（b）玻璃微米双管的电镜图（引自参考文献[53]）。

1998 年 Mirkin 等率先把玻璃微米双管引入到液/液界面研究[72]中，发展了一种探讨液/液界面电荷转移反应的新方法——产生/收集法（generation/collection technique）（图 3.19）。两个管中可灌入相同或不同的水溶液，插入到有机相中，这样在一个管中的离子在外加电势的作用下转移到有机相，在另外一个加不同的电势进行收集。其中关键是要对中间的玻璃隔膜进行硅烷化，否则两边的水相电极将连在一起，无法用于产生/收集模式研究[图 3.19(b)B][72,73]。对于玻璃管,特别是纳米管内外壁的化学修饰,可使其带不同的电荷,会使玻璃管(单和双管)发挥更大的作用,用于离子电流整流研究(见第4章)。

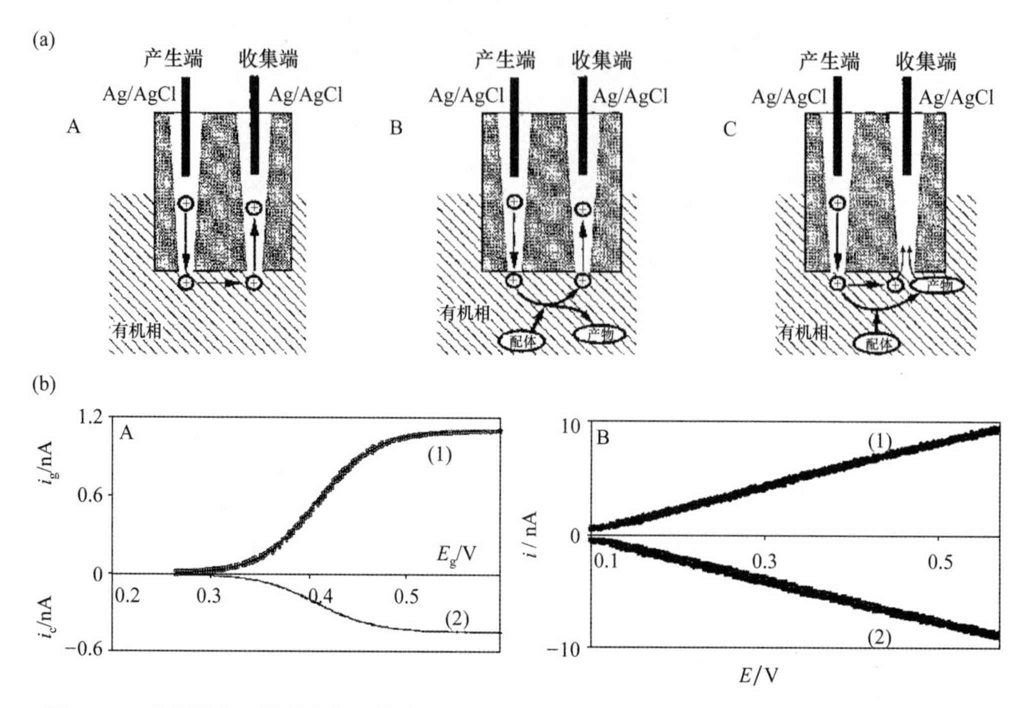

图 3.19 玻璃微米双管研究离子转移反应的产生/收集模式示意图。(a)A 是阳离子转移反应的情况;B 和 C 是离子转移反应后溶液中的化学反应。B: 仅未配位的阳离子被收集;C: 阳离子和反应产物均被收集(引自参考文献[72])。(b) A 是产生/收集的循环伏安图;B 是中间隔膜没有硅烷化的情况(引自参考文献[73])。

我们采用类似的产生/收集装置研究了液/液界面上离子耦合电子转移反应(IT-ET)[74](图 3.20)。所研究的体系是水相中含有 $Fe(CN)_6^{3-}$,有机相(DCE)中含有二茂铁(Fc)。这两个电对在界面上的异相电子转移反应所产生的二茂铁阳离子(Fc^+)不仅会在界面上发生离子转移,同时还与有机相中的支持电解质发生反应[图 3.20(a)],该转移反应实际上是一个比较复杂的 IT-ET 耦合反应。我们通过产生/收集模式及收集率(I_{coll}/I_{gen})研究了该反应及其有机相支持电解质对于产生/收集率的影响,并发现一些在电势窗内很难观察到的离子转移,可在收集模式下得到[图 3.20(b)]。

随后我们采用边界元(boundary element,BE)法探讨了微米双管的几何参数、双管对称性对于收集率的影响等[75]。结果显示,收集率不仅与中间玻璃隔膜的厚度有关,也与 d/R 值有关;虽然拉制不对称的双管更难,但在应用中推荐采用对称性好的双管。另外,我们还将微米双管降到亚微米和纳米级,最小可制备半径为 20 nm 的玻璃双管[76],实验和模拟结果表明亚微米双管的收集率最高。

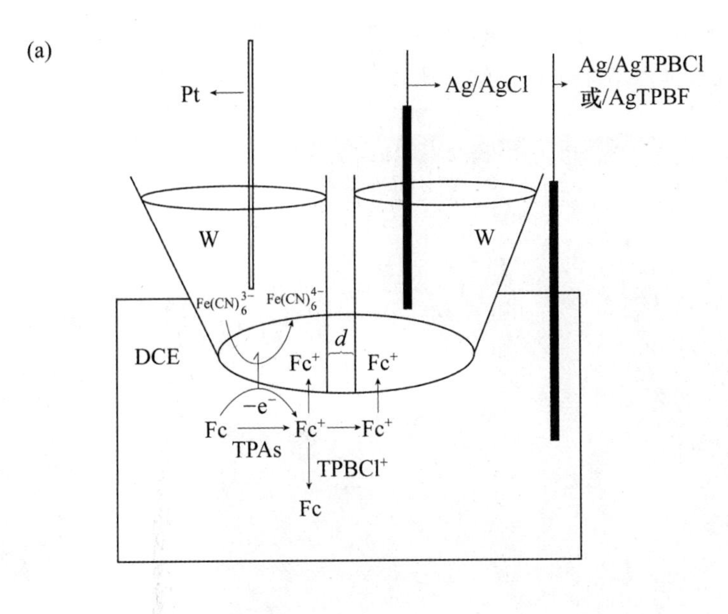

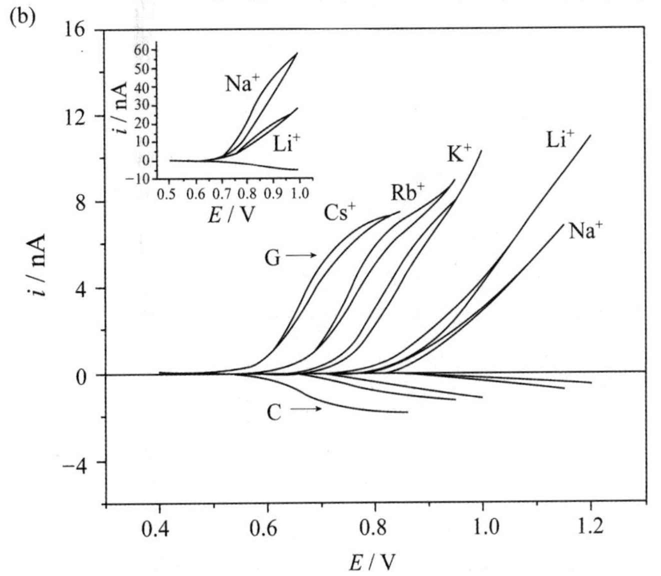

图 3.20　(a) 支撑在微米双管上的双液/液界面上发生的 ET、IT 和 IT-ET 及有机相中副反应的示意图；(b) 碱金属离子在 W/DCE 界面上的产生/收集伏安图(引自参考文献[74])。

另外，基于玻璃双管发展起来的同质(twin)和杂化(hybrid)电极也被应用于研究液/液界面上的电荷转移反应[77,78]。同质电极是指两个孔道为相同材料组成的，例如，直接拉制成功的空管玻璃管电极，以及两个孔道均被碳填满的电极。杂化电极是指两个孔道由不同材料组成，例如，一个是空管，一个是碳电极(图 3.21)。另外，将琼脂或 PVC 等材料加热溶于水相或有机相中，然后灌入到微/纳米双管的一个管中，也可组成杂化电极[78]。杂化电极不仅在液/液界面电分析化学中得到广泛应用，同时也可与其他技术联用，例如，与质谱(MS)联用[78,79](EC-MS)，用于解决复杂电化学反应的机理，会在后面章节中进行详细介绍。

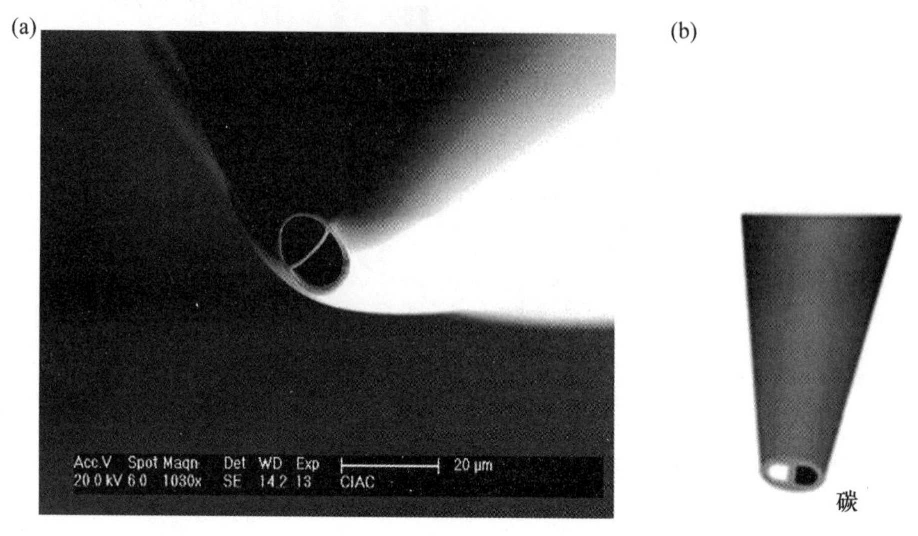

图 3.21 (a) 同质电极；(b) 杂化电极的电镜照片(引自参考文献[53])。

3.4 液/液界面上的碰撞实验

单体(entity)是指在物理性质、化学性质或特定生物功能方面不可分割的最小单元，例如单分子、单个纳米颗粒与单细胞等，尺寸范围可以跨越 6 个数量级(图 3.22)[80]。单体检测作为研究单个体系最直接的方法，近几十年来已经成为物理、化学、生物等诸多领域的研究热点。通过单体检测可以有效地获得宏观体系中被系综平均掉的一些信息，例如化学动力学信息[81]、跟踪观测化学反应途径[82]、研究生物大分子

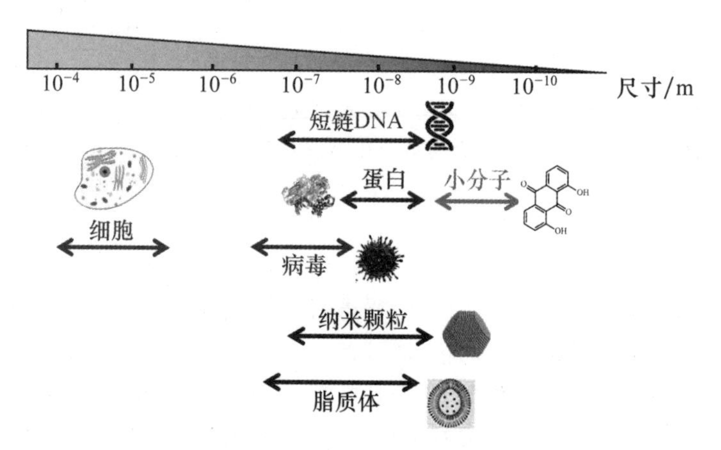

图 3.22 常见的单颗粒研究对象及其尺寸范围(引自参考文献[80])。

的分子构象[83]及相互作用[84]等。单体电化学可以根据是否发生电化学反应分为两类：超微电极技术与纳米孔技术，表现为单实体的碰撞、固定和过孔。其中单体的碰撞与固定大都基于固体超微电极，而单实体的过孔，则顾名思义，多基于纳米孔或通道。

单体碰撞的概念最早由 Xiao 和 Bard 提出[85]，他们率先观测到了 Pt 纳米颗粒随机碰撞到碳超微电极上对溶液的析氢反应产生的电催化放大信号，开辟了单体碰撞电化学研究的新领域。作为一种方便、快捷和无标记的检测技术，单体碰撞在电催化、生物电化学[87]、生物传感[88,89]等方面有着广泛的应用，可以得到研究对象的尺寸、浓度、聚集度和催化活性等性质。单体碰撞实验的研究对象广泛，主要可以分为硬纳米颗粒与软纳米颗粒。硬纳米颗粒包括金属(Pt，Ag，Au，Ni，Cu)、金属氧化物与有机纳米颗粒(聚苯乙烯、富勒烯)等[95]。软纳米颗粒包括油水液滴、脂质体、病毒、胶束、蛋白质及细胞等[89,96,97]。这些研究为单体的随机碰撞在界面转移分析、免疫检测和单生物颗粒监测方面提供了新的可能。根据碰撞模式的不同，单实体碰撞可以分为阻碍溶液中电活性物质的反应、电催化放大与自身的氧化还原[98]，如图 3.23 所示。

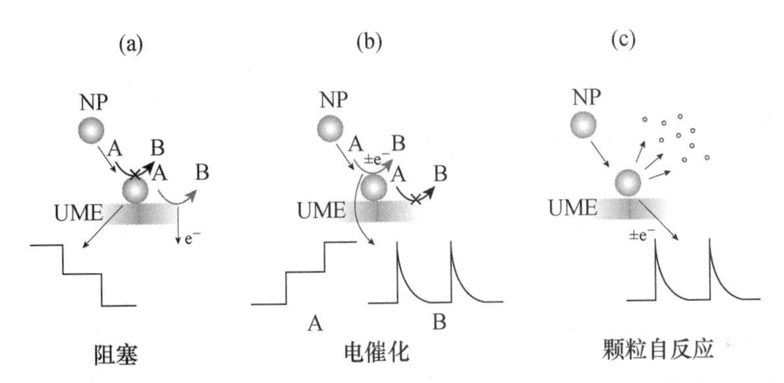

图 3.23　不同碰撞模式示意图：(a) 为阻碍-碰撞模式；(b) 为电催化放大模式；(c) 为自身反应模式(引自参考文献[98])。

上述的研究均在固/液界面上进行。Compton 等在 2017 年率先进行了液/液界面上的碰撞实验[99]。在一个较大(sub-mm)的极化液/液界面上，采用计时电势法观察水包油液滴(2～3 μm)在界面上碰撞和融合(fusion)的过程。他们详细地研究了界面上外加电势对于上述过程的影响，不同电势下界面上转移的离子不同，在外加电势较液滴中两个离子的标准转移电势更正的情况下，界面转移的是 Y^- 离子，得到的是正电流[图 3.24(a)]；反之是 X^+ 转移，得到负电流[图 3.24(b)]。

最近 Mandler 等[100]报道了新的微乳液结构——离子质体(ionosomes)，类似于脂质体(liposomes)，由离子双层形成的包含有亲水或疏水的微纳米结构。他们采用单体电化学技术(碰撞实验)对于离子质体进行了探讨(图 3.25)，包括电荷密度、溶剂以及离子的影响等。邓海强等[101]采用类似的方法研究了内部包含有 K^+、Na^+ 和质子化的多巴胺的脂质体在微米级液/液界面上的碰撞和融合过程。

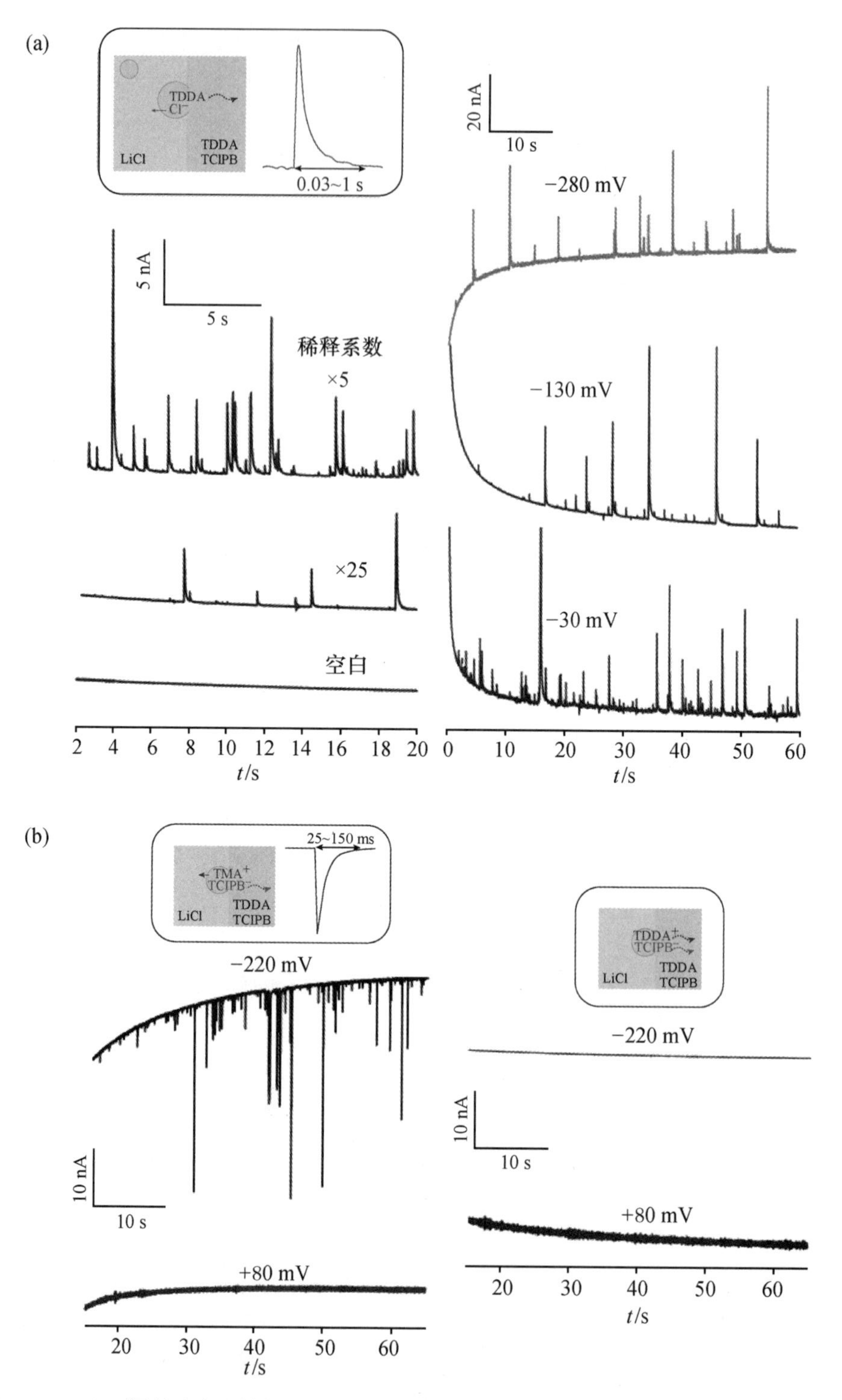

图 3.24 (a) 不同的浓度和外加电势下，阴离子转移的电流(i)与时间(t)图；(b) 不同的浓度和外加电势下，阳离子转移的电流(i)与时间(t)图(引自参考文献[99])。

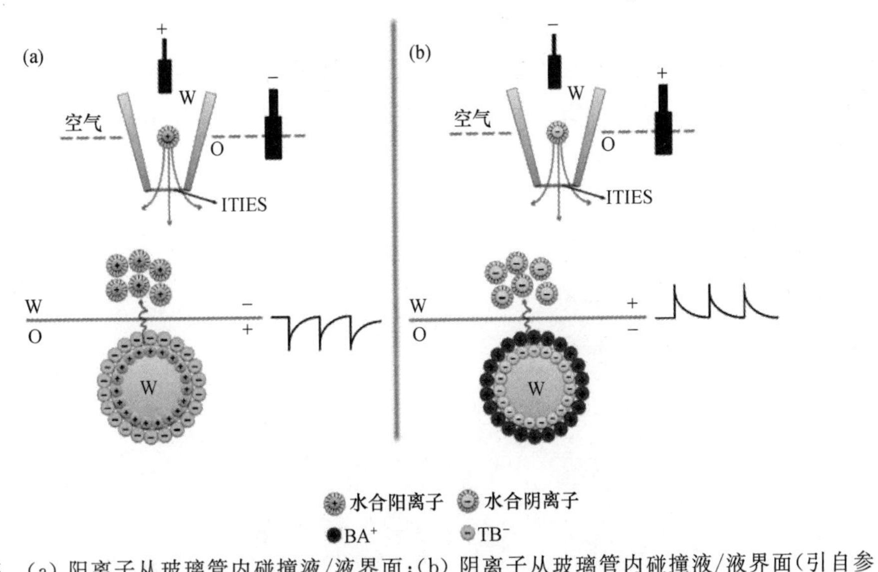

彩图 3.25

图 3.25 (a) 阳离子从玻璃管内碰撞液/液界面;(b) 阴离子从玻璃管内碰撞液/液界面(引自参考文献[100])。

另外一种研究液/液界面上电荷转移反应的模式是采用飞升的甲苯液滴(含有离子液体作为支持电解质和氧化还原物种,rubrene)去碰撞 Pt 超微电极。试图通过控制 Pt UME 的电势来观察 rubrene 的氧化还原反应[102]。图 3.26 显示了其工作原理。当 Pt UME 上所加电势足够使 rubrene 被氧化时,并没有观察到相应的电流。这可能是因为 rubrene 氧化的自由基仍是很疏水的,不能转移到水相[图 3.26(a)]。当在甲苯液滴中加入可转移到水相的离子时,同时水相中加入与甲苯中的共同离子,就可观察到电流的变化[图 3.26(c)]。这表明是离子转移加速了电子转移。该方法的优点是可研究介电常数较小(<5)的溶剂与水相形成的液/液界面上的离子转移反应。他们采用类似的方法,还探讨了一些介电常数约为 2 的有机相所形成的微乳液在超微电极上的碰撞行为[103]。

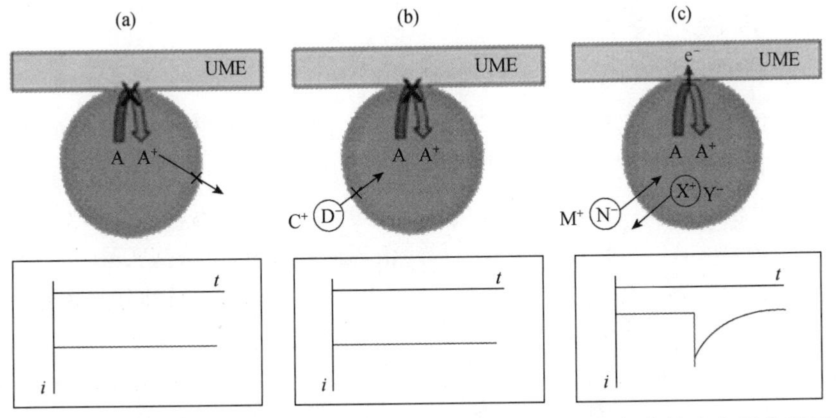

图 3.26 单微乳液液滴在 UME 上碰撞电化学示意图。A 是有机相中的疏水氧化还原探针。有机相液滴边缘的蝌蚪状分子代表离子液体支持电解质(a, b)。当氧化态 A^+ 不能离开有机相液滴(a)或亲水的阴离子 D^- 不能进入液滴时(b),仅观察到残余的背景电流。(c) 氧化 A 到 A^+ 时,为了保持电荷平衡,X^+ 离开或 N^- 进入到液滴。引自参考文献[102]。

王立世和邓海强等[104]采用快速伏安法(或称为傅里叶变换的伏安法)研究了飞升甲苯液滴含有氧化还原物种在 Pt 或 C UME 上的碰撞过程,记录了电流在时间域和频率域的信号。基于上述电子耦合离子转移过程,研究了一系列的离子在水/甲苯界面上的转移过程及其热力学常数(图 3.27)。

利用碰撞实验来探讨液/液界面上的电荷转移反应刚刚开始,发表的论文屈指可数,有许多基本问题还有待研究,该研究方向笔者认为还是大有可为的。

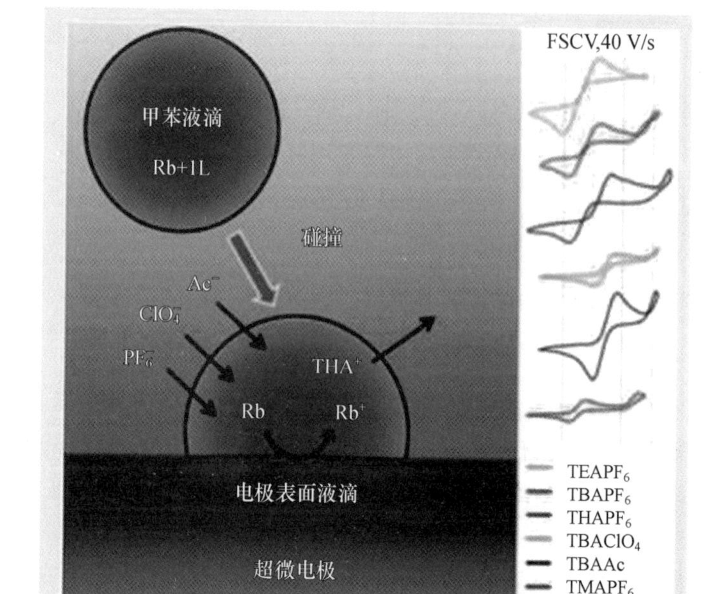

彩图 3.27

图 3.27　电子耦合离子转移过程及相应的循环伏安图(引自参考文献[104])。

3.5　各种扫描探针技术

正如上文所表明的那样,由于液/液界面本质上是一个动态的分子界面,界面结构的轮廓主要来源于理论模拟、电化学实验结果与非线性光学(光谱)技术的探索。目前还很少有采用扫描隧道显微镜(scanning tunneling microscopy, STM)或原子力显微镜(atomic force microscopy, AFM)探讨液/液界面的报道,无法从实验上得到液/液界面的分子或原子级分辨率的相关结果。但是 SECM 和 SICM 这两种分辨率在 μm～nm 的扫描探针技术已被广泛地应用于液/液界面相关的研究[53,63,105-107]。

1989 年 Bard 等提出了扫描电化学显微镜(scanning electrochemical microscopy, SECM),一种可在三维空间探讨表界面反应的电化学新技术[108,109]。其基本原理是以一个微/纳米电极作为探头,在另外一种表面或界面上进行三维扫描,通过探头电流的变化获取该表面或界面(基底)的相关信息(图 3.28)。由于探头电流的产生涉及探头与基底上发生的法拉第过程,以及两者之间的化学反应等,因此具有化学灵敏性,不但可以研究探头与基底上的异相反应动力学，以及探头和基底之间溶液层中的均相反应动力学，分辨电极表面微区的电化学不均匀性，给出导体和绝缘体表面的形貌，而且还可以对材料进行微米级加工及研究许多重要生物过程等，从而弥补了 STM 或原子力显微镜不能直接提供电化学活性信息的不足。SECM 在过去的几十年中得到了迅速发展。已有大量的有关 SECM 在电化学测量，各种表面、界面的表征与微区加工以及快速反应动力学研究等方面应用的报道和综述[110-113]。SECM 已被应用于探索各种导体和绝缘体，包括金属、半导体、高分子和生物基底等。

常规的 SECM 实验装置如图 3.28 所示，主要是由电化学部分[电解池、探头、基底(两者包括各种电极和各种基底)和双恒电位仪]和用来精确地控制、操作探头和基底位置的压电驱动器，以及用来控制操作、获取和分析数据的计算机(包括接口)等三部分组成。作为探头的超微电极被固定在一个爬行器(inchworm)上(通常是 z 方向)，x 和 y 方向的扫描也由相应的爬行器来控制。这样，探头电极在基底上的位置即可以通过移动爬行器来改变和控制。通常，基底固定在电解池的底部，电解池固定在一个很稳定且平整的减震平台上。通过双恒电位仪可独立控制探头电极及基底的电势。应用计算机通过一个可编程的位置控制器可以控制 x、y、z 爬行器，从而可得到基底的三维图像。

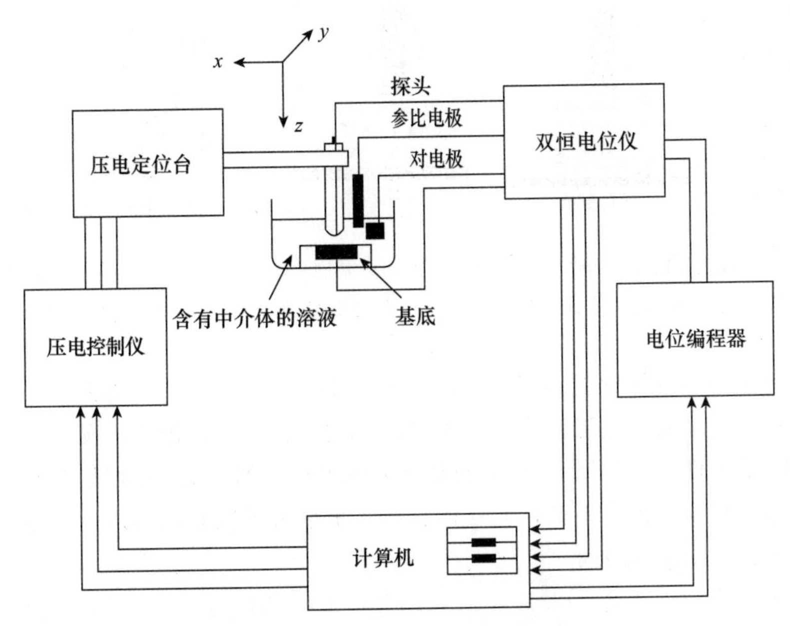

图 3.28　扫描电化学显微镜示意图(引自参考文献[109])。

SECM 是以电化学原理为基础，可以多种工作模式进行实验。在 SECM 实验中最常用于定量分析的模式是正负反馈(positive/negative feedback)的工作模式。SECM 实验可在一个三电极或四电极模式下进行。一个 UME 探头(通常是一个微圆盘电极，半径是 a)作为工作电极，其电势是相对于参比电极，测量探头和对电极之间的电流。所研究的表界面(样品)通常称为基底，也可以被极化而作为第二个工作电极。在此情况下，一个双恒电位仪可用于控制探头和基底的电势。当电极浸入到含有电活性中介体（mediator，例如，一个可被氧化的物质，R）的溶液中，当在 UME 上所加的电压足够正时，R 在 UME 探头上所发生的氧化反应是由 R 扩散到探头所控制的（图 3.29）。当探头离基底很远时（$d \geqslant 20a$），探头上的稳态扩散电流 $i_{T,\infty}$ 可由如下公式给出：

$$i_{T,\infty} = 4nFDca \tag{3.17}$$

当探头逐渐接近基底至 d 大约为几个 a 时，探头上电流将随着基底性质的不同和 d 的改变而发生改变。当基底是导体时，被氧化的物质（O）可以扩散到基底上并能在此重新还原成 R。这个过程产生一个循环，使探头上的法拉第电流 i_T 增加，称之为正反馈，即 $i_T \gg i_{T,\infty}$。反之，当基底是绝缘体时，上述循环过程不能产生，绝缘体在此仅起到一个阻碍 R 从本体溶液扩散到探头上的作用，i_T 随着 d 的减少而降低，即 $i_T \ll i_{T,\infty}$，称之为负反馈（图 3.29）。当探头在基底表面上进行恒定高度扫描时，探头的法拉第电流 i_T 将随基底的起伏和性质的变化而发生相应变化，SECM 就像电化学雷达一样通过探头的电流的正负反馈模式可以反映出基底的形貌以及电化学活性分布等。

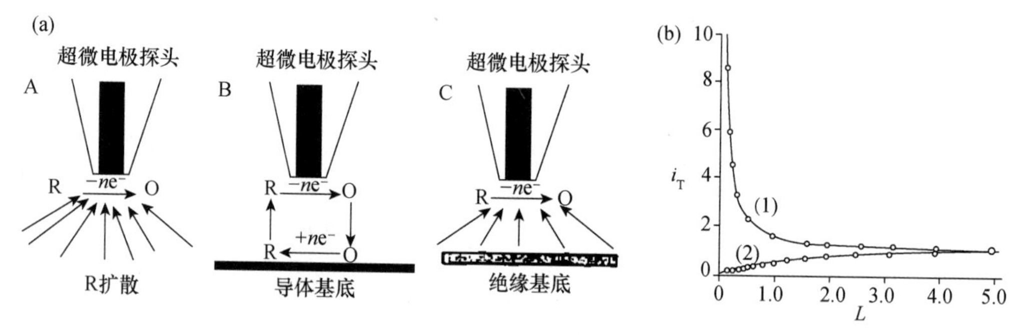

图 3.29 (a) SECM 的反馈操作模式。A：探头远离基底；B：探头接近一个导体基底；C：探头接近一个绝缘基底。(b) SECM 探头接近不同基底时的电流-距离理论曲线。引自参考文献[109]。

和其他类型扫描探针显微镜（SPM）相比，SECM 的一个优点是它有坚实的进行定量分析的理论。对于上述正负反馈模式，应用有限元法，在稳态情况（与时间无关）和 RG≥10 的条件下，已得到对于基底是导体或绝缘体时，探头上的电流随 d 变化的数值解。也可用符合拟合值的近似分析表达式来给出不同基底的规范化电流 $i_T(L)$ 与规范化距离 L 之间的关系：

$$i_T(L) = i_T/i_{T,\infty} = 0.68 + 0.78377/L + 0.3315\exp(-1.0672/L) \tag{3.18}$$

$$i_T(L) = i_T/i_{T,\infty} = 1/\{0.15 + 1.5385/L + 0.58\exp[(L-6.3)/(1.017L)]\} \tag{3.19}$$

这里 $L = d/a$。公式（3.18）是基底为导体，公式（3.19）是基底为绝缘体。在 SECM 定量分析中，人们通常用实验数据来拟合理论的 i-d 曲线（也称渐进曲线）而得到探头-基底之间距离等于零的点，从而可算出两者之间的距离。需要指出的是，上述两个公式仅适用于 RG≥10 的情况，对于 RG 较小的情况上面已经进行过讨论[62]。

除了上述的反馈模式外，SECM 还有其他几种工作模式，例如，收集模式、穿透模式和离子转移反馈模式等。离子转移反馈模式是 Shao 和 Mirkin 于 1997 年提出的[59]，其基本理论与上述讨论的正负反馈模式类似，但不同的是整个研究过程不涉及氧化还原反应，应用的是液/液界面上的配位与离解反应，所采用的探头是玻璃微米管。由于收集模式与穿透模式在液/液界面电分析化学中应用较少，在此我们不作进一步介绍，如果需要了解，可参考有关 SECM 的专著[111,112]。

SECM 主要应用于研究表面或界面的异相电荷转移反应动力学、成像分析和微区加工等，在液/液界面电化学研究中 SECM 主要用于测量异相电荷转移反应动力学参数。在早期的 SECM 探讨液/液界面电荷转移反应时，研究的界面要不是静止的极化界面(无外加电势)，要不大多数是非极化界面(即共同离子控制界面电势差)，这主要是因为早期液/液界面电化学研究均采用四电极系统，无法采用 SECM 来进行研究。Bard 等率先采用 SECM 来探讨液/液界面上的电子转移反应[105,106]。Solomon 和 Bard 首次采用玻璃微米管作为 SECM 的探头研究了 DCE 相中 TCNQ 与水相中的亚铁氰化钾之间的电子转移反应(图 3.30)。他们对比了玻璃管电极与金属电极作为 SECM 探头的优缺点，并进行了成像分析。

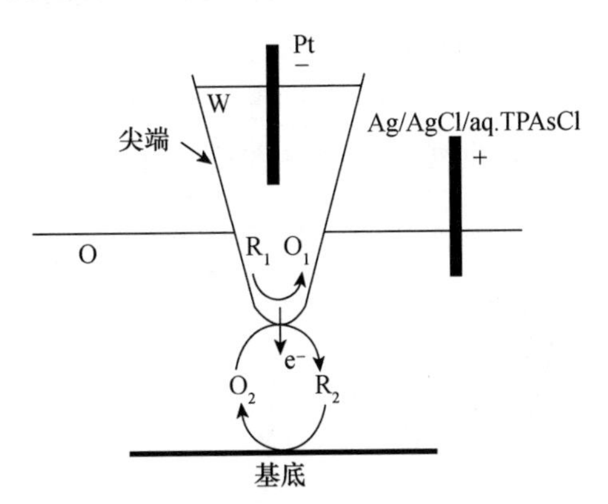

图 3.30 玻璃微米管作为 SECM 探头研究液/液界面上电子转移反应的示意图(引自参考文献[105])。

他们随后采用微米级 Pt 圆盘电极作为 SECM 的探头，研究了一系列水相和有机相电对之间在非极化的液/液界面上的 ET 反应行为并测量了它们的动力学参数[106,114-116]。由于所有的电极均在一个相中，可以避免大的界面充电电容及未补偿 iR 降的影响，以及液/液界面电势窗的限制(图 3.31)。对于一个氧化还原物种，例如，在上部水相中含有还原剂 Red_1，当探头上外加电势使其氧化为 Ox_1，探头接近液/液界面时，下部有机相中如果没有氧化还原物种存在，此时液/液界面就像一个绝缘基底一样，可观测到负反馈渐进曲线。当有机相中含有可使 Ox_1 还原为 Red_1 的还原剂 Red_2 时，可得到正反馈渐进曲线：

$$Red_1 - e^- \longrightarrow Ox_1 \qquad (探头上)$$

$$Ox_1 + Red_2 \longrightarrow Red_1 + Ox_2 \qquad (液/液界面上)$$

在这些电子转移过程发生的同时，为了保持两相的电中性，两相中的共同离子(阳离子或阴离子，或两者同时)也发生转移。总体上，该类电荷转移反应是非常复杂的，包括如下几个步骤：(1) 有机相中的电对在探头与液/液界面之间扩散；(2) 水相中的电对扩散到界面和从界面离开；(3) 两相中电对之间的电子转移反应；(4) 共同离子的转移(图 3.32 中是阴离子的转移)。从原理上讲，上述几种反应均可能成为总反应的决速步骤。由多个步骤引起的穿过液/液界面的电流(i_S)可由如下公式表示[117]：

$$1/i_S = 1/i_T^c + 1/i_{ET} + 1/i_d + 1/i_{IT} \tag{3.20}$$

这里 i_T^c、i_{ET}、i_d 和 i_{IT} 分别是上述四个步骤的特征极限电流。在一种简化的情况下，即离子转移和有机相中电对的扩散均不是决速步骤，液/液界面上的异相电子转移反应速率常数可由渐进曲线通过以下公式求得[106]：

$$I_T^k = I_S^k(1 - I_T^{ins}/I_T^c) + I_T^{ins} \tag{3.21}$$

$$I_S^k = 0.78377/L(1+1/\Lambda) + [0.68 + 0.3315\exp(-1.0672/L)]/[1+F(L,\Lambda)] \tag{3.22}$$

这里 I_T^c、I_T^k 和 I_T^{ins} 分别代表重新产生氧化还原电对的扩散控制的规范化电流、有限基底动力学规范化电流和绝缘体基底的规范化电流；$L = d/a$，是探头与基底之间的规范化距离；I_S^k 是动力学控制的基底电流；$\Lambda = k_f d/D_R$，k_f 是表观异相速率常数($cm \cdot s^{-1}$)，$F(L,\Lambda) = (11+2.3\Lambda)/[\Lambda(110-40L)]$。当探头离界面很远($d \geqslant 20a$)时，稳态电流是 $i_{T,\infty} = 4nFaD_Rc_R$。$I_T^c$ 和 I_T^{ins} 的分析近似解分别是

$$I_T^c = 0.78377/L + 0.3315\exp(-1.0672/L) + 0.68 \tag{3.23}$$

$$I_T^{ins} = 1/\{0.15 + 1.5358/L + 0.58\exp(-1.14/L) + 0.0908\exp[(L-6.3)/(1.017L)]\} \tag{3.24}$$

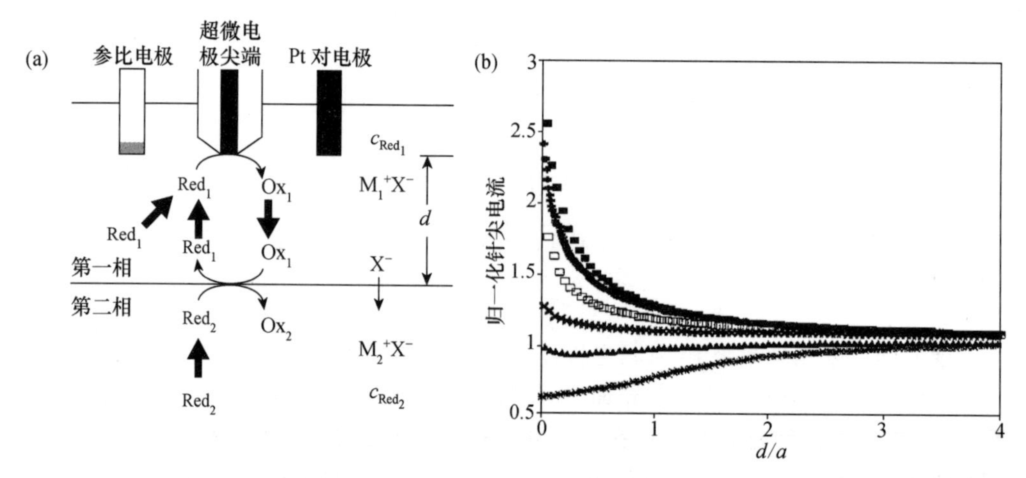

图 3.31 (a) SECM 研究液/液界面 ET 反应的示意图。Red_1 和 Ox_1 仅存在于第一相，而 Red_2 和 Ox_2 仅存在于第二相。支持电解质 $M_1^+X^-$ 和 $M_2^+X^-$ 决定界面的电势差，粗的箭头表明转移的方向。(b) 水相中 FcCOONa 浓度对于渐进曲线的影响，从上到下浓度依次为 0.25、0.5、0.8、1.0、1.2、2.0 和 5 $mmol \cdot L^{-1}$，另含有 0.1 $mol \cdot L^{-1}$ KCl；NB 相中含有 75 $mmol \cdot L^{-1}$ Fc。引自参考文献[106]。

Unwin 组和 Bard 组合作采用数值模拟的方法拓展了上述工作[118]，全面地考察了不同情况下如何求算异相反应速率常数，其中两相中氧化还原电对的浓度比发挥着重要作用。

这样可采用实验数据与理论曲线进行拟合，来获取界面异相 ET 反应相关的速率

常数[图 3.31(b)]。理论上已经画出不同速率常数的渐进曲线[如 3.31(b)实线所示],将实验数据与最匹配的理论曲线拟合,就得到相对应的速率常数[如 3.31(b)虚线所示]。我们已证实该方法可区分 7%的差别[113]。

Bard 组和 Mirkin 组合作运用 SECM 探讨了水/苯界面及该界面上覆盖单分子层的情况下电子转移反应过程[116]。界面上覆盖磷脂可以降低液/液界面上的电子转移的速率常数,有机相中 ZnPor(锌卟啉)的浓度与 ZnPor 对于界面的覆盖率(θ)符合 Langmuir 吸附等温公式(图 3.32)。他们还研究了水相中不同氧化还原电对时,速率常数与外加驱动力(外加电势)之间的关系,观察到了 Marcus 反转区。液/液界面上的异相电子转移反应也可用 Marcus 电子转移理论来解释。

另外,对于一个具有固定或可调电势的界面,SECM 研究可在宽的驱动力下进行,而不受液/液界面电势窗的限制;其缺点是无法研究外加电势极化的界面,在通常情况下,各种电化学技术在进行液/液界面电荷转移反应研究时,探讨的均是外加电势极化的界面。如何解决该问题,会在第 4 章中进行详细介绍。

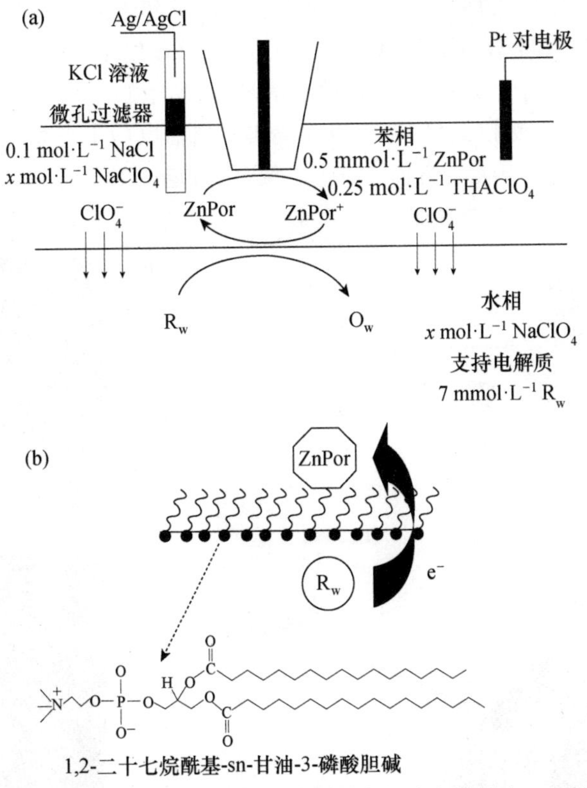

图 3.32　(a) 采用 SECM 研究水/苯界面上电子转移反应的动力学行为。有机相中含有 ZnPor,水相中含有不同的电对: $Ru(CN)_6^{3-/4-}$,$Mo(CN)_8^{3-/4-}$,$Fe(CN)_6^{3-/4-}$,$Fe^{2+/3+}$,$V^{2+/3+}$ 及钴的化合物。仅 ClO_4^- 能够穿过界面,保持电中性。(b) 磷脂单层修饰的液/液界面。插图是合成的磷脂酰胆碱酯的结构。

Solomon 和 Bard 率先采用玻璃管电极作为 SECM 的探头[105],研究了两相中不同电对之间的电子转移反应,并指出相对于固体电极,玻璃微米管电极更易制备。随后，Shao 和 Mirkin 也采用 SECM，以玻璃微米管作为探头，研究了液/液界面上加速离子转移过程[59]（见图 3.11）及离子转移过程[62]，拓展了 SECM 在液/液界面电荷转移反应中的应用。

另外一种已应用于探讨液/液界面的技术是扫描离子电导显微镜（scanning ion conductance microscopy, SICM）。该技术是 1989 年由 Hansma 等提出的[107]，其基本原理是采用一个玻璃微/纳米管作为探头，在位于溶液中和探头中的两个 Ag/AgCl 电极上施加一个电压，则形成一个回路，在管口处会有离子电流通过，而管口的位置会影响电流的大小，当管口距离基底非常近时（数量级与管口直径相当），离子流动受到阻碍，得到的电流变小，通过反馈电路来保持电流恒定，即探头与基底的距离恒定（恒高模式）。通过在 xy 方向的扫描，可得到基底的形貌。SICM 主要由待测样品（基底）、探头、压电位置控制器、反馈产生装置以及计算机等几部分构成[图 3.33(a)]。SICM 在提出后近 10 年进展缓慢，直到 1997 年 Korchev 等[119,120]通过改进反馈方法，使 SICM 成为一种重要的成像技术，应用于细胞的成像分析中。为了解决样品（基底）不平的问题（例如，细胞表面），Korchev 等[121]于 2009 年发展了一种跳跃 SICM 模式，得到了细胞表面高分辨率的图像[图 3.33(b)]。SICM 用于细胞成像方面相对其他测量手段有几个优势：高分辨率（探头是玻璃纳米管，易于制备）、非接触式、不引起细胞形貌变化、不会损坏探头以及样品、可以连续实时扫描以用于观察细胞的变化。目前，SICM 的主要应用在以下三个方面：细胞成像；作为定位工具与其他仪器联用；作为输送生物大分子的工具用于纳米加工[122,123]。

彩图 3.33

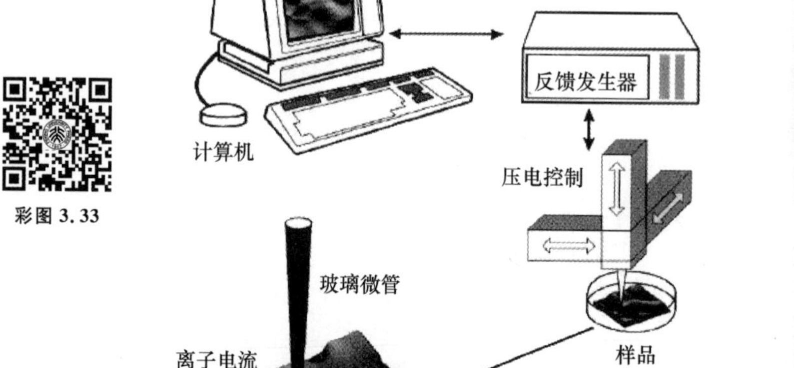

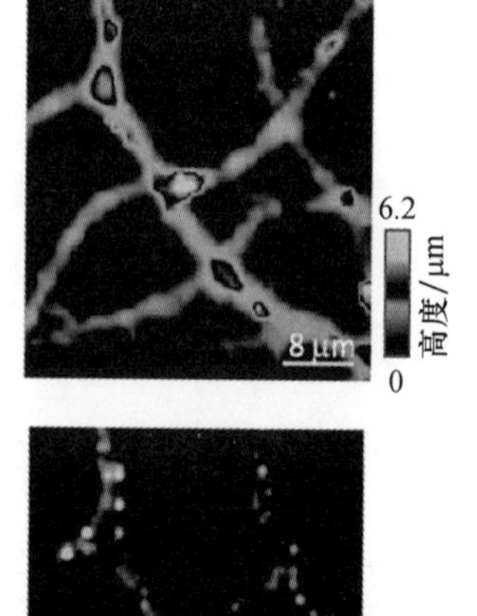

图 3.33　(a) SICM 的原理示意图（引自参考文献[119]）。(b) 海马神经元的成像对比（上：SICM，下：荧光）（引自参考文献[123]）。

与 SECM 对比，SICM 基本上是一个没有化学特异性的纯成像技术。人们也在努力使其成为一种同时成像和具有化学特性的工具，例如，采用玻璃双纳米管，把 SECM

和 SICM 进行联用[123]。SICM 探讨液/液界面的微观结构研究已在第 2 章进行了较详细的介绍，在此不再赘述。

3.6　其他化学测量技术与电化学联用

上述简单介绍了各种电化学技术以及一些光谱(光学)技术单独在研究液/液界面方面的应用，它们已经可以解决许多问题，但对于较复杂的体系，仍急需发展联用技术。目前在探讨液/液界面转移反应中，光谱电化学和电化学-质谱(EC-MS)已得到应用，在此我们仅介绍这两种联用技术。

1992 年 Kakiuchi 等开创了光谱电化学应用于研究液/液界面上的行为[124,125]。该联用技术的主要优点是，即使在穿过界面的法拉第电流包括其他的电荷转移反应情况下，也可选择性地检测某个特定的转移物种。随后 Girault 等采用类似的技术探讨了 W/DCE 界面上 $Ru(bpy)_3^{2+}$ 的转移反应[126]。

该联用技术的关键点是利用液/液界面的光学特征来反射一束光到具有较小反射率的相中[19]，例如，对于 W/DCE 界面，一束光通过有机相($n=1.442$)反射到水相($n=1.333$)，总内反射的临界角是 67.6°。采用这样的方法就要在外加电势使界面电荷转移反应发生时通过扩散层测量吸光度(图 3.34)。吸光度由如下公式给出：

$$A_{\mathrm{TIR}} = 2\varepsilon_i \int_0^x \frac{c_i(x,t)}{\cos\theta} \mathrm{d}x \tag{3.25}$$

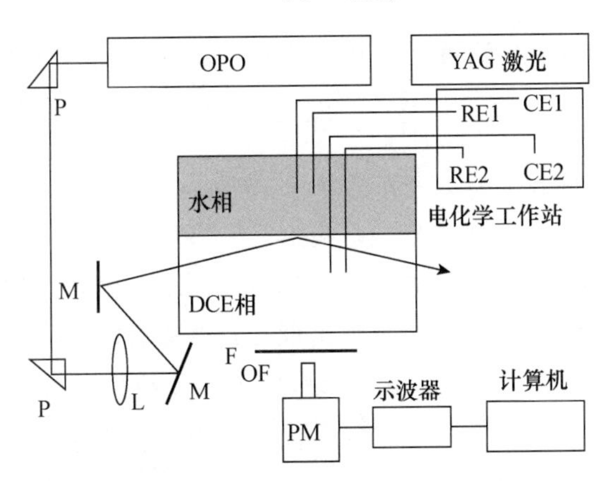

图 3.34　光谱与电化学联用的实验示意图。M，反射镜；P，棱镜；L，透镜；F，滤光器；OF，光导纤维；RE1，RE2，分别为 Ag/AgCl 或 Ag/Ag_2SO_4 参比电极；CE1，CE2，Pt 作为对电极。引自参考文献[126]。

这里 θ 是光束的入射角，ε_i 是在反射率较高的相中的摩尔吸光系数，$c_i(x,t)$是在一个离子转移反应中距离界面 x 时转移离子的浓度。总的离子浓度等于电荷转移反应通过界面的离子浓度：

$$\int_0^x c_i(x,t)\mathrm{d}x = \frac{1}{z_i FS}\int_0^t I(\tau)\mathrm{d}\tau \tag{3.26}$$

这样可以通过测量吸光度得到一个伏安吸光谱(voltabsorptogram)。例如，对于外加电势是线性扫描，通过微分变换，得到如图 3.35 所示的循环伏安图。采用同样的方法，他们还探讨了加速离子转移反应[127]、酸碱反应[128]和电子转移反应[129,130]。

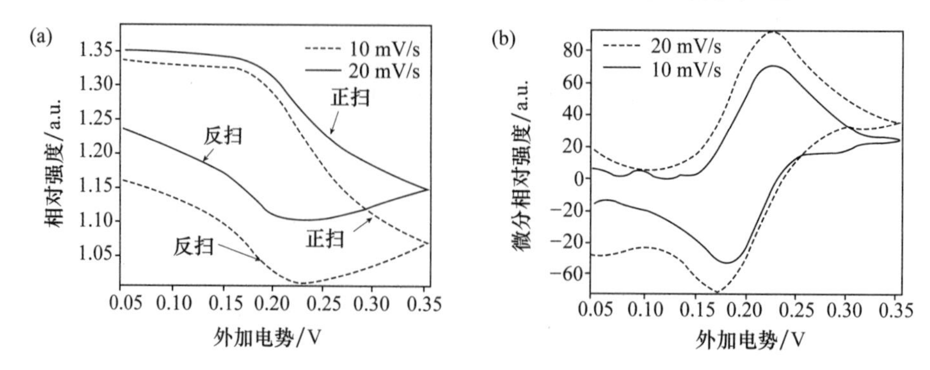

图 3.35 在外加循环电势和光束为 453 nm 的情况下，$Ru(bpy)_3^{2+}$ 在 W/DCE 界面上转移反应的吸光强度与外加电势的关系(a)及微分循环伏安吸收谱(b)(引自参考文献[126])。

如果所研究的目标分子具有荧光，这样可以测量沿着光路的总荧光强度，可以采用非常低的浓度进行研究。在近似的情况下，消失波对于荧光的贡献可以忽略不计。如果荧光物种的浓度足够小，那么可以忽略光强度的变化，这样荧光由如下公式求出：

$$F(t)=2\Phi\varepsilon_i I_0\int_0^x c_i(x,t)\,\frac{\mathrm{d}x}{\cos\theta} \tag{3.27}$$

这里 Φ 是荧光量子产率。该技术还应用于外加电势阶跃后监测转移反应来求算其动力学参数[131]。

也可能通过电势调制来测量反射率的变化。反射率与吸光度之间的关系[132]是

$$\frac{R}{R_{\mathrm{ref}}}=\exp(-A_{\mathrm{TIR}}) \tag{3.28}$$

Girault 等采用电势调制的荧光光谱法(potential modulated fluorescence spectrometry, PMF)研究了荧光染料的转移反应与吸附[133]。如图 3.36 所示，$Ru(bpy)_3^{2+}$ 具有准可逆的离子转移行为，而带电荷的锌卟啉，即 $ZnTMPyP^{4+}$ 和 $ZnTPPS^{4-}$，在离子转移电势附近吸附。带负电荷 $ZnTPPS^{4-}$ 的吸附出现在式电势后，而带正电荷 $ZnTMPyP^{4+}$ 的吸附则在式电势前后都有。另外，PMF 还可用来区分是从水相还是有机相进行吸附的；同时 PMF 与激发的光束的极性相关，可用来估算分子的平均取向。

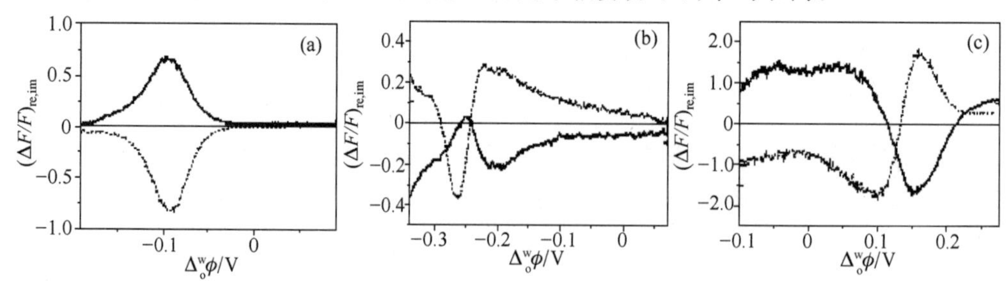

图 3.36 典型的离子转移与吸附 PMF 谱：(a) $Ru(bpy)_3^{2+}$；(b) $ZnTPPS^{4-}$；(c) 实线和虚线分别是实部和虚部。浓度均为 2.5×10^{-5} mol·L^{-1}，调制电势是 10 mV，频率是 6 Hz。引自参考文献[133]。

另外一种光谱与电化学联用技术是光化学诱导的离子转移反应，是由 Kotov 和 Kuzmin 开创的[134-137]。其基本原理是，由光在界面附近产生离子，观察到的光电流与离子转移相关，界面极化保持在准恒定，光电流不受界面 RC 时间常数的影响。他们重点探讨了两个体系：卟啉（在 540～580 nm 激发）被苯醌湮灭；苯醌（在 313～365 nm 激发）被四苯硼阴离子湮灭。Samec 等采用类似的技术研究了四芳基硼和四芳基砷作为发光体，产生更多的亲水性的桥连四芳基中间体[138,139]。

早在 1971 年，Bruckenstein 和 Gadde 就实现了电化学与质谱的联用（EC-MS）[140]。最近几年 EC-MS 发展迅速，已在探索复杂电化学反应机理和俘获反应中间体方面发挥着越来越重要的作用。Chen 和 Zare 等[141,142]采用水车式的电极把 DESI（desorption electrospray ionization）-MS 与电化学反应机理研究耦合起来，用于检测尿酸氧化反应的中间体二亚胺自由基，以及 N,N-二甲基苯胺电化学反应的中间体自由基。受他们工作的启发，我们和北大罗海课题组合作，基于上述介绍的杂化碳微米电极，结合 Cooks 等所采用的压电枪作为电喷雾器[143]，发展了一种新型的可应用于实时、现场探测电化学反应的电化学-质谱（EC-MS）联用技术[78,79]（图 3.37）。其中的关键是杂化碳微米电极：一根管子灌入待测溶液，并插入一根 Ag/AgCl 参比电极，另外一根管子用高温裂解丁烷制备成碳微米电极，通过导电胶与一根银丝相连，这样由该杂化电极可单独形成一个微电化学池，在外加电势的情况下进行电化学反应；同时，压电枪可通过在距离杂化电极尾部约几毫米处施加高电压，使另外一根管子中的溶液喷雾出去。由于两根管子之间的隔膜通常小于 1 μm，喷雾的溶液可以带着碳微米电极表面的电化学反应物、产物和中间体一起进入质谱进行检测。借助于质谱强大的定性能力，这种联用技术为实时、现场探索复杂电化学反应提供了可能。

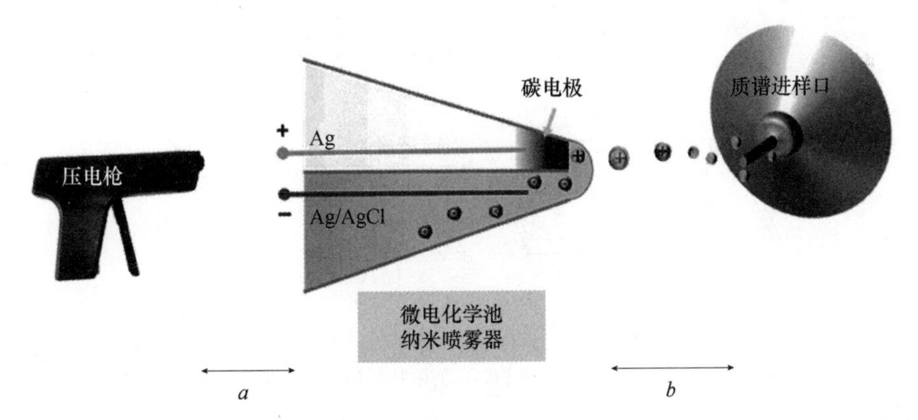

图 3.37 电化学-质谱联用技术示意图。a 和 b 分别是压电枪与电化学池和电化学池与质谱进样口之间的距离（2～5 mm）。引自参考文献[79]。

Girault 课题组是最先应用质谱研究液/液界面体系的[144-146]。他们采用双通道微流控系统，外加压力使水相和有机相分别在两个通道中喷出，在 Taylor 圆锥处混合反应，由质谱的质荷比 m/z 可得出溶于有机相中的磷脂与水相中不同金属形成不同配合物的情况。另外，他们还探讨了吸附在液/液界面上的酶。这些工作均是单独的质谱研究工作,没有把电化学与质谱联用。刘宝红等[147]采用如图 3.38 所示的实验装置,探讨了液/液界面上氧化还原的过程,观察到一些中间产物。该实验装置存在两个问题:(1) 电喷雾出来的是两相的混合溶液,很难区分界面反应;(2) Y 形微流控喷雾装置与质谱进样口之间有一段不锈钢管,增加了质谱检测短寿命反应中间体和产物的难度。

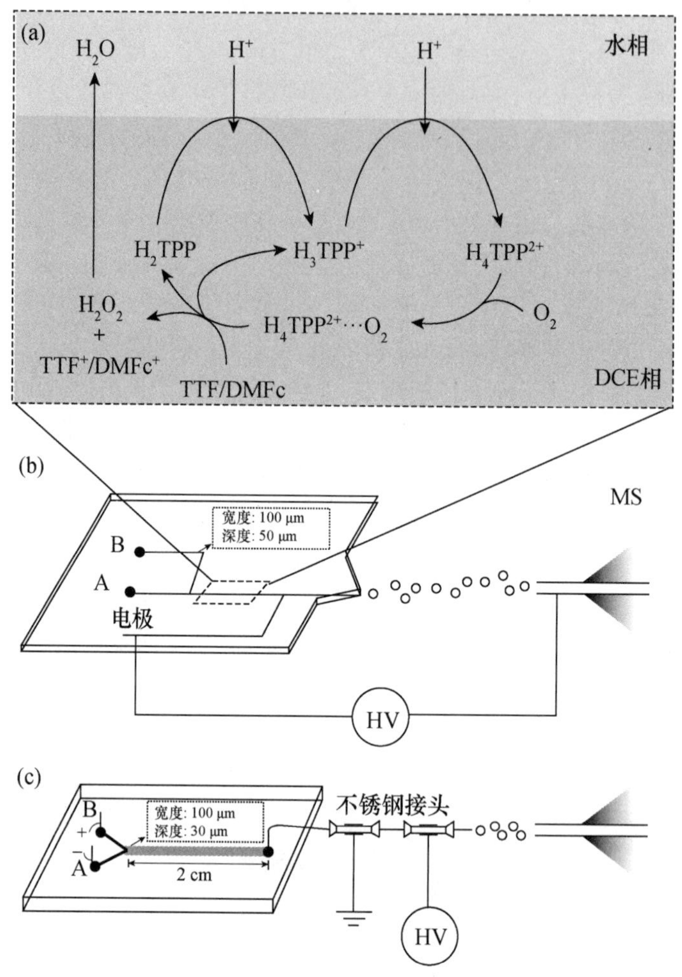

图 3.38 (a) 在 W/DCE 界面上氧化还原的反应机理;(b) Y 形微流控与质谱耦合探索两相反应的产物示意图;(c) A 通道为有机相、B 通道为水相、外加电势的装置示意图(引自参考文献[147])。

为了解决上述存在的问题,我们课题组发展了制备和表征凝胶杂化超微电极的方法[78]。在制备超微双玻璃管电极的基础上,将含有支持电解质的琼脂粉(水相)或 PVC 粉(有机相)加热,使它们全部溶解后快速从玻璃管末端灌入一个玻璃管通道内,待温度降到室温,就得到了想要的琼脂杂化电极或 PVC 杂化电极[图 3.39(a)]。为了得到良好的杂化电极,关键是要对玻璃管进行外壁硅烷化,以防止琼脂出来。采用环境电镜,我们表征了所制备的琼脂杂化电极[图 3.39(b)]。

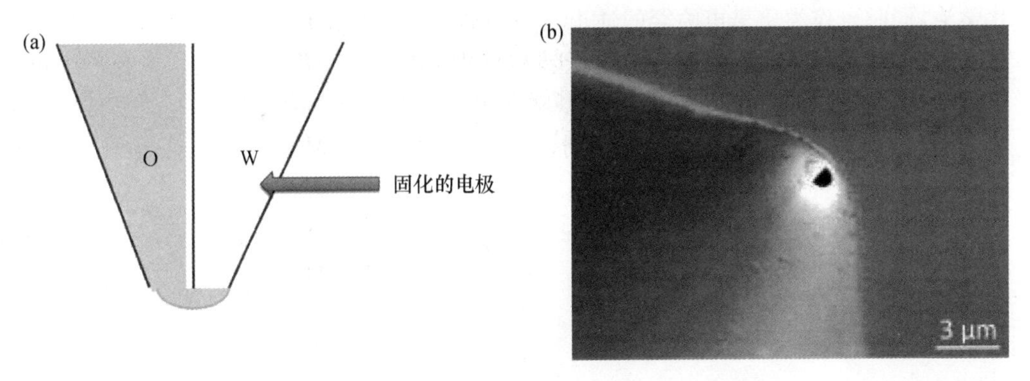

图 3.39　(a) 凝胶杂化电极的示意图(这里是琼脂杂化电极);(b) 琼脂杂化电极的环境电镜图(引自参考文献[78])。

采用上述杂化超微电极,并结合我们所发展的 EC-MS 联用技术[79],我们探讨了一类经典的液/液界面上发生的质子耦合电子转移反应(PCET)的机理(图 3.40)。即在有机相中存在二茂铁(Fc)和钴-四苯基卟吩(CoTPP)的情况下,从水相(或类水相,例如琼脂)中转移来的质子激发的氧化还原反应[图 3.40(b)]。

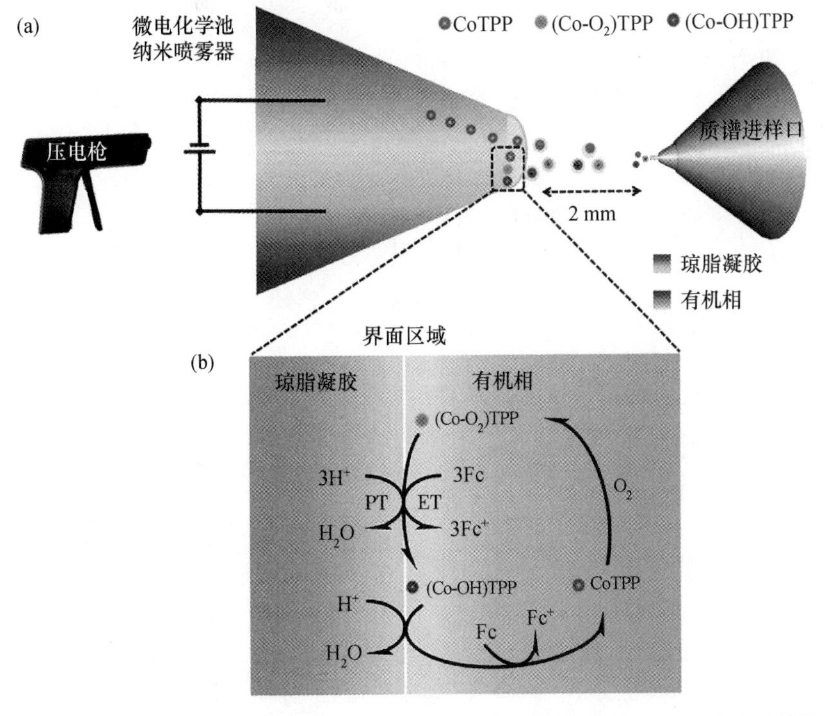

图 3.40　(a) EC-MS 实验装置示意图;(b) 该 PCET 反应可能的机理(引自参考文献[78])。

我们所发展的琼脂杂化超微电极和 PVC 杂化超微电极可以满足这样的需要:例如,对于琼脂电极而言,杂化电极的一个通道是琼脂电极,另外一个通道是含有催化剂的有机相,它们在电极尖端形成液/琼脂界面。该琼脂杂化电极不仅构成了一个微电化学池,同时也作为质谱电喷雾的通道。在微电化学池外加电势,使质子从琼脂相转移到有机相,从而激发有机相中的电子转移反应[图 3.40(b)];当压电枪进行脉冲电喷雾时,可使发生在界面的反应产物、中间体等一起进入质谱检测器中,得到相对应的 m/z 峰。分析这些质谱峰,就可俘获到一些重要的中间体(图 3.41)。

彩图 3.41

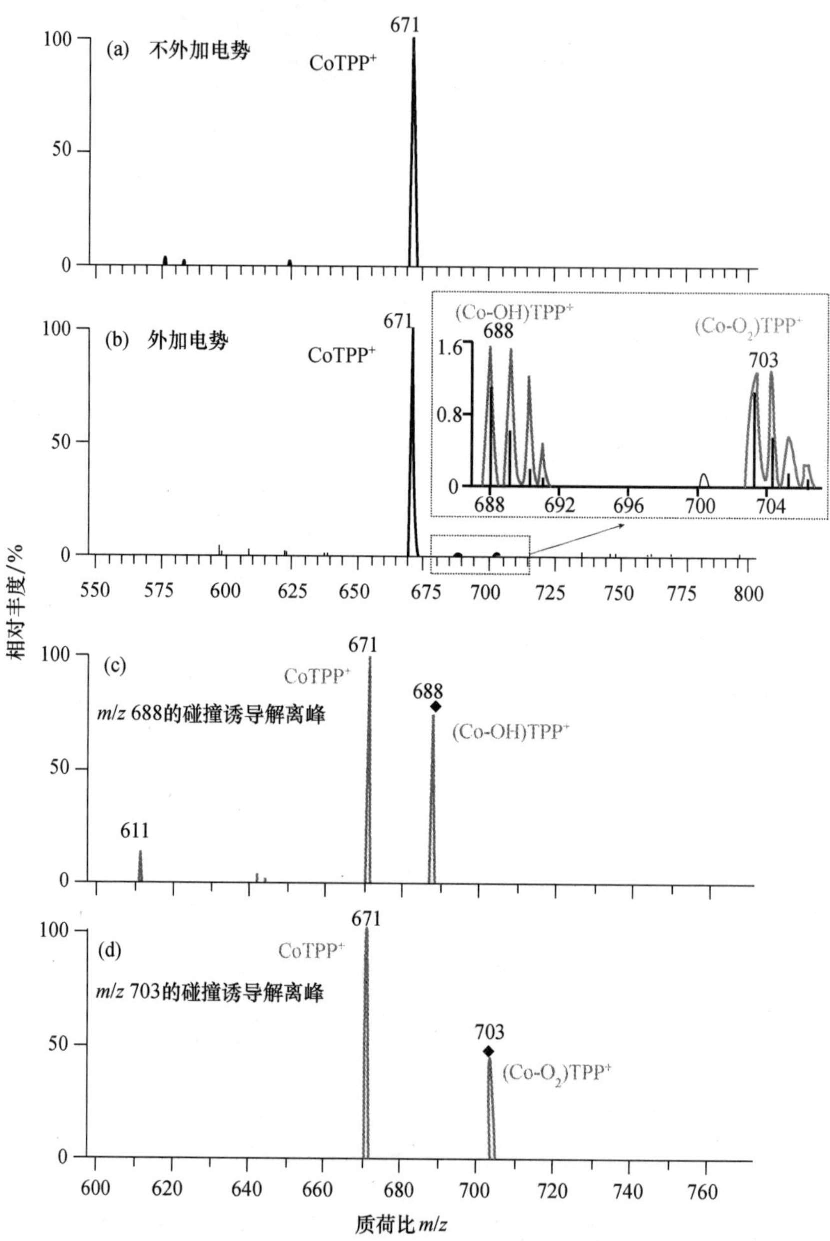

图 3.41 (a) 当电化学池不外加电势时的质谱图;(b) 当电化学池外加电势是 0.7 V 时所得到的质谱图,插图是(Co-OH)TPP^+ 的同位素分布图(蓝色);(c) m/z 688 的二次质谱的 CID(collision-induced dissociation,碰撞诱导解离)谱;(d) m/z 703 的二次质谱的 CID 谱。所采用的电化学池:Ag/AgCl/2%琼脂 + 10 mmol·L^{-1} LiCl + pH 2.0 H_2SO_4//50 μmol·L^{-1} BTPPATPBF$_5$ + 5 mmol·L^{-1} Fc + 0.5 mmol·L^{-1} CoTPP(DCE)/AgTPBF$_5$/Ag。引自参考文献[78]。

对于该 PCET 反应，目前主要有两种机理：四电子反应机理（机理Ⅰ）与二电子反应机理（机理Ⅱ）。

$4e^-$ 机理：

$Co^{II}TPP + O_2 \longrightarrow (Co^{II}\text{-}O_2)TPP/(Co^{III}\text{-}O_2^{-\cdot})TPP$

$(Co^{III}\text{-}O_2^{-\cdot})TPP + Fc + H^+ \longrightarrow (Co^{III}\text{-}O_2H)TPP + Fc^+$

$(Co^{III}\text{-}O_2H)TPP + 2Fc + 2H^+ \longrightarrow (Co^{III}\text{-}OH)TPP + 2Fc^+ + H_2O$

$(Co^{III}\text{-}OH)TPP + H^+ \longrightarrow Co^{III}TPP^+ + H_2O$

$Co^{III}TPP^+ + Fc \longrightarrow Co^{II}TPP + Fc^+$

$2e^-$ 机理：

$Co^{II}TPP + O_2 \longrightarrow (Co^{II}\text{-}O_2)TPP/(Co^{III}\text{-}O_2^{-\cdot})TPP$

$(Co^{III}\text{-}O_2^{-\cdot})TPP + Fc + H^+ \longrightarrow (Co^{III}\text{-}O_2H)TPP + Fc^+$

$2(Co^{III}\text{-}O_2H)TPP + 2Fc + 2H^+ \longrightarrow 2(Co^{III}\text{-}OH)TPP + 2Fc^+ + H_2O_2$

$2(Co^{III}\text{-}OH)TPP \longrightarrow 2Co^{II}TPP + H_2O_2$

目前大家的共识是，该反应在均相中进行时，主要是反应机理Ⅱ；而在异相中进行时，主要是机理Ⅰ。两者除了最终产物不同外，一个是 H_2O_2，另一个是 H_2O，中间体相同。通过该 EC-MS 联用技术，我们俘获到两个关键的中间体：(Co-OH)TPP 和 (Co-O_2)TPP，进一步证实了前人所提出的机理的正确性。为了区分四电子和二电子反应机理，需要结合光谱实验和理论模拟（DFT）。最后我们证实，在液/液界面的该 PCET 反应是通过四电子转移反应进行的。

采用 PVC 杂化超微电极与 EC-MS 联用，即 PVC 作为固态电极，喷雾水相，质谱仅能够得到 Fc^+ 的信号。可能是由于 PVC 相中相关化合物的扩散系数极低，质谱无法检测到中间体。

上述的工作仍没有彻底解决如何将电化学与质谱联用来探讨液/液界面。虽说凝胶杂化电极的应用不影响该 PCET 反应机理研究，这是因为整个反应的发生仅需要质子的激发，在外加电势的作用下，质子可从琼脂相转移到有机相中，但如果一根管子灌有机相，另外一根灌水相，一方面一段时间后界面凹到有机相一侧，很难进行检测；另一方面，在脉冲喷雾作用下，两相同时喷出，在 Taylor 圆锥中是混合物，很难得到界面反应的中间体。因此，今后仍需要想方设法解决该问题。

参考文献

[1] Samec Z, Mareček V, Weber J. J Electroanal Chem, 1979, 100: 841.
[2] Samec Z. Pure Appl Chem, 2004, 76: 2147.
[3] Shao Y. PhD Thesis. Edinburgh University, 1991.
[4] Koryta J, Březina M, Vanysek P. J Electroanal Chem, 1976, 67: 263.
[5] Kihara S, Yoshida Z. Fujinaga, Bunseki Kagaku, 1982, 31: E297.
[6] 邵元华，李培标，赵藻藩，鲁义难，刘正义，汪周书. 分析仪器，1987，4：34.

[7] 邵元华,赵藻藩. 科学通报,1988,2:152.
[8] Gros M, Gromb S, Gavach C. J Electroanal Chem, 1978, 89: 29.
[9] Kakiuchi T, Senda M. Bull Chem Soc Jpn, 1983, 56: 1322.
[10] Girault H H, Schiffrin D J, Smith B D V. J Colloid Interface Sci, 1984, 101: 257.
[11] Girault H H, Schiffrin D J. J Electroanal Chem, 1983, 150: 43.
[12] Girault H H, Schiffrin D J, Smith B D V. J Electroanal Chem, 1982, 137: 207.
[13] Adamson A W. Physical Chemistry of Surfaces. 5th ed. New York: John Wiley, 1990: 122.
[14] Shi C, Anson F C. J Phys Chem B, 1998, 102: 9850.
[15] Marken F, Webster R D, Bull S D, Davies S G. J Electroanal Chem, 1997, 437: 209.
[16] Ball J C, Marken F, Liu F, Wadhawan J D, Blythe A N, Schroder U, Compton R G, Bull S D, Davies S G. Electroanal, 2000, 12: 1017.
[17] Scholz F, Komorsky-Lovric S, Lovric M. Electrochem Commun, 2000, 2:112.
[18] Ulmeanu S, Lee H, Fermin D J, Girault H H, Shao Y. Electrochem Commun, 2001, 3: 219.
[19] Girault H H. Electroanalytical Chemistry. Bard A J and Zoski C G, Ed. Boca Raton: CRC Press, 2010: Vol 23.
[20] Shi C, Anson F C. Anal Chem, 1998, 70: 3114.
[21] Shi C, Anson F C. J Phys Chem B, 2001, 105: 8963.
[22] Shi C, Anson F C. J Phys Chem B, 2001, 105: 1047.
[23] Chung T, Anson F C. Anal Chem, 2001, 73: 337.
[24] Lu X, Zhang H, Hu L, Zhao C, Zhang L, Liu X. Electrochem Commun, 2006, 8: 1027.
[25] Fan Y, Huang Y, Wang S, Jiang Y, Shan D, Lu X. Electrochim Acta, 2016, 190: 419.
[26] Ji L, Devaramani S, Mao X, Zhang Z, Qin D, Shan D, Zhang S, Lu X. J Phys Chem B, 2017, 121: 9045.
[27] Cheng Y, Corn R M. J Phys Chem B, 1999, 103: 8726.
[28] Slevin C, Malkia A, Liljeroth P, Toiminen M, Kontturi K. Langmuir, 2003, 19: 1287.
[29] Hoffmannova H, Fermin D J, Krtil P. J Electroanal Chem, 2004, 562: 261.
[30] Tan S, Hojeij M, Su B, Meriguet G, Eugster N, Girault H H. J Electroanal Chem, 2007, 604: 65.
[31] Santos H A, Chirea M, Garcia-Morales V, Silva F. J Phys Chem B, 2005, 109: 20105.
[32] Zhao J, Bradbury C B, Huclova S, Potapova I, Carrara M, Fermin D J. J Phys Chem B, 2005, 109: 22985.
[33] Hojeij M, Eugster N, Su B, Girault H H. Langmuir, 2006, 22: 10652.
[34] Hojeij M, Su B, Tan S, Meriguet G, Girault H H. ACS Nano, 2008, 2: 984.
[35] Stewart A A, Campbell J A, Girault H H, Eddows M. Ber Bunsen Phys Chem, 1990, 94: 83.
[36] 赵文博. 博士论文. 北京大学,2012.
[37] Zhao W, Yin X, Gao Y, Xie X, Liu S, Li B, Ji T, Zhu Z, Li X, Shao Y. J Electroanal Chem, 2012, 677: 113.
[38] Zhang M, Sun P, Chen Y, Li F, Gao Z, Shao Y. Anal Chem, 2003, 75: 4341.
[39] Gobry V, Ulmeanu S, Reymond F, Bouchard G, Carrupt P, Testa B, Girault H H. J Am Chem Soc, 2001, 123: 10684.
[40] Zhou M, Gan G, Zhong L, Su B, Niu L. Anal Chem, 2010, 82: 7857.

[41] Deng H, Huang X, Wang L, Tang A. Electrochem Commun, 2009, 11: 1333.
[42] Deng H, Huang X, Wang L. Langmuir, 2010, 26: 19209.
[43] Banks C E, Davies T J, Evans R G, Hignett G, Wain A J, Lawrence N S, Wadhawan J D, Marken F, Compton R G. Phys Chem Chem Phys, 2003, 5: 4053.
[44] Scholtz F, Gulaboski R. ChemphysChem, 2005, 6: 16.
[45] Tasakorn P, Chen J, Aoki K. J Electroanal Chem, 2002, 533: 119.
[46] Aoki K, Tasakorn P, Chen J. J Electroanal Chem, 2003, 542: 51.
[47] Aoki K, Satoh M, Chen J, Nishiumi J. Electroanal Chem, 2006, 595:103.
[48] Taylor G, Girault H H. J Electroanal Chem, 1986, 208: 179.
[49] Shao Y, Girault H H. J Electroanal Chem, 1992, 334: 203.
[50] Brown K T, Flaming D G. Advanced Micropipette Techniques for Cell Physiology. New York, Chichester: John Wiley & Sons, 1986.
[51] Shao Y, Mirkin M V. J Am Chem Soc, 1997, 119: 8103.
[52] Liu S, Li Q, Shao Y. Chem Soc Rev, 2011, 40: 2236.
[53] Zhang S, Li M, Su B, Shao Y. Annu Rev Anal Chem, 2018, 11: 265.
[54] Graham J, Gerard R W. J Cell Comp Physiol, 1946, 28: 99.
[55] Brown K T, Flaming D G. Neuroscience, 1977, 2: 813.
[56] Sakmann B, Neher E. Single-channel Recording. 2nd ed. New York and London: Plenum, 1995.
[57] Stewart A A, Taylor G, Girault H H, McAleer J. J Electroanal Chem, 1990, 296: 491.
[58] Shao Y, Osborne M D, Girault H H. J Electroanal Chem, 1991, 318: 101.
[59] Shao Y, Mirkin M V. J Electroanal Chem, 1997, 439: 137.
[60] Shao Y, Mirkin M V. Anal Chem, 1998, 70: 3155.
[61] Jonkheijm P, Weinrich D, Schroder H, Niemeyer C M, Waldmann H. Angew Chem, 2008, 47(50): 9618.
[62] Shao Y, Mirkin M V. J Phys Chem B, 1998, 102: 9915.
[63] Amemiya S, Ding Z, Zhou J, Bard A J. J Electroanal Chem, 2000, 483: 7.
[64] Campbell J A. PhD Thesis. Edinburgh University, 1991.
[65] Campbell J A, Girault H H. J Electroanal Chem, 1989, 266: 465.
[66] Wilke S, Zerihun T. Electrochim Acta, 1998, 44: 15.
[67] Josserand J, Morandini J, Lee H, Ferrigno R, Girault H H. J Electroanal Chem, 1999, 468: 42.
[68] Peulon S, Guillou V, L'Her M. J Electroanal Chem, 2001, 514: 94.
[69] Cunnane V J, Schiffrin D J, Williams D E. Electrochim Acta, 1995, 40: 2943.
[70] Sun P. Anal Chem, 2010, 82: 276.
[71] Ji T, Liang Z, Zhu X, Wang L, Liu S, Shao Y. Chem Sci, 2011, 2: 1523.
[72] Shao Y, Liu B, Mirkin M V. J Am Chem Soc, 1998, 120: 12700.
[73] Shao Y, Liu B, Mirkin M V. Anal Chem, 2000, 72: 510.
[74] Chen Y, Gao Z, Li F, Ge L, Zhang M, Zhan D, Shao Y. Anal Chem, 2003, 75: 6593.
[75] Gao Z, Li B, Zhao W, Chen Y, Hu M, Liang Z, Zhou S, Shao Y. Sci China: Chem, 2011, 54: 1311.
[76] Hu H, Xie S, Meng X, Jing P, Zhang M, Shen L, Zhu Z, Li X, Zhuang Q, Shao Y. Anal

Chem, 2006, 78: 7034.

[77] Zhang X, Wang H, Morris C, Gu C, Li M, Baker L, Shao Y. ChemElectroChem, 2016, 3: 2153.

[78] Gu C, Nie X, Jiang J, Chen Z, Dong Y, Zhang X, Liu J, Yu Z, Zhu Z, Liu J, Liu X, Shao Y. J Am Chem Soc, 2019, 141: 13212.

[79] Qiu R, Zhang X, Luo H, Shao Y. Chem Sci, 2016, 7: 6684.

[80] 李明智. 博士论文. 北京大学, 2019.

[81] Zhao Q, de Zoysa R S, Wang D, Jayawardhana D A, Guan X. J Am Chem Soc, 2009, 131: 6324.

[82] Gu C, Jia C, Guo X. Small Methods, 2017, 1: 1700071.

[83] Shim J, Tan Q, Gu L. Nucleic Acids Res, 2009, 37: 972.

[84] Luchian T, Shin S, Bayley H. Angew Chem Int Ed, 2003, 42: 3766.

[85] Xiao X, Bard A J. J Am Chem Soc, 2007, 129: 9610.

[86] Kwon S, Fan F, Bard A J. J Am Chem Soc, 2010, 132: 13165.

[87] Sepunaru L, Sokolov S V, Holter J, Young N, Compton R G. Angew Chem Int Ed, 2016, 55: 9768.

[88] Sekretaryova A, Vagin M, Turner A, Eriksson M. J Am Chem Soc, 2016, 138: 2504.

[89] Dick J, Hilterbrand A, Strawsine L, Upton J, Bard A J. Proc Natl Acad Sci, 2016, 113: 6403.

[90] Perera N, Karunathilake N, Chhetri P, Alpuche-Aviles M. Anal Chem, 2015, 87: 777.

[91] Boika A, Bard A J. Anal Chem, 2015, 87: 4341.

[92] Kleijn S, Serrano-Bou B, Yanson A, Koper M. Langmuir, 2013, 29: 2054.

[93] Zhou H, Fan F, Bard A J. J Phys Chem Lett, 2010, 1: 2671.

[94] Dasari R, Tai K, Robinson D, Stevenson K. ACS Nano, 2014, 8: 4539.

[95] Stuart E, Tschulik K, Batchelor-McAuley C, Compton R. ACS Nano, 2014, 8: 7648.

[96] Kim B, Boika A, Kim J, Dick J, Bard A J. J Am Chem Soc, 2014, 136: 4849.

[97] Toh H, Compton R. Chem Sci, 2015, 6: 5053.

[98] Peng Y, Qian R, Hafez M, Long Y. ChemElectroChem, 2017, 4: 977.

[99] Laborda E, Molina A, Fernandez Espin V, Martinez-Ortiz F, de la Torre J, Compton R G. Angew Chem Int Ed, 2017, 56: 782.

[100] Deng H, Peljo P, Huang X, Smirnov E, Sarkar S, Maye S, Girault H, Mandler D. J Am Chem Soc, 2021, 143: 7671.

[101] Huang L, Zhang J, Xiang L, Wu D, Huang X, Huang X, Liang Z, Tang Z, Deng H. Anal Chem, 2021, 93: 9495.

[102] Deng H, Dick J, Kummer S, Kragl U, Strauss S, Bard A J. Anal Chem, 2016, 88: 7754.

[103] Li Y, Deng H, Dick J. Anal Chem, 2015, 87:11013.

[104] Liu C, Peljo P, Huang X, Cheng W, Wang L, Deng H. Anal Chem, 2017, 89: 9284.

[105] Solomon T, Bard A J. Anal Chem, 1995, 67: 2787.

[106] Wei C, Bard A J, Mirkin M V. J Phys Chem, 1995, 99: 16033.

[107] Hansma P K, Drake B, Marti O, Gould S A, Prater C B. Science, 1989, 243: 641.

[108] Bard A J, Fan F, Kwak J, Lev O. Anal Chem, 1989, 61: 132.

[109] 邵元华. 分析化学,1999,27: 1348.

[110] Mirkin M V. Anal Chem,1996,68：177A.
[111] Bard A J,Fan F，Mirkin M V. Electroanalytical Chemistry. Bard A J，Ed. New York：Marcel Dekker，1993：243.
[112] Bard A J，Fan F，Mirkin M V. Physical Electrochemistry：Principles，Methods and Applications. Rubinstein I，Ed. New York：Marcel Dekker，1995：209.
[113] Ye J，Liu J，Zhang Z，Hu J，Dong S，Shao Y. J Electroanal Chem，2001，508：123.
[114] Solomon T，Bard A J. J Phys Chem，1995，99：17487.
[115] Tsionsky M，Bard A J，Mirkin M V. J Phys Chem，1996，100：17881.
[116] Tsionsky M，Bard A J，Mirkin M V. J Am Chem Soc，1997，119：10785.
[117] Andrieux C P，Seveant J M. Molecular Design of Surfaces. Murray R W，Ed. New York：John Wiley & Sons，1992：267.
[118] Barker A L，Unwin P R，Amemiya S，Zhou J，Bard A J. J Phys Chem B，1999，103：7260.
[119] Korchev Y E，Bashford C L，Milovanovic M，Vodyanoy I，Lab M J. Biophys J，1997，73：653.
[120] Korchev Y E，Bashford C L，Alder G M，Apel P T，Edmonds D T，Lev A A，Nandi K，Zima A V，Pasternak C A. Faseb J，1997，11：600.
[121] Novak P，Li C，Shevchuk A I，Stepanyan R，Caldwell M，Hughes S，Smart T G，Gorelik J，Ostanin V P，Lab M J，Moss G W J，Frolenkov G I，Klenerman D，Korchev Y E. Nat Methods，2009，6：279.
[122] Shevchuk A I，Frolenkov G I，Sanchez D，James P S，Freedman N，Lab M J，Jones R，Klenerman D，Korchev Y E. Angew Chem Int Ed，2006，45：2212.
[123] Takahashia Y，Shevchuk A I，Novak P，Babakinejad B，Macpherson J，Unwin P R，Shiku H，Gorelik J，Klenerman D，Korchev Y E，Matsue T. PNAS,2012，109：11540.
[124] Kakiuchi T，Takasu Y，Senda M. Anal Chem，1992，64：3096.
[125] Kakiuchi T，Takasu Y. J Electroanal Chem，1994，365：293.
[126] Ding Z，Wellington R G，Brevet P F，Girault H H. J Electroanal Chem，1997，420：35.
[127] Cacote M，Pereira C M，Silva F. Electroanal，2002，14：935.
[128] Ding Z，Brevet P F，Girault H H. Chem Commun，1997，2059.
[129] Ding Z，Fermin D J，Brevet P F，Girault H H. J Electroanal Chem，1998，458：139.
[130] Kakiuchi T，Takasu Y. Anal Chem，1994，66：1853.
[131] Kakiuchi T，Takasu Y. J Electroanal Chem，1995，381：5.
[132] Fermin D J，Ding Z，Brevet P F，Girault H H. J Electroanal Chem，1998，447：125.
[133] Nagatani H，Iglesias R A，Fermin D J，Brevet P F，Girault H H. J Phys Chem B，2000，104：6869.
[134] Kotov N A，Kuzmin M G. J Electroanal Chem，1990，285：223.
[135] Kotov N A，Kuzmin M G. J Electroanal Chem，1992，338：99.
[136] Kotov N A，Kuzmin M G. J Electroanal Chem，1992，341：47.
[137] Kotov N A，Kuzmin M G. J Electroanal Chem，1992，327：47.
[138] Samec Z，Brown A R，Yellowlees L J，Girault H H，Base K. J Electroanal Chem，1989，259：309.
[139] Samec Z，Brown A R，Yellowlees L J，Girault H H. J Electroanal Chem，1990，288：245.
[140] Bruckenstein S，Gadde R. J Am Chem Soc，1971，93：793.

[141] Brown T A, Chen H, Zare R N. J Am Chem Soc, 2015, 137: 7274.
[142] Brown T A, Chen H, Zare R N. Angew Chem Int Ed, 2015, 54: 11183.
[143] Li A, Hollerbach A, Luo Q, Cooks R G. Angew Chem Int Ed, 2015, 54: 6893.
[144] Prudent M, Mendez M A, Jana D F, Corminboeuf C, Girault H H. Metallomics, 2010, 2: 400.
[145] Stockmann T J, Lu Y, Zhang J, Girault H H, Ding Z. Chem - Eur J, 2011, 17: 13206.
[146] Alvarez de Eulate E, Qiao L, Scanlon M D, Girault H H, Arrigan D W M. Chem Commun, 2014,50: 11829.
[147] Liu S, Zheng W, Qiao L, Liu B. Sci Rep, 2017, 7: 46669.

第4章　液/液界面电分析化学的应用

本章主要涉及液/液界面电分析化学的应用，以及在该研究领域中所发展的方法与技术的应用，例如超微玻璃管的应用，杂化超微电极的应用等。

4.1　电荷在液/液界面上转移反应的热力学和动力学参数测量

对于一种电荷在液/液界面上的转移反应，人们首先想知道的是其热力学和动力学行为，这就涉及如何测量该反应的热力学和动力学相关的参数，例如，反应的标准电势（电位）、扩散系数、可逆行为、反应机理等。利用第3章所介绍的电化学技术与其他技术，人们可以得到这些界面转移反应的基本参数，进而加深了解和应用该界面反应。

与经典电化学（固/液界面）研究一样，较常用的研究范式是首先构建一个大的液/液界面（mm～cm），进行循环伏安法实验，得到一张循环伏安图。通过分析该图可以较容易地得到该界面反应的标准电势（通常通过加入一个已知其标准电势的物种作为内参比）；通过分析其两个峰电流的比和峰电势的差，可知道该反应的可逆行为。如果两个峰电流的比等于1或接近于1，电势差为59 mV/n的话，该界面转移反应在该实验条件下是可逆的，否则为不可逆过程。通过不同扫描速度下电流与扫描速度的关系，可以求算出该离子转移过程的扩散系数。对于不同相中含有不同电对之间的电子转移过程，实验过程基本同上。对于加速离子转移反应，由于涉及四种反应机理，通常需要控制配体的浓度远远小于被加速离子的浓度，或者相反。由公式（2.95）可知，通过改变配体的浓度，由半波电势的变化可求算得到其配位常数以及配位比。

在目前所有液/液界面相关研究中，最常用的用于构筑液/液界面的有机相是硝基苯（NB）和1，2-二氯乙烷（DCE），两者均具有较强的毒性。由于环境保护的要求和进一步拓宽电势窗的需要，人们在最近十几年一直致力于探索和合成新的有机相作为构筑液/液界面的新材料[1]。从液/液界面电分析化学以及绿色化学的角度来看，有机溶剂中的三氟甲苯(trifluorotoluene, TFT)(及其衍生物)、邻硝基苯辛醚(*o*-nitrophenyl octyl ether, NPOE)，离子液体中的四[3,5-二(三氟甲基)苯基]硼酸四庚基铵(C18IqTFPB)由于其电势窗较宽，环境污染及毒性相对较小等因素有望成为NB和DCE两种经典溶剂的替代品。而随着更多被设计出的目标有机分子(溶剂)的出现，基于这种强疏水结构的有机溶剂、离子液体以及支持电解质均极有可能逐步摆脱当前液/液界面电分析化学研究受限于有机溶剂的困境，为进一步拓宽液/液界面的研究内容和适用环境及应用打下基础。

构筑一个新的液/液界面体系，通常最先要了解的是其电势窗有多大。较宽的电势窗可以提供一个研究其他体系的舞台。如果得到的电势窗不宽，例如小于300 mV，能够研究的体系会比较少，因此进一步探讨的意义不大。根据前人研究工作[2-5]，一个液/液界面电势窗的大小，通常主要与所选择的有机相、支持电解质及浓度密切相关。例如，以BTPPATPBCl作为NB相中的支持电解质，以LiCl作为水相中的支持电解质，得到的电势窗并不比以TPATPB作为NB相中的支持电解质大；相反，以DCE作为有机相，BTPPATPBCl作为支持电解质要比TBATPB大很多。两相中的支持电解质均有可能是决定电势窗的离子，那么如何进行判断？特别是在缺乏基本的热力学数据的情况下，这就需要采用我们在第3章中所介绍的玻璃微米管电极。正如第3章图3.10所示，由于玻璃微米管特殊的几何形状，离子从管外相进入到管内相是半球形转移，而反过来从管内相到管外相转移，由于受到管大小的限制，是线性扩散。这样由于其特殊的几何形状会导致不对称的扩散场，从而得到不对称的循环伏安图，即线性扩散是峰形电流，而半球形扩散得到的是稳态电流。该不对称循环伏安法可以帮助人们区分哪种离子是限制电势窗的主要原因。在实验中很容易区分峰形和稳态电流，例如，图4.1是在W/DCE界面上在不同支持电解质存在下所观察到的电势窗[6]。图4.1(a)是基于电化学池1所观察到的电势窗(有机相 vs. 水相)，在负电势末端，电势窗可能是由Li^+从水相转移出来到有机相或者是$TPBCl^-$从管外的有机相转移进入到水相所限制的。由于没有热力学数据，无法进行预测，但从其循环伏安图可以进行判断。该负电势端反向扫描没有峰形电流，表明该电流是由于一种离子从管外返回到管内所致，因此，该端限制电势窗的离子是Li^+。正向扫描对应的离子转移(从管内水相到管外有机相)电流是峰形的，而无峰形电流是因为在反向扫描时，转移到管外(有机相)的离子回到管内所致。对于电势窗的正端，可能由水相的Cl^-或有机相中的TBA^+决定。当电势扫描反向时，观察到峰形电流。这表明，所观察到的电流对应于一种线性扩散的过程，即有机相中的离子在正向扫描时进入到管内，反向扫描时从水相回到有机相，这样TBA^+是限制正向电势窗的离子。

基于同样的原理，对于图4.1(b)和(c)进行分析，得出(b)图中的电势窗负、正两端分别是由TPB^-和TBA^+决定的；而(c)图中的电势窗负、正两端分别是由TPB^-和Li^+决定的。

玻璃微米管电极对于液/液界面研究的另外一个重要贡献是在探讨加速离子转移反应机理方面，我们在第2和3章中均提到过，在此将进行详细介绍。自从20世纪

70年代末Koryta开创了加速反应(FIT或AIT,辅助离子转移)[7]以来,该研究方向受到了广泛的关注,各种阳离子与阴离子的加速转移反应均有报道[2-5,8]。在加速离子转移机理研究方面,人们也已付出了大量的心血。例如,Freiser等借用常规电化学机理研究中的术语,即E、EC和CE反应来描述FIT的机理[9],显然这种命名法容易产生误解。Girault等采用玻璃微米管支撑的微米级液/液界面,研究了二苯基-18-冠-6(DB18C6)加速钾离子在W/DCE界面上的FIT反应,由实验结果他们提出了加速离子转移反应的四种机理[10]:先水相配位后转移(ACT)、先转移到有机相后进行配位(TOC)、由界面配位引发的转移(TIC)和由界面离解引发的转移(TID)(见图2.29)。其基本的热力学公式见第2章相关讨论。在进行配合物化学计量研究中,该命名法很容易进行扩展。例如,对于有机相中转移反应紧接着两步配位反应的2∶1的体系,可简称为TOC-OC;对于一个1∶1的界面配位反应紧接着在有机相中第二个配体配位上去的体系,可简称为TIC-OC。

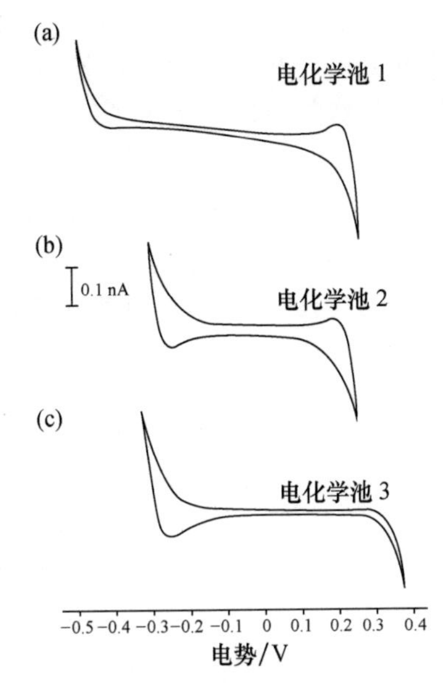

图4.1 在不同支持电解质存在下所观察到的W/DCE界面的电势窗循环伏安图:(a) 电化学池1: Ag/AgCl/10 mmol·L^{-1} LiCl (W)//1 mmol·L^{-1} TBATPBCl(DCE)/1 mmol·L^{-1} TBACl/AgCl/Ag;(b) 电化学池2: Ag/AgCl/10 mmol·L^{-1} LiCl (W)//1 mmol·L^{-1} TBATPB/1 mmol·L^{-1} TBACl(DCE)/AgCl/Ag;(c) 电化学池3: Ag/AgCl/100 mmol·L^{-1} NaCl, 1 mmol·L^{-1} TPBNa/1 mmol·L^{-1} BTPPATPB (DCE)//10 mmol·L^{-1} LiCl(W)/AgCl/Ag(引自参考文献[6])。

采用半径15～20 μm的玻璃管和如下的电化学池,我们探讨了W/DCE界面上DB18C6加速K^+的转移反应:

Ag/AgCl/x mol·L^{-1} KCl//0.4 mmol·L^{-1} DB18C6+10 mmol·L^{-1} TBATPBCl/10 mmol·L^{-1} TBACl/AgCl/Ag

这里x=0.01,0.1或1。 电化学池4.1

正如图 3.11(b)所示[为了讨论的方便，这里作为图 4.2(a)]，当水相中 K^+ 浓度远远大于有机相中的 DB18C6 浓度时(该条件下可大大简化分析，同时该液/液界面简化为金属/电解质界面)，观察到的循环伏安图是稳态曲线。这是因为向前扫描时该转移过程是由 DB18C6 扩散到微米级液/液界面，反向扫描时是由配位离子离开微界面，即 TIC/TID 机理。为了研究反向过程，采用的电化学池如下：

Ag/AgCl/y mol·L^{-1} KCl//0.4 mmol·L^{-1} KTPBCl＋0.4n mmol·L^{-1} DB18C6＋10 mmol·L^{-1} TBATPBCl/10 mmol·L^{-1} KCl/AgCl/Ag　电化学池 4.2

当 $n=1$ 时，即 KTPBCl 与 DB18C6 两者在 DCE 相中是等摩尔的，由于 K^+ 与 DB18C6 在 DCE 的配位常数比较大($\lg K>10$[11])，因此，可以假设在 DCE 相中形成约 0.4 mmol·L^{-1} 的$(KDB18C6)^+TPBCl^-$盐。正电势处所得到的稳态电流是由于配位离子从 DCE 相转移到水相所致。在负电势处出现较小的波可能是由于不完全配位剩余的 DB18C6 加速离子所致[图 4.2(b)]。由于两者所用参比电极不同，故电势窗范围不同。

对于 $n>1$ 的情况，所观察到的循环伏安图包含了(a)和(b)的特征[例如，图 4.2(c)为 $n=2$ 的情况]，其在 x 轴的截距为该加速离子转移的式电势。这个循环伏安图类似于当一个金属超微电极插入到含有等摩尔浓度氧化还原电对的溶液中得到的循环伏安图。然而，仔细分析图 4.2(c)可以看出，两者浓度虽然相同，但得到的稳态电流不同，这主要是因为配位离子与配位体两者的扩散系数不同。在研究了 $n=2\sim5$ 的情况后，他们得出两者之比为 1.6，即 DB18C6 的扩散系数要比 $KDB18C6^+$ 的大 1.6 倍。

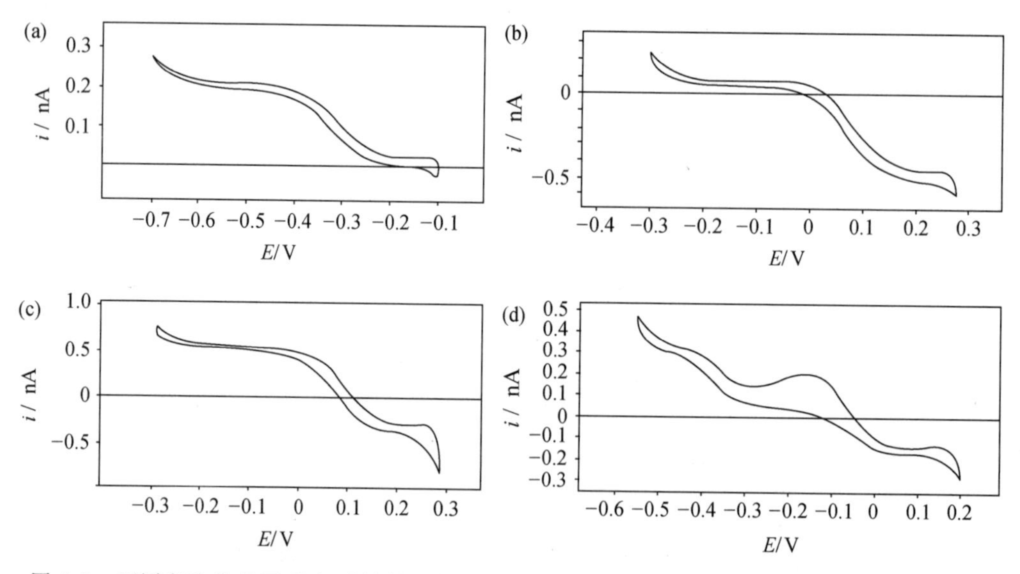

图 4.2　不同实验条件下观察到的循环伏安图：(a) 采用电化学池 4.1 得到的，扫描速度为 100 mV·s^{-1}；(b) 采用电化学池 4.2 得到的($n=1$)；(c) 采用电化学池 4.2 得到的($n=2$)；(d) 采用电化学池 4.3 得到的。(b)～(d)，扫描速度均为 50 mV·s^{-1}。引自参考文献[10]。

图 4.2(a)～(c)中的稳态电流清楚地表明配位离子没有进入到水相，而是在界面

上发生了离解(否则会有峰形电流出现),即TID机理。为了验证上述分析的正确性,我们用LiCl取代KCl,采用如下电化学池进行了研究:

Ag/AgCl/10 mmol·L^{-1} LiCl//0.4 mmol·L^{-1} KTPBCl+0.8 mmol·L^{-1} DB18C6+10 mmol·L^{-1} TBATPBCl/10 mmol·L^{-1} KCl/AgCl/Ag 电化学池4.3

得到如图4.2(d)所示的循环伏安图。该图与图4.2(c)相比有两点不同:(1) 在负电势处,在Li^+转移峰之前可观察到DB18C6加速Li^+转移的稳态电流波;(2) 在电势窗的中间处可观察到离解回到水相的K^+转移到界面的峰。

电荷(电子和离子)在液/液界面上的转移反应动力学一直是该领域研究的热点和难点[2-5]。正如我们在前面章节中讨论的那样,1997年前只有SECM能够提供可靠的动力学参数的测量。1997年Shao和Mirkin将玻璃管拉制到纳米级,提出了另外一种测量动力学常数的方法——玻璃纳米管伏安法(nanopipette voltammetry)[12]。通常液/液界面上的离子(简单离子和加速离子)转移反应很快,很难测定。一个转移过程的可逆性与所采用的电极大小有关,例如,对于经常研究的DB18C6加速K^+在W/DCE界面上的转移反应在大的界面(mm~cm)是可逆的,甚至在微米级的液/液界面上也是可逆的,这样无法求算动力学参数。在整个转移过程中,传质(主要是扩散)与界面转移过程是一个串联过程,如果想测量界面转移过程的动力学参数,一个方法是提高扩散过程的速率。由于电极上扩散过程与电极的大小成反比($m_d \propto 1/a$,a是电极半径),可能的办法是减小电极的半径。基于这样的分析,他们拉制了几个纳米级大小的玻璃管,将液/液界面支撑在玻璃纳米管尖端,形成纳米级的液/液界面。基于Mirkin和Bard所发展的循环伏安图进行"三点法"[13]和数据拟合分析,Shao和Mirkin得到了DB18C6加速K^+在W/DCE界面上的转移反应的动力学参数。通常估算传质速率的近似方法是$m_d=D/a$,如果D(扩散系数)为5×10^{-5} $cm^2 \cdot s^{-1}$,采用一根半径为5 nm的玻璃管电极$m_d=100$ cm·s^{-1},那么测量$k^0=10$ cm·s^{-1}左右的转移反应速率常数应该是没有问题的,即传质速率远远大于转移反应速率。如图4.3所示,他们观察到当玻璃管电极半径在54 nm时[图4.3(a)],得到的循环伏安图基本上是可逆的;但进一步减小电极半径到5 nm时,循环伏安图呈现明显的准可逆行为[图4.3(b)]。这样就可以采用"三点法"或数据拟合进行分析,通过一系列实验,求算得到$k^0=(1.3\pm0.6)$ cm·s^{-1},$\alpha=0.4\pm0.1$。该标准速率常数比已报道的要快10倍左右[12]。

在解释电极过程中,如果所采用的电极是均匀可及电极(uniformly accessible electrode),即在电极表面各处的物质流量是相同的[14],那么就容易得多。均匀可及电极包括旋转圆盘电极、半球形微电极、极谱中采用的滴汞电极,以及薄层电化学中的薄层电极。而其他电极为非均匀可及电极(nonuniformly accessible electrode),例如,常用的固体超微圆盘电极看似简单,但不是均匀可及电极。Mirkin和Bard提出了一种简便、快速的通过超微电极获取稳态伏安图,从而基于($E_{1/4}-E_{1/2}$)和($E_{1/2}-E_{3/4}$)得到准可逆反应动力学常数的方法(简称为三点法)[13]。这里$E_{1/2}$是半波电势,$E_{1/4}$和$E_{3/4}$是相应的四分位电势,它们可直接从伏安图上读出。得到这些数据后直接查表就可得到相应的动力学常数,例如k^0和α。该方法具有如下的优点,已被广泛应用：(1) 方法简便易用，只需要得到一个高质量的循环伏安图；(2) 可容易地得到三个实验数据，即 $E_{1/4}$、$E_{1/2}$ 和 $E_{3/4}$；(3) 通常可消除 iR 降的影响和减小充电电流的影响；(4) 适用范围广。该方法同时给出了均匀可及电极及超微圆盘电极的相关数据表。

图 4.3(a)中的插图是扣除背景前的伏安图(1)及背景电流(2)。通常扣除背景比较容易做到：将一次拉制得到的两根基本相同的玻璃纳米管分别用一根做背景（不加DB18C6）扫描，另外一根做加速离子扫描。注意需要扫描速度一样，扫描电势范围一样。

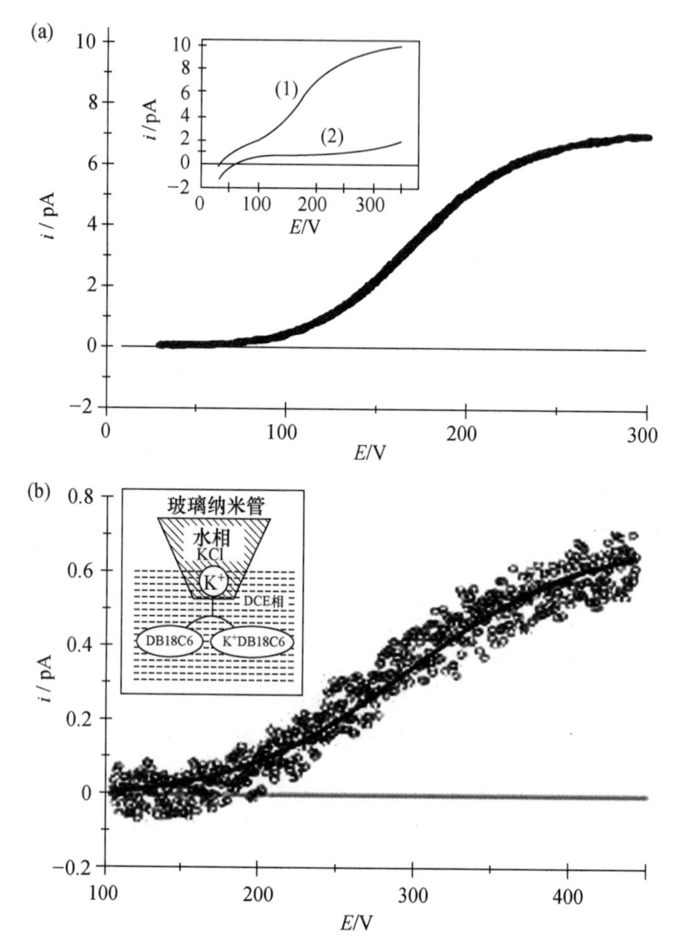

图 4.3　DB18C6 加速 K^+ 在 W/DCE 界面上转移的扣除背景电流的循环伏安图。采用的玻璃管电极半径分别是(a)：54 nm；(b)：5 nm。DCE 相中含有 0.25 mmol・L^{-1} DB18C6 (a)和 10 mmol・L^{-1} DB18C6(b)；水相中含有 100 mmol・L^{-1} KCl(a)与 10 mmol・L^{-1} KCl(b)；扫描速度 20 mV・s^{-1}。引自参考文献[12]。

我们在第 3 章中较详细地介绍了 SECM 在液/液界面上电荷转移反应动力学研究中的应用[15-17]。他们所探讨的体系均是非极化的体系，即采用共同离子来控制界面电势。这与通常液/液界面电化学或电分析化学研究的极化界面不同，但不知如何比较两种方法所得到的数据？为了解决该问题，我们将与 Girault 教授合作提出的液滴三电极系统[18]与 SECM 相结合，解决了 SECM 无法研究极化液/液界面的问题。

我们首先采用玻璃纳米管电极作为 SECM 的探头，将液滴三电极系统作为欲探讨的界面（基底）（图 4.4），这样可以在外加电势的作用下，获取 DB18C6 加速 K^+ 在 W/DCE 界面上转移反应的动力学行为[19]。图 4.4(a)是 SECM 与液滴三电极系统结合的示意图；图 4.4(b)是在外加不同电势时所得到的渐进曲线和分析渐进曲线得到的动力学常数与外加电势的关系。相关的速率常数可由图 4.4(b)中的插图的截距和斜率求算为 $k^0=(0.7\pm0.3)\ \mathrm{cm\cdot s^{-1}}$，$\alpha=0.56\pm0.08$。这些数值与通过玻璃纳米管伏安法得到的近似，但略小[12]。

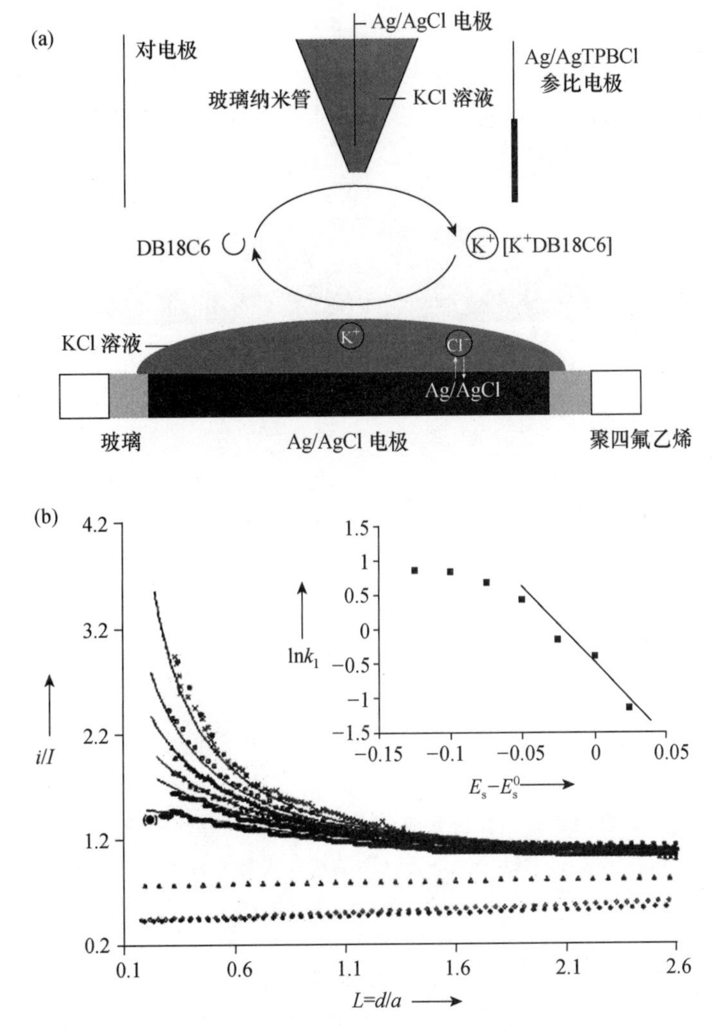

图 4.4　(a) 采用 SECM 探讨极化液/液界面的示意图；(b) 实验所得到的渐进曲线与理论拟合，插图是界面转移反应速率常数与外加电势的关系图（引自参考文献[19]）。

随后我们采用直径为 25 μm 的 Pt 微电极作为 SECM 的探头，利用与上述类似的方法研究了液/液界面上电子转移反应的动力学行为[20]。所探讨的体系包括一种锌卟啉(ZnPor)与亚铁氰化钾($Fe(CN)_6^{4-}$),以及 TCNQ 与铁氰化钾($Fe(CN)_6^{3-}$)。在界面上外加不同的电势,从实验上得到渐进曲线后,与理论渐进曲线进行拟合,求算出在两相之间不同电对的电子转移反应速率常数。图 4.5(a)是实验的示意图,(b)图是速率常数与外加电势(反应驱动力)之间的关系,即 Tafel 图。显然,随着外加驱动力的增加,所得到的速率常数开始增加,随后处于稳定,然后减小,观察到了 Marcus 反转区(Marcus reverted region),即液/液界面上的电子转移反应也可采用 Marcus 电子转移理论进行解释,与 Bard 等采用一系列氧化还原电对得到的结论一致[17]。

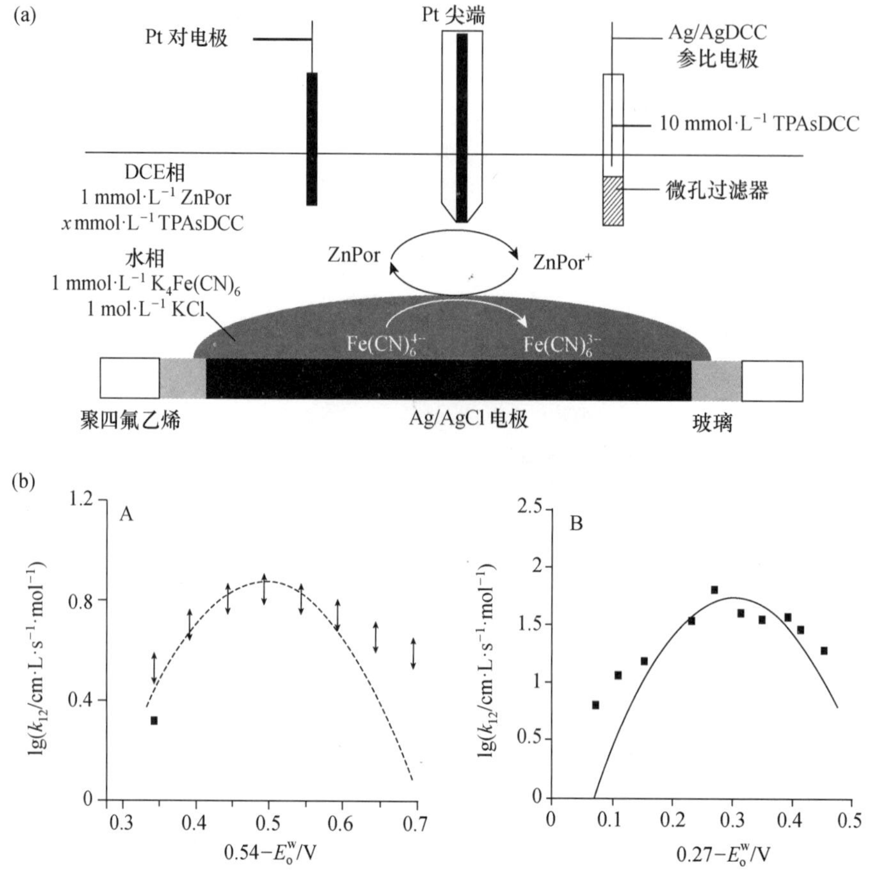

图 4.5 (a) SECM 与三电极系统结合研究液/液界面上电子转移反应动力学的示意图;(b) 体系 ZnPor/$Fe(CN)_6^{4-}$ (A)与体系 TCNQ/$Fe(CN)_6^{3-}$ (B)的速率常数和外加电势之间的关系图。引自参考文献[20]。

在上述采用玻璃纳米管作为 SECM 探头研究 DB18C6 加速 K^+ 在 W/DCE 界面上转移反应动力学行为中[19],由于该加速离子转移反应在电势窗的中间,可以施加的电势有限(大约 200 mV)。随后我们采用同样的方法探讨了加速其他一些碱金属在界面上的转移反应[21,22][图 4.6(a)]。从该图可知,加速 Li^+ 的转移反应由较大的电势范围调控(约 700 mV)。图 4.6(b)是动力学速率常数与外加电势之间的关系,并求算了重组能为 32.1 kJ · mol^{-1}。

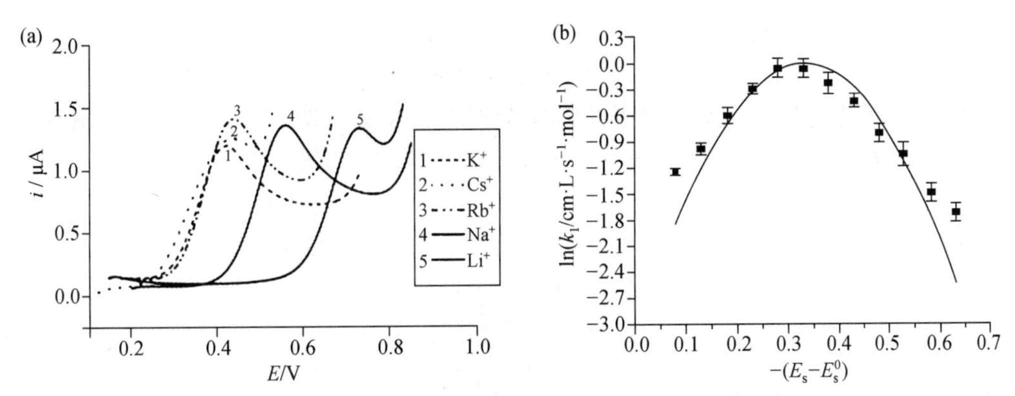

图 4.6　(a) DB18C6 加速碱金属离子在 W/DCE 界面上转移反应的线性扫描伏安图。水相中碱金属浓度均为 100 mmol・L^{-1}，DCE 相中 DB18C6 浓度 0.25 mmol・L^{-1}。扫描速度 20 mV・s^{-1}。(b) 加速 Li^+ 在 W/DCE 界面上转移反应的速率常数与外加电势之间的关系图。实线是 Marcus 理论曲线，带有误差的点是实验值。引自参考文献[21]。

2001 年我们采用玻璃微/纳米管电极研究简单离子(四乙基铵阳离子，TEA^+)在液/液界面上的转移反应时发现，随着管径的减小，循环伏安图从不对称逐渐变成准稳态曲线[23]，与微米管电极上所观察到的结果不同。随后我们采用图 4.7(a)所示的实验装置，从实验和理论上对于该现象进行了深入探讨[24]。图 4.7(b)显示了当 TEA^+ 在 W/DCE 界面上从管内(水相)转移到管外(有机相)时，随着玻璃管管径从微米级到纳米级时循环伏安图的变化。显然，随着玻璃管半径的减少，所得到的循环伏安曲线更趋向于稳态。我们采用两种理论方法对该问题进行了分析，即 Schwarz-Christoffel 共形映射(Schwarz-Christoffel conformal mapping)法和固体角(solid angle)法(图 4.8)，分别得到离子从管内转移到管外的稳态电流公式为

$$I_{ss} \approx \pi n F D c r \sin\theta \tag{4.1}$$

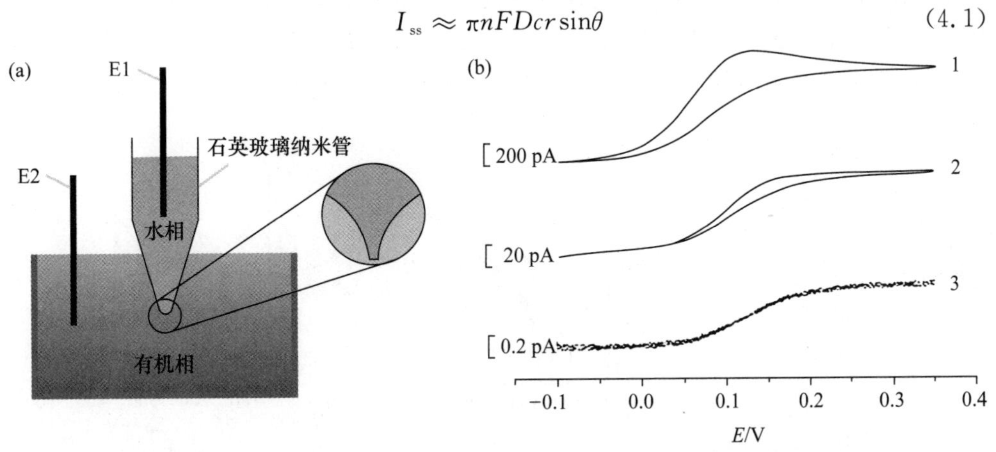

图 4.7　(a) 采用玻璃微/纳米管支撑液/液界面进行电化学研究的实验装置示意图。E1 和 E2 分别是水相和有机相中的参比电极。(b) TEA^+ 在 W/DCE 界面上转移反应的循环伏安图。所用玻璃管的半径分别是 4 μm(曲线 1)、100 nm(曲线 2)和 1.2 nm(曲线 3)。水相中含有 2 mmol・L^{-1} TEA^+ +10 mmol・L^{-1} KCl，有机相含有 2 mmol・L^{-1} BTPPATPBCl，扫描速度 20 mV・s^{-1}。引自参考文献[24]。

和

$$I_{ss} \approx \pi nFDcr\theta \tag{4.2}$$

这里 I_{ss} 是稳态电流，n 是转移离子的电荷数，F 是法拉第常数，D、c 分别是转移出管内物种的扩散系数和浓度，r 是玻璃管的内径，θ 是玻璃管的角度。当 θ 较小时 $\sin\theta \approx \theta$，通常所采用的玻璃纳米管 θ 一般都比较小[25]。即我们采用两种不同的理论分析，得到了相同的结论，上述两个公式均与扫描速度无关，且在 θ 较小时是相等的。

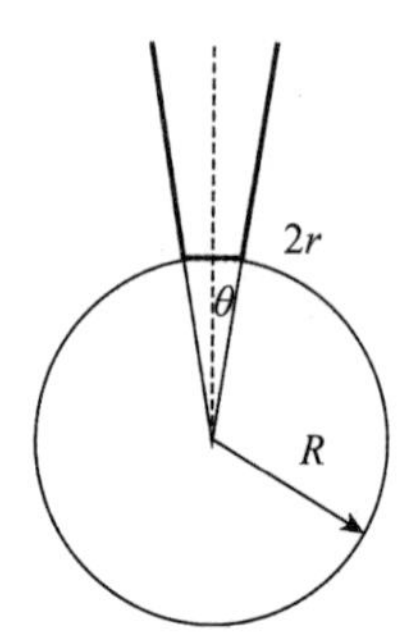

图 4.8　固体角法的示意图(引自参考文献[24])。

另外，我们还探讨了 DB18C6 加速 K^+ 及阴离子(ClO_4^-)在 W/DCE 界面上转移反应的动力学行为。与阳离子类似，所观察到的循环伏安图均是很好的稳态伏安图。采用“三点法”求算了动力学常数，对于阳离子、阴离子和加速转移反应 k^0 分别为 110±23、35±8 和 95±31，α 分别是 0.57±0.08、0.63±0.05 和 0.56±0.13，这是目前能够测量得到的液/液界面上电荷转移反应最快的速率常数[24]。

相对于阳离子加速转移反应，对液/液界面上加速阴离子转移反应研究得很少，发表的论文屈指可数[26-35]。我们与 Sessler 教授课题组合作，将 W/DCE 支撑在玻璃微米管尖端，研究了图 4.9(a)所示配体加速几种阴离子转移反应的行为[8]。与上述加速阳离子不同，加速阴离子转移反应动力学比较慢，不需要采用几个纳米大小的玻璃管，采用玻璃微米管就能够得到准可逆的循环伏安图[图 4.9(b)和(c)]。得到的相关

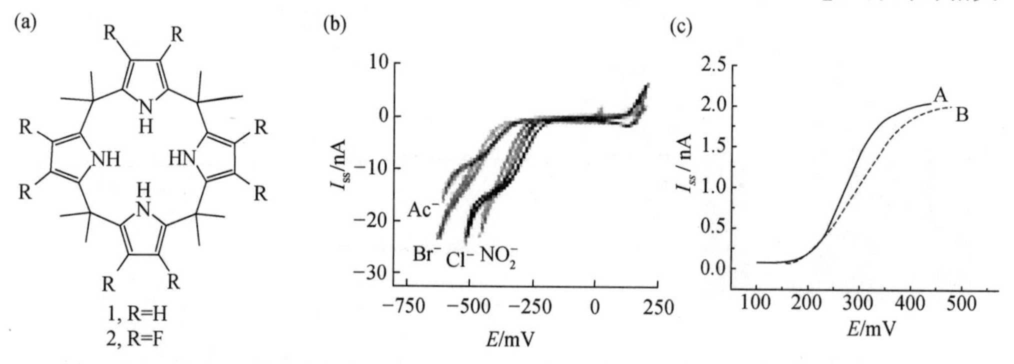

图 4.9　(a) 杯型[4]吡咯类化合物 1 和 2 的结构式。(b) 在微米级 W/DCE 界面上由杯型[4]吡咯类化合物 2 加速 Cl^-、Br^-、NO_2^- 和 Ac^- 转移反应的循环伏安图。(c) 在微米级 W/DCE 界面上 DB18C6 加速 K^+ 转移(A)的循环伏安图与加速 Cl^- 转移(B)的循环伏安图对比。其他实验条件一样。引自参考文献[8]。

热力学和动力学常数见表 4.1。加速阴离子显然要比加速阳离子转移的速率常数要小很多，可能的原因是阴离子的形状通常不是球形的，以及阴离子易受周围环境的影响(例如，pH 的影响)。当然，这方面需要进一步深入探讨。

表 4.1　加速阴离子转移反应的热力学与动力学参数[8]

阴离子	$\Delta_o^w \phi_{A^-}^{0'}$ /mV	m/n	$\lg\beta_{AL^-}^0$	$D_L/(cm^2 \cdot s^{-1})$	$k^0/(10^2\ cm \cdot s^{-1})$	α
Cl^-	−514	1∶1	8.26	4.2×10^{-6}	2.11±0.90	0.57±0.07
Br^-	−405	1∶1	6.52	3.6×10^{-6}		
NO_2^-	−332	1∶1	3.28	3.2×10^{-6}		
$CH_3CO_2^-$	−560	1∶1	5.77	3.0×10^{-6}	0.75±0.50	0.62±0.04
平均值				3.5×10^{-6}		

在上述讨论中，采用“三点法”均是把 Mirkin 和 Bard 基于固/液界面上的电子转移反应的方法直接移到简单离子和加速离子转移反应上来。对于加速离子转移反应，基于文献[21,22]的工作，如果该 FIT 反应机理是基于 TIC/TID 机理，那么实质上该过程与电子转移反应类似；但对于简单离子转移过程，是否可以直接拿来使用，仍需要进一步探讨。另外，目前采用该方法研究液/液界面上的电子转移反应较少，今后需要加强。

在上述电化学表征纳米管时我们采用的是 Girault 等基于微米管得到的经验公式[也见公式(2.98)][36,37]：

$$I_{ss} = 3.35\pi nDcr \tag{4.3}$$

由实验测量得到的稳态电流(I_{ss})可直接求算得到纳米管的半径，非常简便，该公式得到了一系列工作的支持[19-23,38,39]。另外一种计算纳米管半径的方法是通过测量管的角度 β 与溶液的阻抗(R_p)，从而根据如下公式进行估算[40-42]：

$$R_p \approx \frac{1}{\kappa\pi r\tan\beta} + \frac{1}{4\kappa r} \tag{4.4}$$

相对于公式(4.3)，公式(4.4)需要测量玻璃管的角度和在溶液中的阻抗，稍微麻烦一些。但奇怪的是两个公式得到的玻璃管大小不一致。

我们最近采用玻璃纳米管研究离子电流整流(ICR)对于液/液界面离子转移反应动力学的影响时发现，常用的公式(4.3)在表征纳米管时，特别是小于 300 nm 的纳米管存在误差[43]。采用激光拉制机制备玻璃纳米管，一次可得两根几乎相同的纳米管，分别通过透射电镜(TEM)表征(可得到玻璃管的角度与半径)和电化学循环伏安法表征[公式(4.3)，可得到半径]，但两种方法所得到的半径相差约 2.94 倍(表 4.2)，由 TEM 图所得结果与公式(4.4)所得结果一致。图 4.10 是 TEM 表征玻璃纳米管尖端的图，分析该图可得到玻璃管的半径大小和角度(在此为 5.8°±0.1°)。另外有趣的是，我们曾经采用 Schwarz-Christoffel 共形映射法和固体角法推导得到了公式(4.1)和(4.2)(两个公式等价)，用于描述离子从管内转移到管外的行为，由公式(4.1)或(4.2)计算得到的玻璃管半径也比由公式(4.3)得到的约大 3.05 倍，与公式(4.4)得到的基本一致。显然，由公式(4.1)、(4.4)及 TEM 测量所得结果一致，但与公式(4.3)有差别，这很可能说明公式(4.3)仅适用于玻璃微米管，不适于玻璃纳米管。

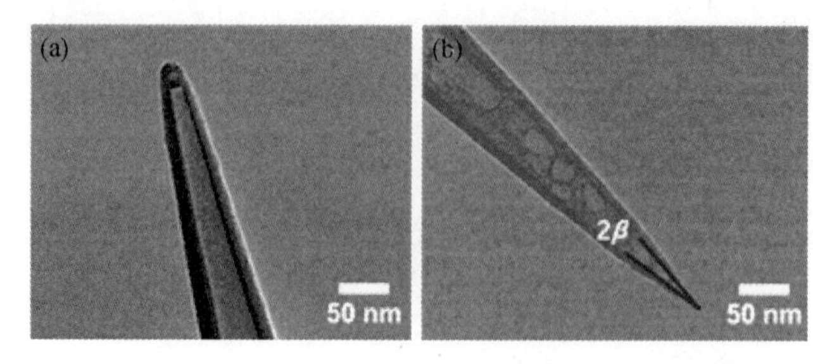

彩图 4.10

图 4.10 TEM 表征小于 10 nm 的玻璃管(引自参考文献[43])。

表 4.2 采用不同公式计算纳米玻璃管半径的对比

序号	公式(4.3)r_1/nm	公式(4.4)r_2/nm	r_2/r_1
1	2.90	9.14	3.15
2	4.06	9.05	2.23
3	2.18	8.28	3.81
4	3.19	9.57	3.00
5	2.76	8.07	2.93
6	2.61	6.51	2.49
平均值			2.94±0.22

为了深入探讨上述存在的问题,我们采用一系列半径在 300 nm 以下的玻璃管构筑纳米级液/液界面,采用如下电化学池:

Ag/AgCl/100 mmol·L^{-1} KCl (W)//2 mmol·L^{-1} DB18C6+2 mmol·L^{-1} BTPPATPBCl (DCE)/AgTPBCl/Ag　　　　电化学池 4.4

通过公式(4.3)我们得到的玻璃管半径为 r_1,通过 TEM 可得半径为 r_4,图 4.11 是两者之间的关系图。通过曲线拟合可得到如下的公式,用于描述真实的玻璃管半径与公式(4.3)求算的半径之间的关系:

$$r_4 = \frac{2.05r_1}{1+\left(\frac{r_1}{24.5}\right)^{1.25}} + 1.04r_1 \tag{4.5}$$

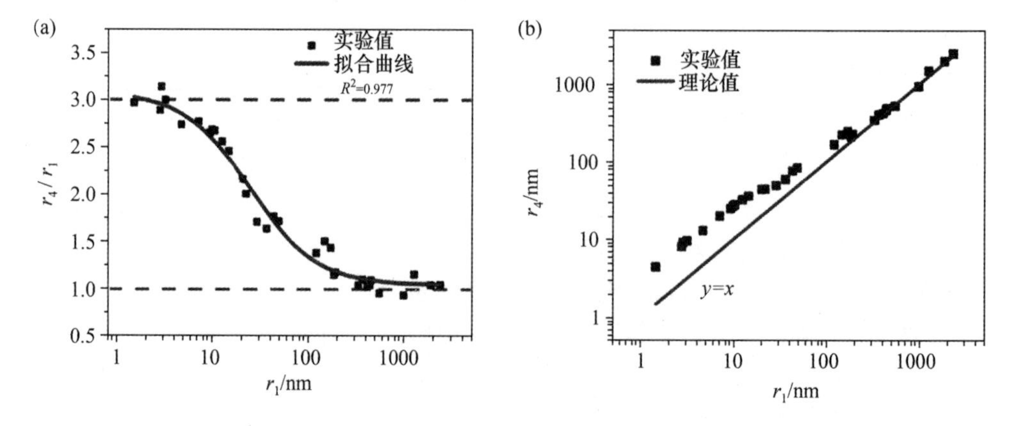

图 4.11 (a) r_4/r_1 与 r_1 之间的关系图;(b) r_4 与 r_1 之间的关系曲线(引自参考文献[43])。

这样仍可采用原来较简单的电化学表征方法先得到 r_1，然后通过公式(4.5)计算得到真实的玻璃管半径 r_4。通常采用 TEM 测量玻璃纳米管半径不容易(几何形状比较特殊，不导电)，该公式在 1～300 nm 范围内误差小于 8%。

我们在第 3 章讨论了玻璃微米管支撑液/液界面时的形状问题(见图 3.13)[39]。对于没有硅烷化的玻璃微米管，由于玻璃管的亲水性和表面张力，以及重力不可忽略，管内所灌入的水相可以自动爬出来，在外壁形成一定大小的水膜，液/液界面在管外。在硅烷化后，实验所得电流与 $I_{ss}=4nFcr$ 计算所得基本相等，说明此时该液/液界面是平整的，与微圆盘电极类似。对于纳米级玻璃管，特别是小于 10 nm 的玻璃管，支撑在这种纳米管上的液/液界面形状如何是个未知数。石英与水相(A)和有机相(B)的接触角之间的关系可由如下的 Yang 公式进行说明：

$$\gamma_{AB}\cos\theta=\gamma_{VA}\cos\theta_1-\gamma_{VB}\cos\theta_2 \tag{4.6}$$

这里 θ 是在水相中测量的角度，θ_1 和 θ_2 分别是水和 DCE 在石英上的接触角(图 4.12)；γ_{AB} 是 W/DCE 界面张力，γ_{VA} 和 γ_{VB} 分别是水和 DCE 的表面张力。θ_1 和 θ_2 可被测量得到[图 4.12(b)和(c)]，结合公式(4.5)可得 θ 为 27°，因此支撑在玻璃微米管尖端的 W/DCE 界面应该是一个凸出的界面[图 4.12(d)]。

从上述实验结果来看，特别是半径小于 10 nm 的玻璃管，相对应的公式前面的系数小于 4，即小于平面圆盘电极的系数，因此我们猜想支撑在纳米级玻璃管上的液/液界面是凹进去的[图 4.12(e)]。

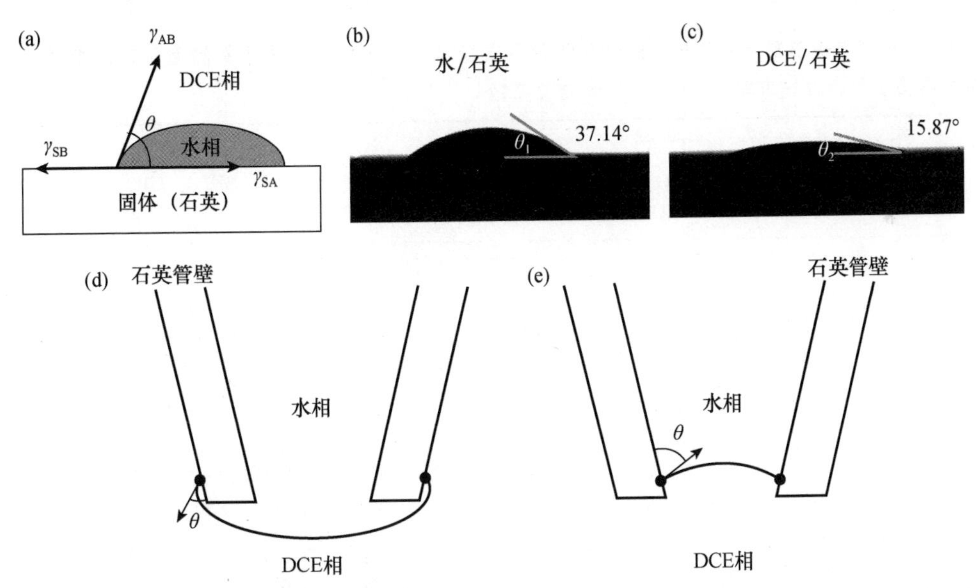

图 4.12　(a) DCE 溶液中水与石英的接触角(θ)；(b)和(c) 水与 DCE 在空气中与石英的接触角(θ_1 和 θ_2)；(d) 当液/液界面是凸出形状时支撑点在管外；(e) 当液/液界面是凹形时支撑点在管内(引自参考文献[43])。

随后我们探讨了玻璃管内壁电荷对于离子转移反应动力学的影响。玻璃表面的硅羟基随溶液 pH 的改变可以使其带负、正或不带电荷。另外，当玻璃管半径小于 20 nm

后，由于内壁所带电荷产生的电双层与玻璃管的半径近似，会产生离子电流整流现象，我们会在下一节中详细讨论该问题。在不同的 pH 下，例如，pH 分别为 2.00、2.71 和 5.72 时，测量得到的石英表面的 Zeta 电势分别是(7.62±3.96) mV、(1.83±3.99) mV 和(−17.96±1.56) mV，与离子电流整流所得到的行为基本一致[43]。

利用下节中的公式(4.7)，可计算 1∶1 电解质在 0.01 mol·L^{-1} 时玻璃管壁上的双电层厚度约为 3 nm(对于半径小于 10 nm 的玻璃管，将会产生明显的离子电流整流)，但当电解质强度控制在 1 mol·L^{-1} 时，双电层厚度约为 0.3 nm，对于小于 10 nm 的玻璃管影响不大。在上述两种离子强度下，我们采用循环伏安法和三点法，测量得到了 TEA^+ 从管内转移到管外管壁带不同电荷时的动力学参数。对于带正、零和负电荷的玻璃管支撑的界面(离子强度 0.01 mol·L^{-1} 时)，其标准速率常数 k^0 分别是(9.30±0.29)、(13.2±0.4)、(18.3±0.9) cm·s^{-1}，α 为(0.56±0.02)、(0.55±0.07)、(0.49±0.02)。而对于离子强度是 1 mol·L^{-1} 时 k^0 分别为(12.1±0.9)、(12.1±0.4)、(11.6±0.6) cm·s^{-1}，α 是(0.58±0.08)、(0.44±0.05)、(0.40±0.01)。离子强度较小时管壁带不同电荷对于速率常数有显著影响，但当离子强度较高时，双电层厚度较小，对于速率常数影响不大。我们还研究了管壁带不同电荷对于一系列阳离子和阴离子在界面上转移反应动力学的影响(表 4.3)，分析该表可以发现对于阳离子来讲，标准速率常数当管壁带正电荷时最小，带负电荷时最大；对于阴离子来讲，趋势正好相反，说明玻璃管所带电荷与转移离子电荷相反时具有富集作用。

表 4.3 不同支持电解质浓度和不同玻璃纳米管管壁电荷下采用三点法求算的离子在纳米级 W/DCE 界面上的标准速率常数(cm·s^{-1})和转移系数*

	TEA^+ (10 mmol·L^{-1} LiCl)	TEA^+ (1 mol·L^{-1} LiCl)	TMA^+	$TPrA^+$	ACh^+	PF_6^-	BF_4^-	ClO_4^-	SCN^-
正电荷	9.30±0.29 (0.56±0.02)	12.1±0.9 (0.58±0.08)	10.9±0.8 (0.52±0.03)	3.50±0.26 (0.46±0.08)	2.57±0.21 (0.61±0.03)	13.2±0.3 (0.45±0.01)	13.2±0.6 (0.43±0.01)	32.8±0.9 (0.57±0.04)	18.2±0.9 (0.46±0.01)
中性	13.2±0.4 (0.55±0.07)	12.1±0.4 (0.44±0.05)	16.5±0.9 (0.53±0.04)	5.25±0.24 (0.43±0.03)	3.91±0.26 (0.53±0.04)	9.04±0.32 (0.41±0.02)	7.93±0.46 (0.48±0.02)	20.7±0.7 (0.39±0.07)	13.0±0.9 (0.52±0.02)
负电荷	18.3±0.9 (0.49±0.02)	11.6±0.6 (0.40±0.01)	29.2±2.2 (0.48±0.04)	8.22±0.44 (0.45±0.02)	5.03±0.53 (0.57±0.01)	6.70±0.16 (0.45±0.02)	5.06±0.55 (0.41±0.02)	14.2±0.9 (0.57±0.01)	4.77±0.24 (0.50±0.02)

* 标准速率常数显示在前，转移系数在后面的括号中。$D_{TEA^+_{in\ water}}=0.84\times10^{-5}\ cm^2/s$，$D_{TMA^+_{in\ water}}=1.53\times10^{-5}\ cm^2/s$，$D_{TPrA^+_{in\ water}}=0.75\times10^{-5}\ cm^2/s$，$D_{ACh^+_{in\ water}}=0.44\times10^{-5}\ cm^2/s$，$D_{PF_6{}^-_{in\ water}}=1.29\times10^{-5}\ cm^2/s$，$D_{BF_4{}^-_{in\ water}}=1.57\times10^{-5}\ cm^2/s$，$D_{ClO_4{}^-_{in\ water}}=1.79\times10^{-5}\ cm^2/s$，$D_{SCN^-_{in\ water}}=1.37\times10^{-5}\ cm^2/s$.

我们采用 COMSOL Multiphysics 5.6 并考虑了带电荷的玻璃管，来求解 Poisson-Nernst-Planck 公式，管壁所带电荷对于离子转移反应动力学的影响趋势与三点法得到的类似(图 4.13)。

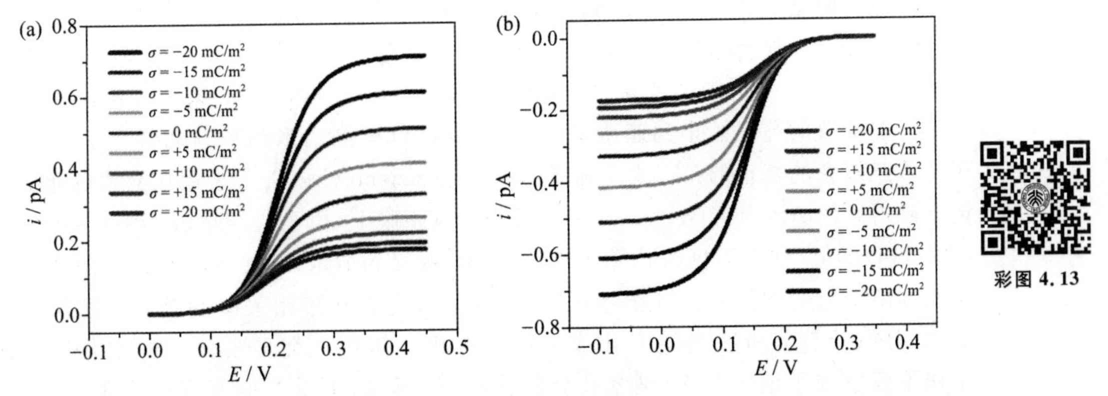

图 4.13　在不同管壁电荷的情况下阳离子(a)和阴离子(b)拟合的循环伏安图。在同样玻璃纳米管的情况下，带不同电荷的玻璃管壁对于不同离子转移过程的影响。蓝、红和灰线代表管壁所带电荷分别为负、正和零，对于阳离子转移过程，电势扫描范围是 0～450 mV；对于阴离子转移过程，电势扫描范围是 350～−100 mV。玻璃管半径假设为 5 nm，扫描速度 50 mV · s^{-1}，c_i = 2 mmol · L^{-1}，$D_i = 1\times10^{-5}$ cm^2 · s^{-1}，离子物种所带绝对电荷为 $|z_i|=1$。引自参考文献[43]。

4.2　离子电流整流

目前对于纳米孔(纳米通道)的研究不仅得到了分析化学界的关注，而且也受到了生物物理等其他领域的密切关注[47-51]。这是因为基于纳米孔的传感技术可能是最年轻的单分子技术，该技术无需标记、无需放大。基于各种纳米孔的技术已经在 DNA 测序、单分子检测、生物传感等方面展现出光明的前景。

生物体内存在各种各样的纳米孔及纳米通道，它们是连接内部与外部及进行能量、物质交换的途径[48]。科学家们受细胞膜上离子通道的启发制备了多种人工体系，例如蛋白纳米孔与人工固态纳米孔等。目前已构建的纳米尺度装置包括生物纳米孔(通道)(由各类蛋白质分子镶嵌在磷脂膜上组成)、固态纳米孔(通道)(包括各种硅基材料、SiN_x、碳纳米管、石墨烯孔、玻璃纳米管等)及上述两类相结合的杂化纳米孔(通道)。基于这些纳米尺度装置的分析化学，均被简称为纳米孔分析化学(nanopore analytical chemistry)或纳米孔分析学(nanopore analytics)或纳米孔学(nanoporetics)[47]。

在纳米孔分析化学的发展历程中，有几项工作是里程碑式的。Wallace H. Coulter 于 20 世纪 40 年代末提出了基于孔(pore-based)传感的概念，并发明了库尔特粒度仪(Coulter counter)[52]。库尔特粒度仪的测量原理相对简单[图 4.14(a)]，将一个带有小孔(μm～mm)的绝缘膜分开两个电解质槽，分别插入两根电极后测量离子通过小孔时电导(电流)的变化。刚开始人们并不认为 Coulter 的发明重要,但随后发现其不仅能够测定小的粒子,更重要的是可以对细胞进行分筛和计数,被认为是历史上为数不多的、对于临床诊断与检测具有革命性意义的发明。另外对于纳米孔研究进程具有重要意义的是 1976 年 Neher 和 Sakmann 采用玻璃微米管所发明的膜片钳(patch clamping)技术,对于测量膜电势、研究膜蛋白及离子通道具有重要的意义,两人于 1991 年获得诺贝尔生理学或医学奖[53]。1977 年 Deblois 和 Bean 采用径迹蚀刻法使库尔特粒度仪的孔径缩小到亚微米大小,这样可以检测纳米颗粒与病毒[54]。对于基于孔传感概念的真正的第二次革命是 1996 年 Kasianowicz 等[50]采用从金黄色葡萄球菌分泌得到的α-溶血素(α-hemolysin)镶嵌于磷脂膜上,用于检测单链 DNA(ssDNA)[图 4.14(b)]。他们不仅将孔径从微米(毫米)级降到纳米级,而且将分析对象从细胞扩展到离子与生物分子。另外,还引入了一个与化学紧密相关的问题——纳米尺度界面问题(所有分析物与纳米孔或通道均有相互作用),突显了化学的重要性。该工作不仅宣布了纳米孔学(纳米孔分析化学)的诞生,更重要的是它提供了快速、廉价的 DNA 测序的可能性,使纳米孔的研究得到了各国政府、各大公司及学术界的高度关注与投入。2001 年物理学家们也加入到纳米孔的研究中,Golovchenko 等[55]采用离子束在 SiN 薄膜上制备固态孔。其优点显而易见,主要是经久耐用、易于集成化。近年来将生物纳米孔与固态孔相结合,形成了杂化孔,有望结合两者的优点[56];另外,还将玻璃纳米管[57,58]、单层石墨烯用来制备纳米孔[59]。纳米孔的研究是典型的交叉学科研究,目前朝气蓬勃、方兴未艾[60,61]。图 4.15 列出了一些目前研究中采用的纳米孔。

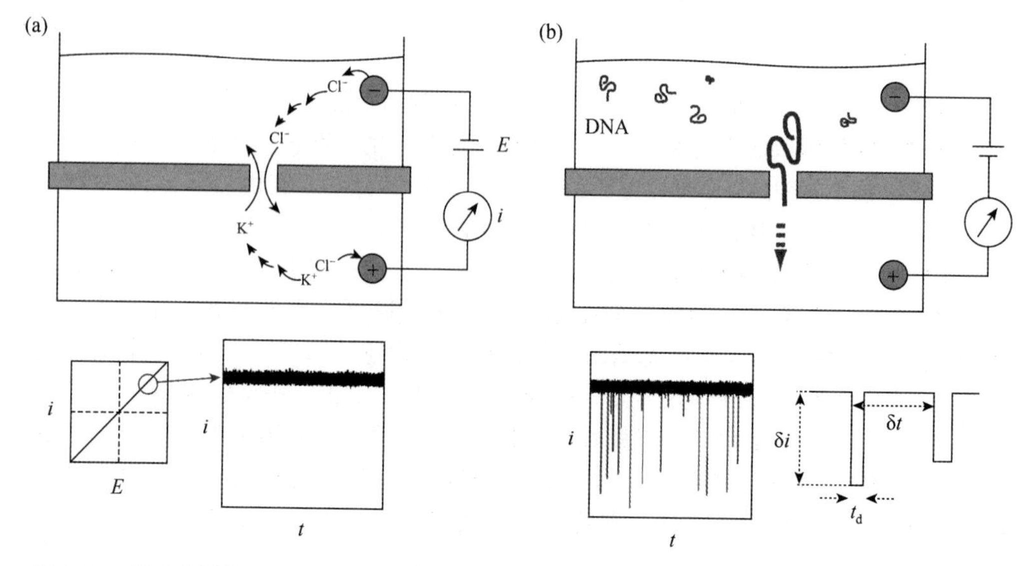

图 4.14　纳米孔测量原理示意图:(a) 在纳米孔上施加电压后,会导致离子在膜周围发生迁移,且引起的电流可用静电计进行检测;(b) 当在一个室中加入带电生物大分子后,双层膜大分子会扩散通过纳米孔,并随机进入孔内,从而产生可测“阻塞脉冲”(引自参考文献[49])。

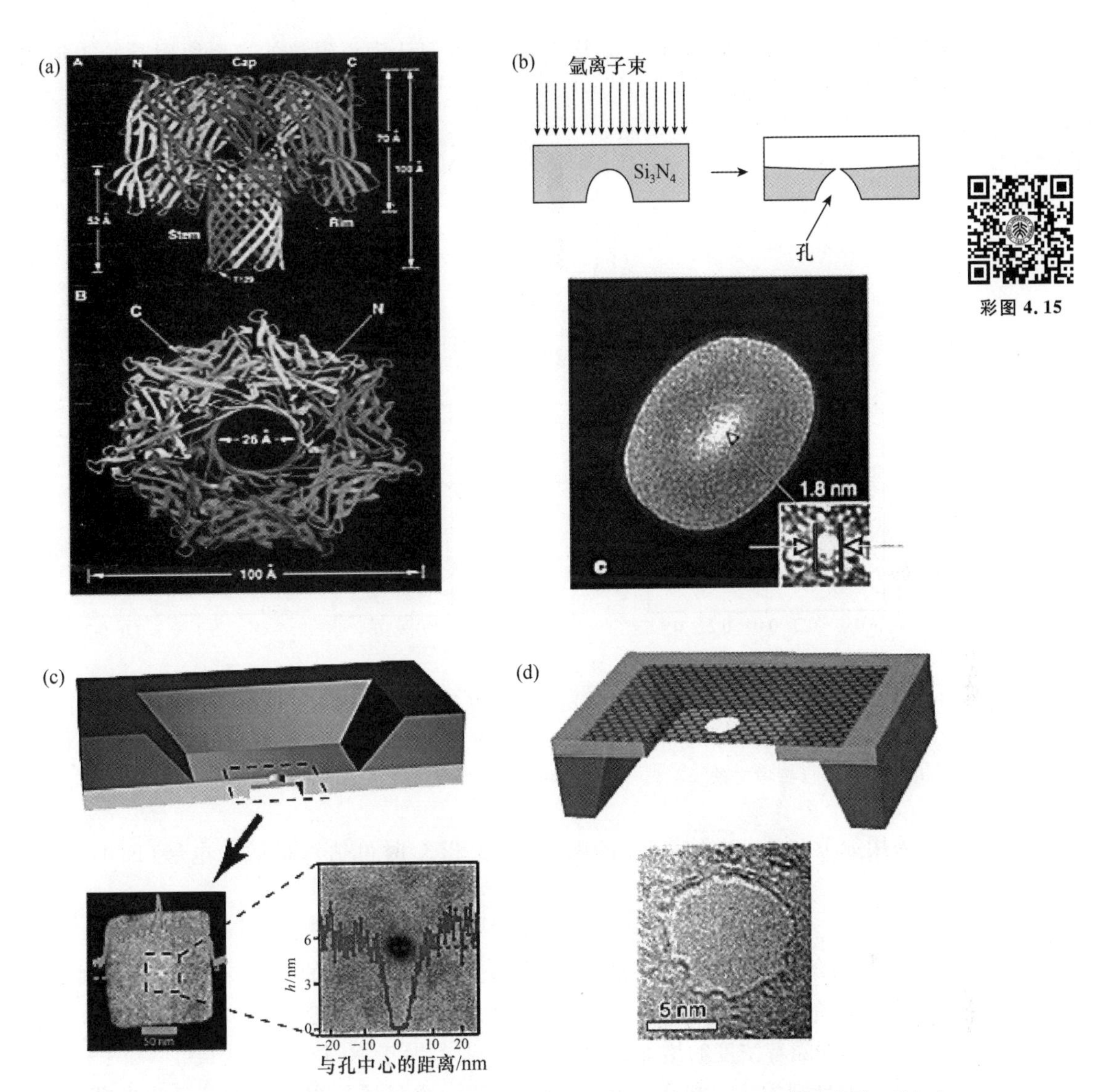

图 4.15　不同类型的生物和合成纳米孔：(a) 从葡萄球菌中提取的 α-溶血素蛋白孔；(b) 在 Si_3N_4 薄膜上通过离子蚀刻法得到的固态纳米孔；(c) 在 Si_3N_4 薄膜上选定区域蚀刻，再通过电子束照射得到小于 10 nm 的固态纳米孔；(d) 石墨烯纳米孔(引自参考文献[49])。

本节我们主要关注基于玻璃微/纳米管的离子电流整流(ionic current retification, ICR)问题，其他的应用可参考相关综述。自从 Bard 等在 1997 年首次报道了采用玻璃纳米管可观察到 ICR[57] 以来，该研究方向近年来发展迅速，不仅从理论上研究了产生原因，更重要的是其在单分子检测和电化学传感方面得到了广泛的应用。Bard 等采用玻璃微/纳米管研究了浓度、管径大小以及溶液 pH 等对于 ICR 的影响。实验装置简单，即把灌有不同浓度 KCl 的玻璃管插入到含有相同浓度的 KCl 溶液中，把两个 Ag/AgCl 电极分别插入管内和管外，组成一个回路就可进行循环伏安法研究[图 4.16(a)]。他们发现，仅在 KCl 浓度≤0.1 mol·L^{-1} 并采用纳米级的玻璃管时，才能观察到离子电流整流现象，他们认为该现象的主要原因是管内形成的双电层发挥了作用。

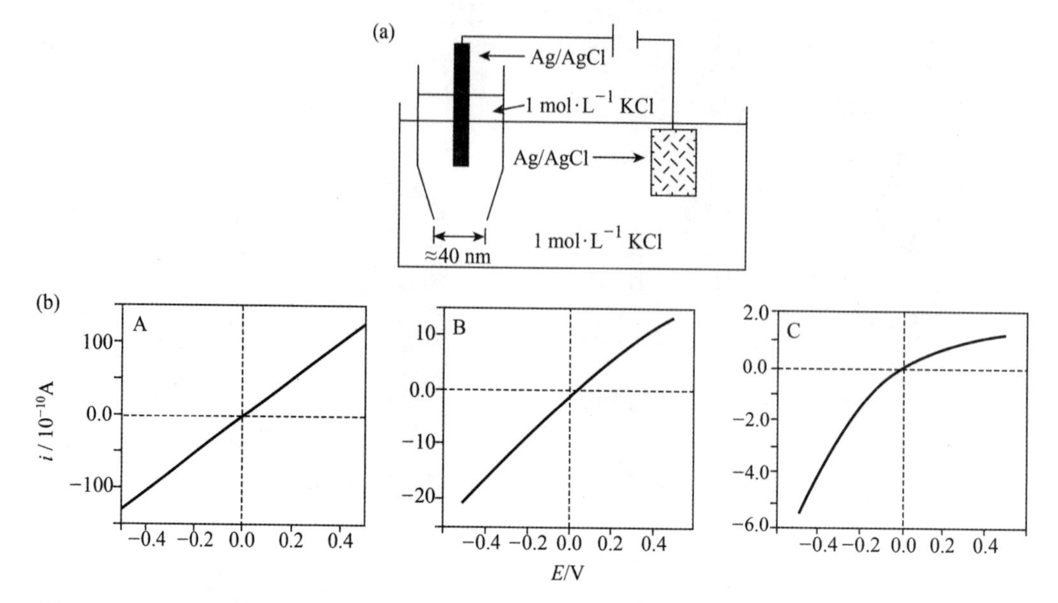

图 4.16 (a) 进行 ICR 实验的示意图；(b) KCl 浓度分别为 1 $mol \cdot L^{-1}$(A)、0.1 $mol \cdot L^{-1}$(B)和 0.01 $mol \cdot L^{-1}$(C)时得到的循环伏安图，扫描速度是 20 $mV \cdot s^{-1}$，所用纳米管电极半径为 20 nm 左右(引自参考文献[57])。

采用如下公式，对于 1∶1 的电解质，在 25℃时可估算扩散双电层(EDL)的厚度为

$$\delta = 1/\kappa = (2n^{\circ} z^2 e^2 / \varepsilon\varepsilon_0 kT)^{-1/2} = 3.1 \times 10^{-8} / c^{*1/2}(\text{cm}) \tag{4.7}$$

这里 n° 是在介电常数为 ε 的溶液中、温度为 T 时荷电物种的浓度，e、ε_0 和 k 分别是电荷、真空中的介电常数和 Boltzmann 常数，c^* 是物质的量浓度($mol \cdot L^{-1}$)。显然，扩散双电层的厚度随着浓度的增加而大大减小，例如，对于 KCl 浓度 0.01、0.1 和 1 $mol \cdot L^{-1}$，其厚度分别为 3、1 和 0.3 nm。这样对于一个直径是 20 nm 的玻璃管来讲，双电层的厚度占据整个管的横截面的 51%、19%和 6%，而对于一个直径为 20 μm 的玻璃管来讲，仅占 0.6%，其影响可忽略不计。

采用如图 4.17 所示的模型，Bard 等发展了一种用于解释所观察到的 ICR 现象的理论，他们称之为选择性通过(permselectivity)模型。该模型包括两个可及的圆锥形区域(标注为 1 和 2)，中间用一个具有离子通过选择性的孔连接。区域 1 与孔的上半部分连接，半径是 $r_{0,1}$，圆锥的角度用 β_1 表示；同理，区域 2 与孔的下半部分连接，半径是 $r_{0,2}$，圆锥的角度用 β_2 表示。采用的电解质包括 A^{z_A} 和 B^{z_B}，相应的扩散系数是 D_A 和 D_B，两个区域中对应的浓度分别是 $c_{A,b,1}$、$c_{B,b,1}$ 和 $c_{A,b,2}$、$c_{B,b,2}$。他们感兴趣的实验条件是：$z_A = 1$，$z_B = -1$，$D_A = D_B$，$c_{A,b,1} = c_{A,b,2}$ 和 $c_{B,b,1} = c_{B,b,2}$。孔道中的选择性可通过考虑 A 和 B 在其中的流量 f_A 和 f_B 来进行，两者的关系是

$$f_B = -\alpha f_A \tag{4.8}$$

这里 α 是选择性系数，$0\leqslant\alpha\leqslant\infty$，对于总的阳离子通过选择性 $\alpha\rightarrow 0$，而对于总的阴离子通过选择性 $\alpha\rightarrow\infty$。α 的值与诸多因素有关，但最重要的还是与孔本身的性质有关，例如，孔的大小、表面电荷密度及扩散双电层的厚度等。下面假设 A 和 B 到两个区域的流量是稳态的，同时考虑采用 Nernst-Planck 公式来处理传质过程(即不考虑对流的影响)，在整个圆锥形的区域是电中性的。定义图 4.17 中的流量从孔向圆锥形区域是正的，在区域 1 中的电势降为 ΔE_1，可由从 $r_1=r_{0,1}$ 到 $r_1=\infty$ 积分电场得到

$$\Delta E_1=\frac{RT}{z_A pF}\ln\left(1-\frac{i_1}{i_{\lim,1}}\right) \tag{4.9}$$

这里

$$p=\frac{1-\alpha(D_A-D_B)}{(z_A/z_B)-\alpha(D_A/D_B)} \tag{4.10}$$

$$\frac{i_1}{i_{\lim,1}}=\frac{c_{A,b,1}-c_{A,r_{0,1}}}{c_{A,b,1}} \tag{4.11}$$

电流 i_1 可表示为

$$i_1=-4\pi F\beta_1 r_{0,1}D_A(c_{A,b,1}-c_{A,r_{0,1}})\frac{[1-(z_A/z_B)](z_A-\alpha z_B)}{[1-(\alpha D_A/D_B)]} \tag{4.12}$$

当 $c_{A,r_{0,1}}\rightarrow 0$ 时，极限电流 $i_{\lim,1}$ 为

$$i_{\lim,1}=-4\pi F\beta_1 r_{0,1}D_A c_{A,b,1}\frac{[1-(z_A/z_B)](z_A-\alpha z_B)}{[1-(\alpha D_A/D_B)]} \tag{4.13}$$

只要 $0<i/i_{\lim}\leqslant 1$，A 流动的方向是向孔内，最后受到扩散或电迁移的限制。但当 $\alpha D_A/D_B=1$ 时，存在浓差极化，无极限电流，电势降为纯粹的欧姆降。对于 $i/i_{\lim}<0$ 的情况，A 从孔中流出，无限制。如果孔两端均为圆锥形(图 4.17)，那么 A 从孔流出到区域 1，意味着在区域 2 的 A 必须流进孔中。由 $i/i_{\lim}$ 相对于 $pF\Delta E/RT$ 作图得图 4.18(a)。

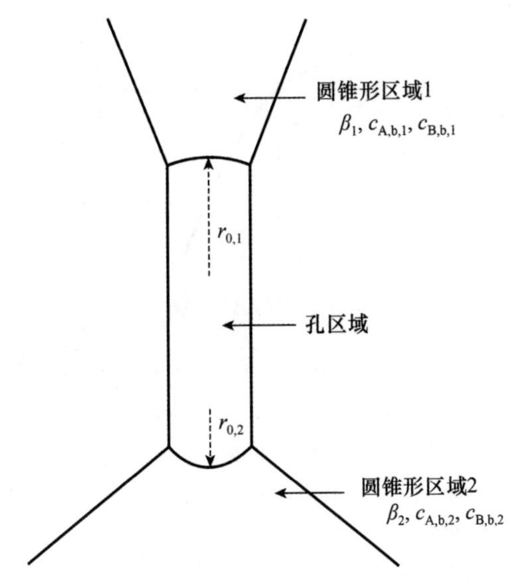

图 4.17　玻璃管尖端的模型示意图(引自参考文献[57])。

当孔的两端均与相关区域连通时，区域 2 的电势降为

$$\Delta E_2 = -\frac{RT}{z_A pF}\ln\left(1-\frac{i_2}{i_{\lim,2}}\right) \tag{4.14}$$

这里采用的符号与公式(4.9)类似，只是符号相反(电势计算是从无穷大到 $r_{0,2}$)。在稳态时，$i_1=-i_2$(符号发生变化是因为在此定义下离开孔的流量为正)，则

$$\Delta E_2 = -\frac{RT}{z_A pF}\ln\left(1+\frac{i_1}{i_{\lim,2}}\right) \tag{4.15}$$

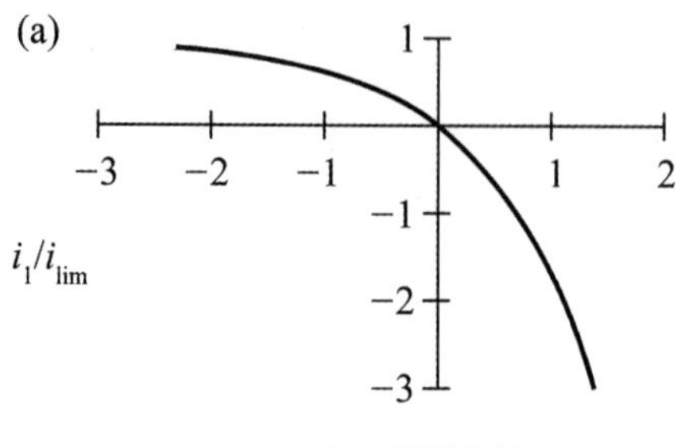

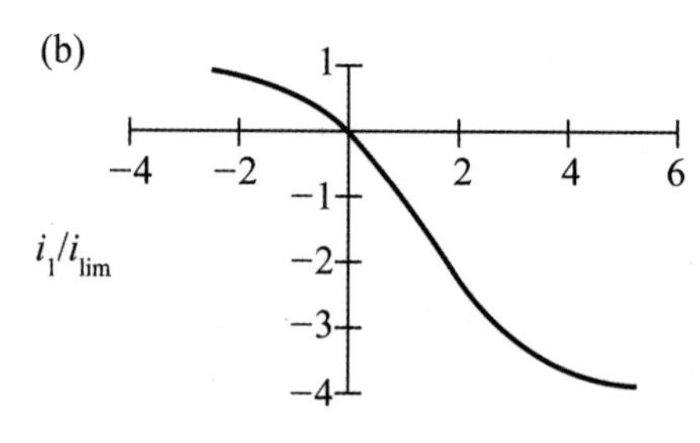

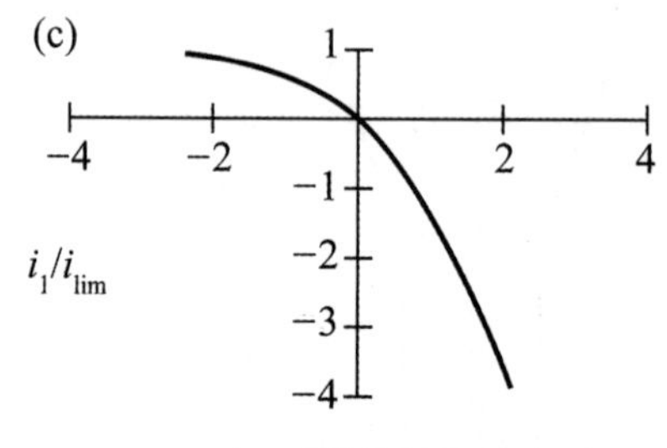

图 4.18 (a) 对于单一的圆锥体的电流-电势关系图[公式(4.9)](相关参数：$z_A=1, z_B=1, D_A=D_B=1\times10^{-5}\,cm^2\cdot s^{-1}, \alpha=0, \beta=0.2, c_A=0.01\ mol\cdot L^{-1}, r_0=1\times10^{-6}\,cm, p=-1, i_{\lim}=4.85\times10^{-11}\,A$)。(b) 对于相连的两个圆锥体的 $i_1/i_{\lim,1}$-电势关系图[公式(4.15)，这里 $i_{\lim,2}/i_{\lim,1}=4, \beta_1=0.2, \beta_2=0.8, i_{\lim,2}=1.94\times10^{-10}\,A, r_{0,1}=r_{0,2}=r_0$，其余参数同(a)]。(c) 同(b)，$i_{\lim,2}/i_{\lim,1}=9$。引自参考文献[57]。

对于区域1符号的定义是对于带正电荷的物种正流量对应于正电流。如果我们假设孔区域的电阻 R_{pore} 是纯粹的欧姆降，可表示为

$$\Delta E_{pore} = -i_1 R_{pore} \tag{4.16}$$

那么穿过整个体系的电势降是

$$\Delta E_{total} = \Delta E_1 + \Delta E_2 + \Delta E_{pore} = \frac{RT}{z_A pF}\left[\ln\left(1 - \frac{i_1}{i_{lim,1}}\right) - \ln\left(1 + \frac{i_1}{i_{lim,2}}\right)\right] - i_1 R_{pore} \tag{4.17}$$

这里 ΔE_{total} 代表在两个区域的非极化电极之间外加的电势，并包括 ΔE_{pore}。对于在此所考虑的情况，两个区域的浓度相同：

$$i_{lim,2}/i_{lim,1} = \beta_2 r_{0,2}/\beta_1 r_{0,1} \tag{4.18}$$

基于上述模型，由于 β_1 与 β_2 有较大差别，以及存在孔的选择性穿透性，从而有不对称问题，代表性图见图4.18(b)和(c)。注意：如果不存在孔的选择性穿透性(即离子迁移数在孔中和本体溶液中一样)，那么将不会有不对称性存在，$\alpha = D_B/D_A$，$i_{lim} \rightarrow \infty$[见公式(4.11)]。另外，也应该注意当 $i_1/i_{lim,1}$ 与 $i_1/i_{lim,2}$ 趋于零时，公式(4.17)可被线性化。

当然，仅靠孔的不对称性不能够产生不对称行为，仍需要 $\beta_2 r_2 \neq \beta_1 r_1$。例如，对于一个高度穿透选择性的离子交换膜，如果两边的溶液相同，也不会显示不对称性，这是因为 $\beta_1 r_1 \approx \beta_2 r_2$。上述模型可以定性地解释所观察到的现象。由于在电流流过的同时也有对流作用(例如，电渗流)，以及沿着玻璃管壁的表面传导性等，实际情况会更加复杂。随后 Girault 等采用有限元法，基于 Nernst-Planck-Poisson 公式，对于玻璃纳米管的整流现象进行了详细和全面的分析[62]，特别是在低浓度电解质溶液中也能够观察到整流反转的行为。另外，他们还从理论上探讨了外加电势扫描速度对于整流的影响[63]。当扫描速度快时，很难观察到 ICR 行为，这是因为离子重新分配的速度较慢所致。因此，在讨论纳米管整流行为时，需要考虑电势扫描速度的影响。

Siwy[64]提出观察到 ICR 行为需要满足的条件是：(1) 纳米孔的大小应该与双电层(也称为 Gouy-Chapman 层)差不多；(2) 纳米孔壁应有过量电荷；(3) 纳米孔壁上过量电荷与溶液中的离子之间存在不对称的相互作用。第三条可通过下列情况来满足：孔的几何结构是不对称的；在孔内的电荷密度不对称或孔内一些电解质浓度有差别。上述条件对于所有的纳米孔或通道均适用。

对于 ICR 产生的机理，还有一些其他的理论讨论[65-69]。例如，Siwy 等基于孔尖端附近用于离子俘获而产生了一个电势阱，提出了 ICR 产生机理是由于棘轮机制(ratchet mechanism)[65]。Woermann[66,67]提出了一种机理：根据电解质浓度的大小，特定地将孔分为三个区域。高和低电导态可引起离子电流正或负电势的差别，是由于孔中离子强度的增加或减少。根据该机理，ICR 的产生是由孔对于 EDL 对离子具有高度选择性。当孔内形成高的离子强度区时，产生高电导态，因此电流值大；反之，小的电流值是因为形成低的离子强度区。Cervera 等[68]和 White 等[69]通过计算机模拟进一步证实了 ICR 与孔内导电性相关，即与孔内，特别是尖端处的离子强度相关，以

及与孔的大小及形状相关[70,71]。

当玻璃管的尺寸减低到纳米级，例如小于 50 nm 后，化学工作者就可以发挥作用了。通常玻璃管电极具有特定的性质，例如表面带电荷(在 pH>2～3 时，玻璃带负电荷)，但不像生物纳米孔，带有一些例如羧基或氨基这样的功能化基团。通过玻璃纳米管内外壁的化学修饰，可使玻璃管更具功能化，例如，可以影响移位过程(translocation process)、被分析物与孔之间的相互作用，增强选择性，以及控制电渗流的流动方向等。已有大量的方法可用于表面的调控，例如，对于玻璃纳米管，可用各种硅烷化试剂来进行修饰；对于金修饰的纳米管，可用硫醇化学[72,73]。已经有一些详细介绍固态孔化学修饰的总结[74,75]。

下面结合我们课题组的工作，介绍玻璃管化学修饰、有机相中的 ICR，以及利用玻璃双管实现 ICR 的相关研究。Azzaroni 等探讨了如何采用层层(layer by layer)修饰聚电解质的方法来调控圆锥形孔内的电荷，研究其对于 ICR 的影响，以及调控孔的大小与选择性等[76]。Mayer 等通过研究不同黏度的溶液流过纳米和微米孔的行为，发现 ICR 不与电解质浓度相关，在孔径为 2.2 μm 时，即大于双电层厚度 500 倍时仍能够观察到整流现象[77]。他们认为电渗流起主要作用。我们在 2012 年采用聚乙烯亚胺(polyethyleneimines，PEIs)对玻璃管内壁进行了修饰，在半径从几个纳米到几个微米的玻璃管上观察到离子电流整流现象(图 4.19)[58]。将一定浓度的线性 PEIs(相对分子质量为 25000)水溶液用微型注射器从玻璃管的后面注入到尖端处，在空气中放置 30 min，让其与玻璃管内壁完全反应；然后，在 120℃烘箱中恒温 2 h 以除去水。图 4.20(a)显示了修饰前后玻璃管的扫描电镜表征图，可能由于修饰层比较薄，从管口处看没有太大变化；图 4.20(b)是该聚合物在水相和在玻璃内壁上可能的形貌，采用动态光散射测量了其在水相中的动态半径为 4.1 nm。另外，比较了 PEIs 修饰前后半径从 4 nm 到 700 nm 玻璃管的 ICR 行为，以及电解质浓度、管径大小和 pH 等的影响(图 4.21)。PEIs 修饰的结果是使原本带负电荷的玻璃管内壁变成了带正电荷，并增强了电荷密度。根据实验结果，求算了 PEIs 在玻璃管壁上的 pK_a 值与在水溶液中不同，分别为 8.2 和 3.5；在管径接近 1 μm 左右时仍可观察到 ICR，扩展了 ICR 行为的研究范围。

彩图 4.19

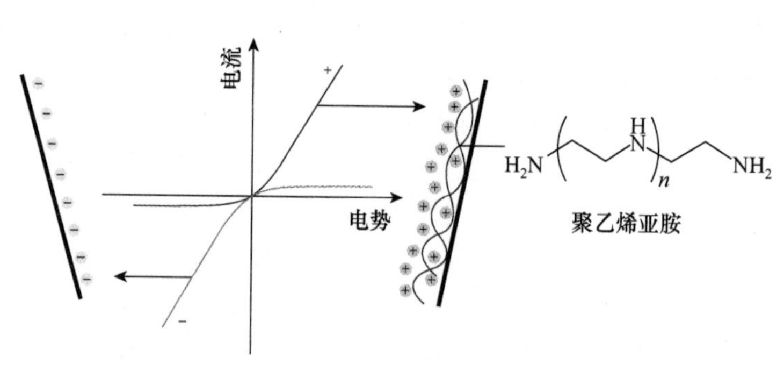

图 4.19　玻璃管修饰的示意图及聚乙烯亚胺的结构示意图(引自参考文献[58])。

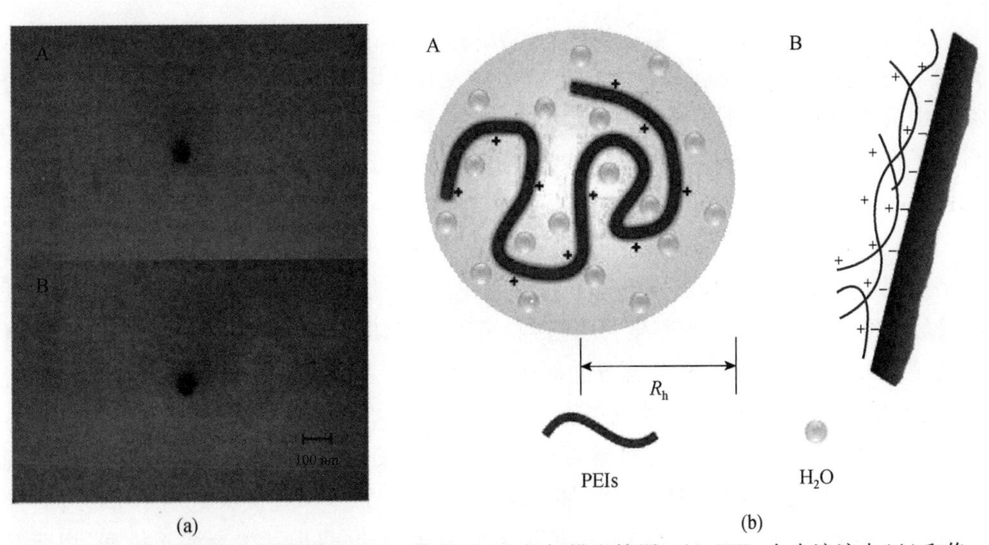

图 4.20　(a) 玻璃纳米管修饰前(A)和修饰后(B)的扫描电镜图;(b) PEIs 在水溶液中(A)和修饰到玻璃管壁上(B)的形貌示意图(引自参考文献[58])。

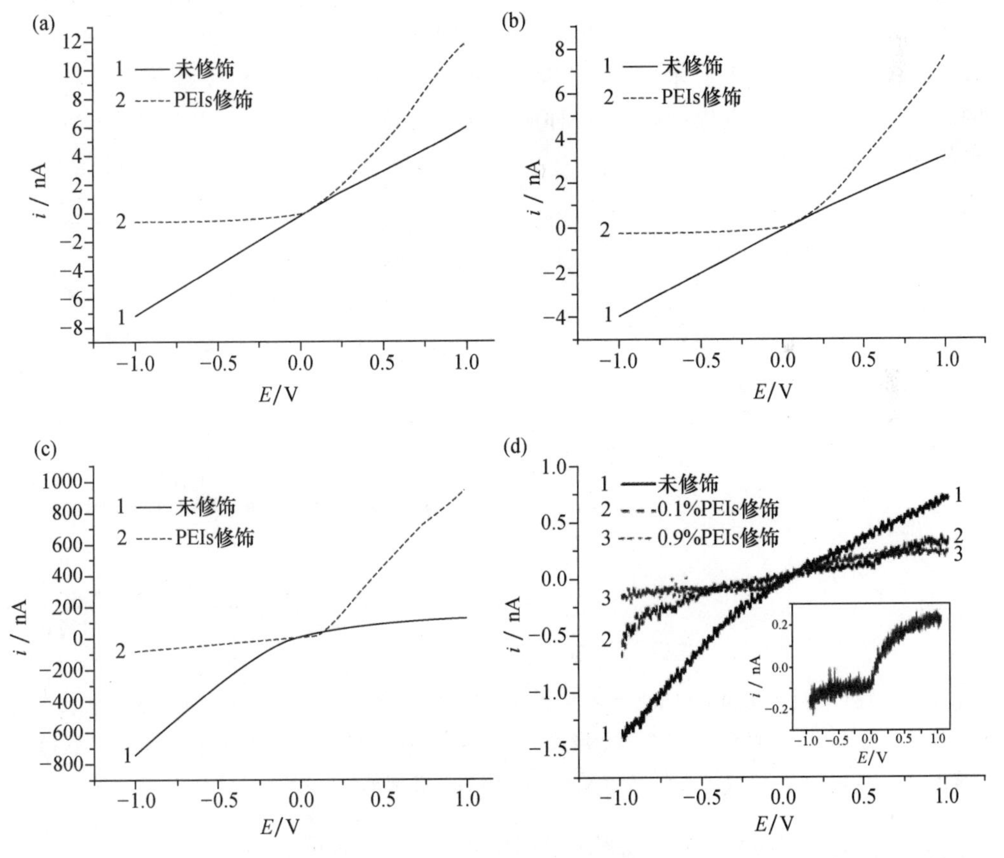

图 4.21　在 1 mol·L^{-1} KCl 溶液中(pH=6.5),用 PEIs 修饰和未修饰的玻璃管的电流-电势曲线,扫描速度 50 mV·s^{-1}。玻璃管半径约为 700 nm (a)、100 nm(b)、20 nm (c)、4 nm(d)。(d) 中的插图是曲线 3 的放大图。引自参考文献[58]。

上述几乎所有有关离子电流整流的研究均是在水溶液中进行的，仅有少数几例非水溶剂中的探讨。例如，Mayer 等在 DMSO 中加入 KCl 增加其导电性[77]，研究了在此混合溶剂中的 ICR 行为。Davenport 等探讨了在离子液体中的离子电流整流[78]。我们率先研究了在五种不同有机相[DMF，硝基苯(NB)，1，2-二氯乙烷(DCE)，2-硝基苯辛基醚(2-nitrophenyl octyl ether, NPOE)，苯]中，采用玻璃管也可得到离子电流整流[79]。显然，石英/有机相界面与石英/水界面不同(图 4.22)，目前有关 ICR 的相关理论有可能不适合或不能完全适用于该情况。该工作的目的是探索是否在有机相中也同样存在 ICR 现象，以及相关机理。以这些有机相为溶剂，采用四苯砷四苯硼(TPAsTPB)作为支持电解质，我们观察到了有机相中确实也存在离子电流整流现象。我们仔细考察了玻璃管大小、支持电解质浓度、玻璃管壁电荷以及有机相中含水的多少等对于 ICR 的影响，得出如下结论：(1) 在五种有机溶剂(从极性到非极性)中，的确可以观察到 ICR 现象，但方向与水相中正好相反。(2) 有机相中含水量的多少直接决定 ICR 的方向，随着含水量的减少(即干燥程度越高)，ICR 方向发生反转；提出了混合溶液模型，用于解释石英壁上是如何形成双电层的。(3) 基于 Bjerrum 离子对理论，探讨了有机相中支持电解质浓度、离子对形成(θ 代表离子对的分数，$1-\theta$ 代表离子所占的分数)等对于 ICR 的影响；由于管内外比较大的导电性的差别，离子占比大时，ICR 也大。(4) 任何有机相中均或多或少含有水，如何灵敏、快速、简便地测量有机相中水的含量是急需的。我们基于金微米电极，发展了一种能够满足这种需求的方法——阴极微分脉冲溶出伏安法[图 4.23(b)]。

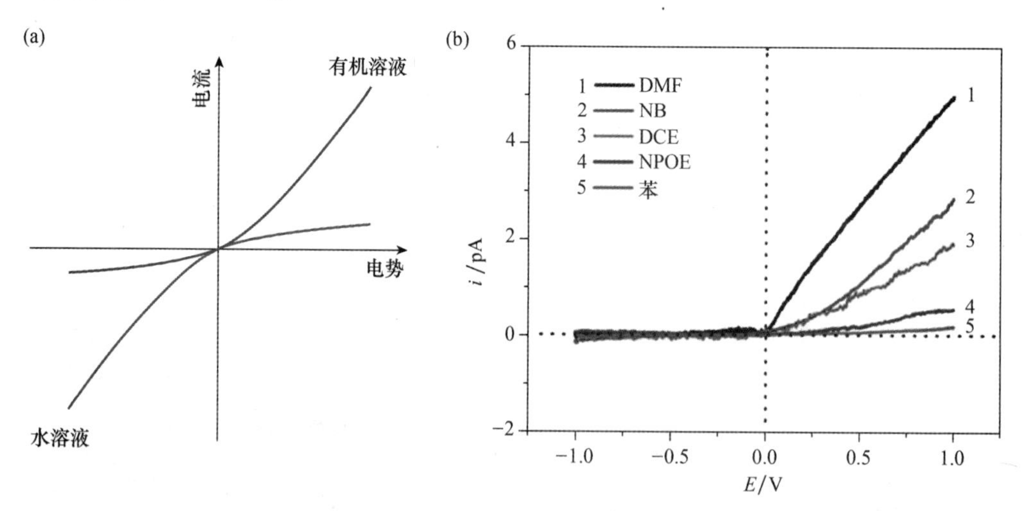

图 4.22 (a) 有机相中和水相中发生在玻璃纳米管上的离子电流整流行为；(b) 五种有机相(均通过分子筛进行了干燥)中所观察到的电流-电势曲线。实验条件：玻璃管半径 4 nm，TPAsTPB 浓度为 10 μmol·L^{-1}，扫描速度 50 mV·s^{-1}。引自参考文献[79]。

自从 1997 年 Bard 等[57]率先报道了利用玻璃单纳米管可以观察到离子电流整流以来，人们进行了大量的基于玻璃纳米管 ICR 的相关研究。除了探讨 ICR 基本的性质与功能外，还利用其发展传感器、进行碰撞实验和过孔研究[80]。20 多年后，我们终于在 2018 年在玻璃纳米双管上观察到 ICR 行为[81]。关键点是实验必须在悬空的情况下做，

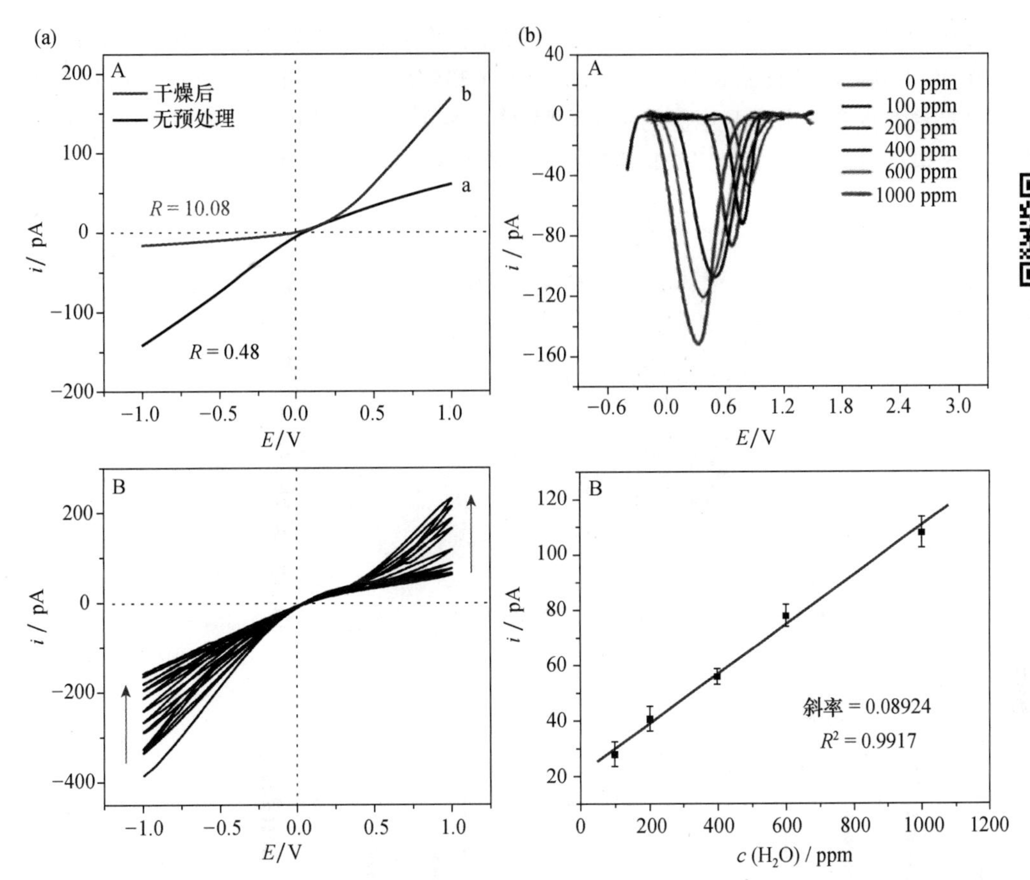

彩图 4.23

图 4.23　(a) 半径为 20 nm 的玻璃管在含有 5 μmol·L^{-1} TPAsTPB 的 DMF 溶剂中的电流-电势曲线。A 图中曲线 a 为 DMF 溶液没有预处理；曲线 b 是 DMF 溶液通过分子筛干燥。B 图中干燥过程，箭头所指方向为电流-电势曲线随时间的变化，扫描速度 50 mV·s^{-1}。(b) A 为 DMF 溶液中随着水的增加，金微电极得到的阴极微分脉冲溶出伏安图。B 为水浓度与电流之间的关系图。引自参考文献[79]。

即把充满溶液的双管悬空，和对于玻璃管进行化学修饰。通常情况下(即使在悬空的情况下)不能在纳米双管上观察到 ICR 现象，这主要是因为纳米双管具有几何对称性(图 4.24)。然而，在同样的实验条件下，可在微米双管上观察到 ICR 现象，可能的原因是由在分开两个管的玻璃隔膜上形成的纳米桥(nano bridge)或液体桥(liquid bridge)的大小决定的。我们发展了一种简化的模型解释了部分实验中所观察到的现象。

为了实现在玻璃纳米双管上观察到离子电流整流行为，需要对纳米双管的不对称性进行调控。最方便的办法是通过化学修饰(例如，硅烷化，采用高分子 PEIs，控制溶液的 pH)来调控两个通道和隔开两个通道之间的玻璃膜上所带电荷，从而产生电荷的不对称。例如，仅用 PEIs 修饰一个通道，在 pH 中性的条件下，可形成"+−−"这样的电荷模式，实验上可观察到二极管的行为[图 4.25(b)]；由于硅羟基通常在 pH>3 时是离解的状态，不修饰的玻璃管管壁带负电荷，其呈现的状态是"−−−"电荷模式，没有可观察到的 ICR 现象[图 4.25(a)]，实验结果是一条直线，即采用玻璃纳米双管可得到一个纳米电阻;如果把两个通道均采用 PEIs 进行修饰,而保持中间的隔膜不被修饰,得到的电荷模式是"+-+",实验中观察到的行为如图 4.25(c),是一个类似于双极性晶体管的电流与电势的关系。另外,通过硅烷化,可以使玻璃双管的三个部分不带电荷,即可形成"000"或其他组合的电荷模式。

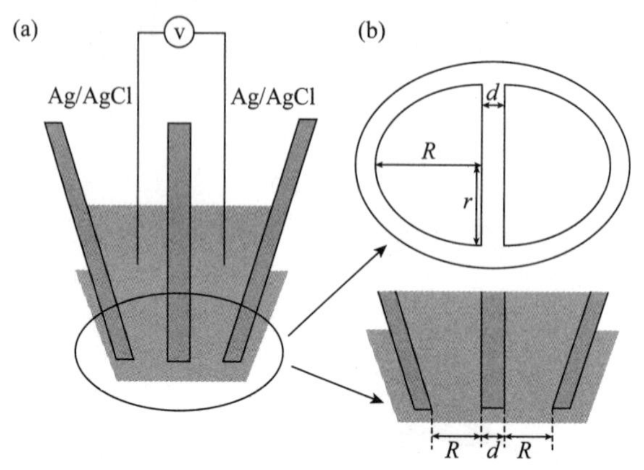

图 4.24 (a) 玻璃纳米双管进行 ICR 实验的示意图。(b) 上面是正面看尖端的放大图,下面是侧面看尖端的放大图。R 和 d 分别是两个通道的半径和两者之间隔膜的厚度(没有按照比例画)。引自参考文献[81]。

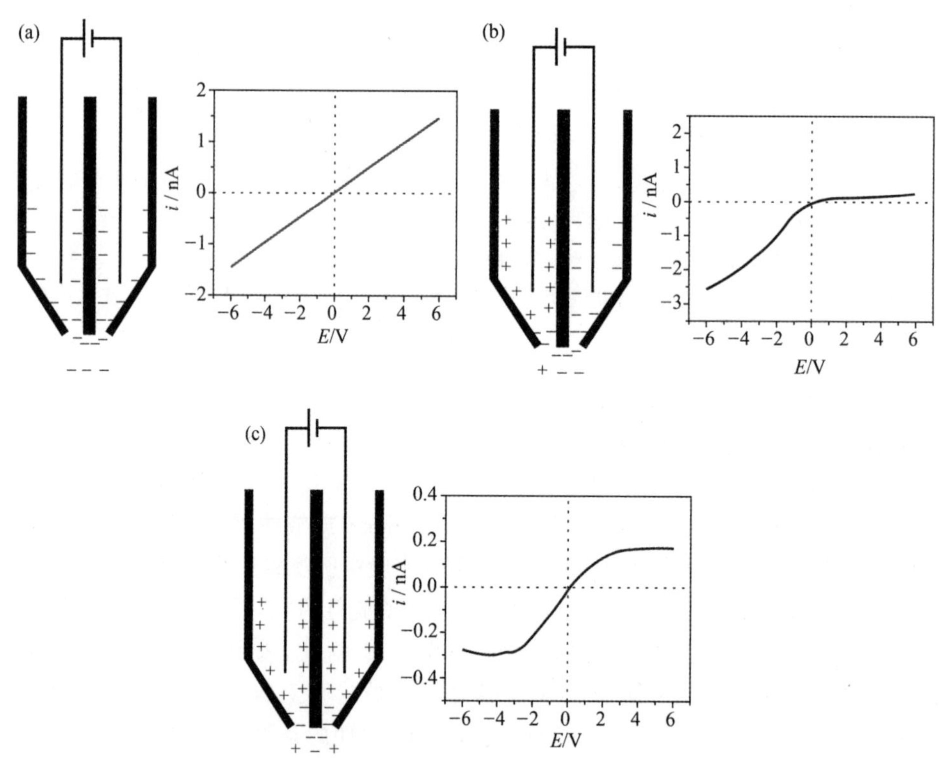

图 4.25 不同化学修饰情况下的离子电流行为:(a) 未修饰情况下玻璃纳米双管显示电阻的特性;(b) 一个通道采用 PEIs 修饰后所展示的二极管行为;(c) 两个通道均采用 PEIs 修饰后具有双极性晶体管特性。每个通道半径约 20 nm,KCl 浓度 10 $mmol \cdot L^{-1}$,扫描速度 100 $mV \cdot s^{-1}$。引自参考文献[81]。

从上述讨论可以看出，化学修饰，特别是在纳米管的情况下，可以发挥重要作用。基于玻璃纳米双管可构建纳米电阻、纳米二极管和纳米双极性晶体管等(图 4.26)。

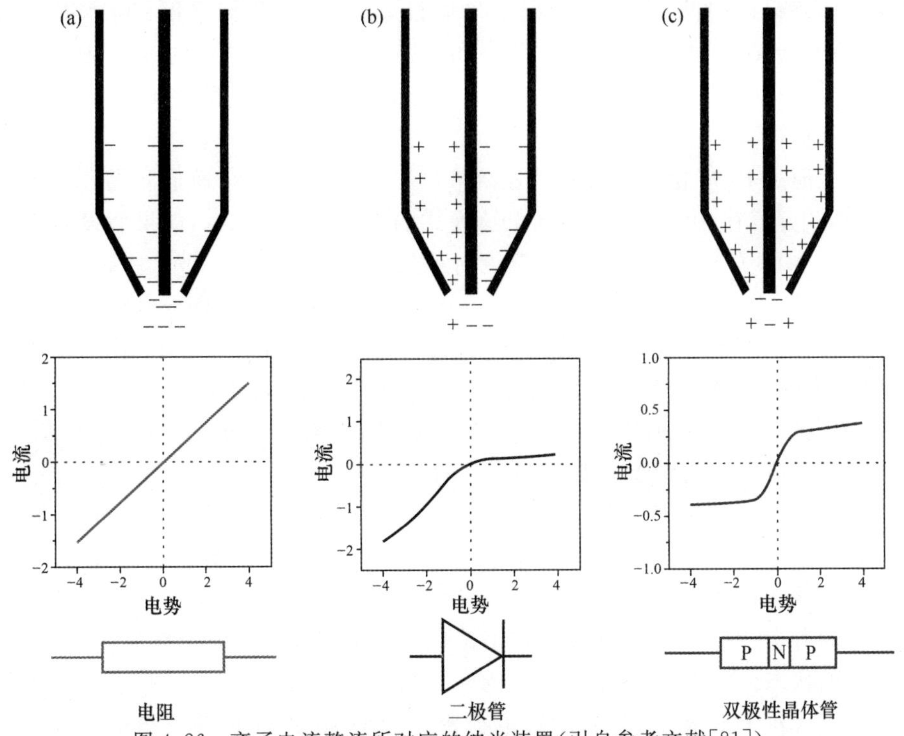

图 4.26　离子电流整流所对应的纳米装置(引自参考文献[81])。

我们基于数值模拟，提出了一种用于解释玻璃纳/微米双管的 ICR 行为的理论——三态电荷模型(ternary-form-charged model, TFC)[82]，对上述模型的不足进行了补充。如图 4.27 所示，我们将双管分为三个荷电的区域：左边区域、中间区域和

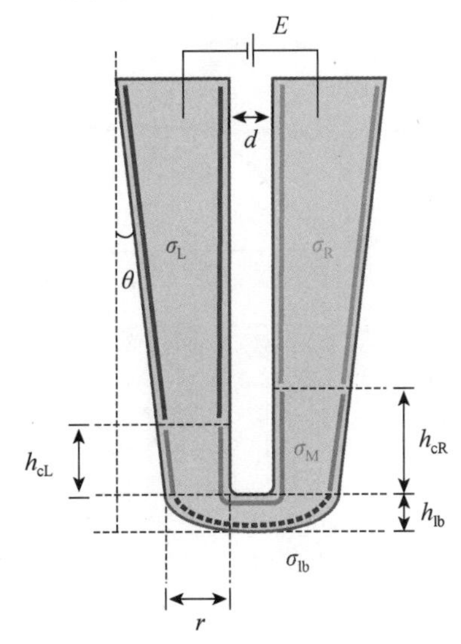

图 4.27　TFC 模型的各个参数(引自参考文献[82])。

彩图 4.27

右边区域，其中中间部分包括三部分：进入通道的部分(h_{cL} 和 h_{cR})和中间部分液体桥的高度为 h_{lb}。三个区域上的电荷密度分别是 σ_L(左边)、σ_R(右边)和 $\sigma_M+\sigma_{lb}$(中间)。在讨论液体桥荷电时除外，其他情况下均假设 σ_{lb} 为零。我们采用 COMSOL Multiphysics software (Comsol 公司)在稳态和室温下，数值模拟二维的玻璃双管的电流-电势、电势和浓度分布等行为，结合 Nernst-Planck-Poisson 方程，探讨管内和液体桥上的离子迁移过程。

实际上通过 PEIs 化学修饰和调控溶液的 pH，可以使两个通道和隔开通道的隔膜带不同的电荷，有八种可能的不同电荷模式的组合(图 4.28)。如果假设表面电荷的绝对值是 0.03 $C\cdot m^{-2}$，中间区域高度对称且等于 25 nm($h_{cR}=h_{cL}=25$ nm)，那么当 $\sigma_L>0$、$\sigma_M>0$、$\sigma_R>0$ 或 $\sigma_L<0$、$\sigma_M<0$、$\sigma_R<0$ 时，玻璃双管的离子电流行为是一个电阻的行为[图 4.28(a)和(d)]。图 4.29 显示了不同电荷密度、不同中间高度等情况下，详细模拟的一个纳米双管作为电阻元件的结果及电流-电势曲线。从图 4.29(c)得知，在外界电压作用下没有电势垒存在，电势的变化是渐变行为。当外加电压反向时，离子浓度显示对称地减少或富集[图 4.29(d)]。

当 $\sigma_L<0$、$\sigma_M<0$、$\sigma_R>0$ 或 $\sigma_L<0$、$\sigma_M>0$、$\sigma_R>0$ 时，一个纳米双管显示了 N 型二极管的特征[图 4.28(b)蓝线和(e)]，在负偏压作用下呈现的是导通状态，而在正偏压下是不通的状态；反之，当 $\sigma_L>0$、$\sigma_M>0$、$\sigma_R<0$ 或 $\sigma_L>0$、$\sigma_M<0$、$\sigma_R<0$ 时，呈现的是 P 型二极管的行为[图 4.28(b)红线]，在正偏压作用下呈现的是导通状态，而在负偏压下是不通的状态。图 4.30 给出了详细的模拟二极管的情况。其中图(a)显示了不同表面电荷密度对于 ICR 的影响，随着电荷密度的增加，其 ICR 现象越来越明显。图(b)和(c)分别是外加电势为 −0.5 V 和 0.5 V 时电势在双管上的分布；图(d)显示了不同的 h_{cR} 对于双管 ICR 的影响，在 5～30 nm 范围内 ICR 基本不变。图(e)和(f)分别是外加电势为 −0.5 V 和 0.5 V 时离子浓度在双管上的分布。

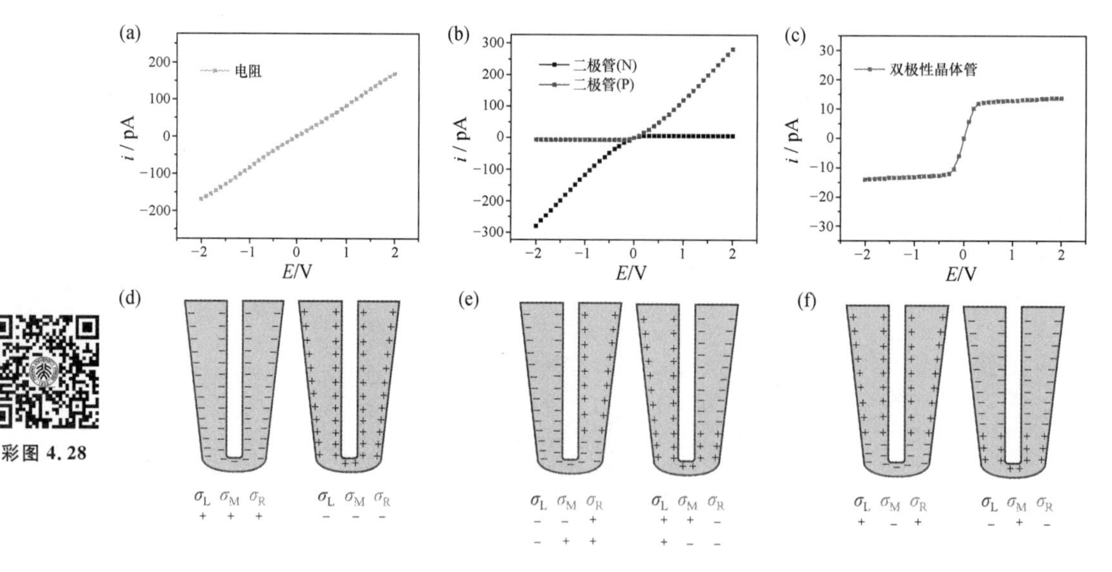

图 4.28 玻璃双管的八种电荷模式及模拟得到的相对应的电流-电势行为(引自参考文献[82])。

通过 PEIs 修饰可使 $\sigma_L>0$、$\sigma_M<0$、$\sigma_R>0$ 或 $\sigma_L<0$、$\sigma_M>0$、$\sigma_R<0$[图 4.28(c)和(f)]，纳米双管显示了双极性晶体管(bipolar junction transistor，BJT)特性。另外，也探讨了产生 pseudo-BJT 和不对称 BJT 的原因并进行了数值模拟。

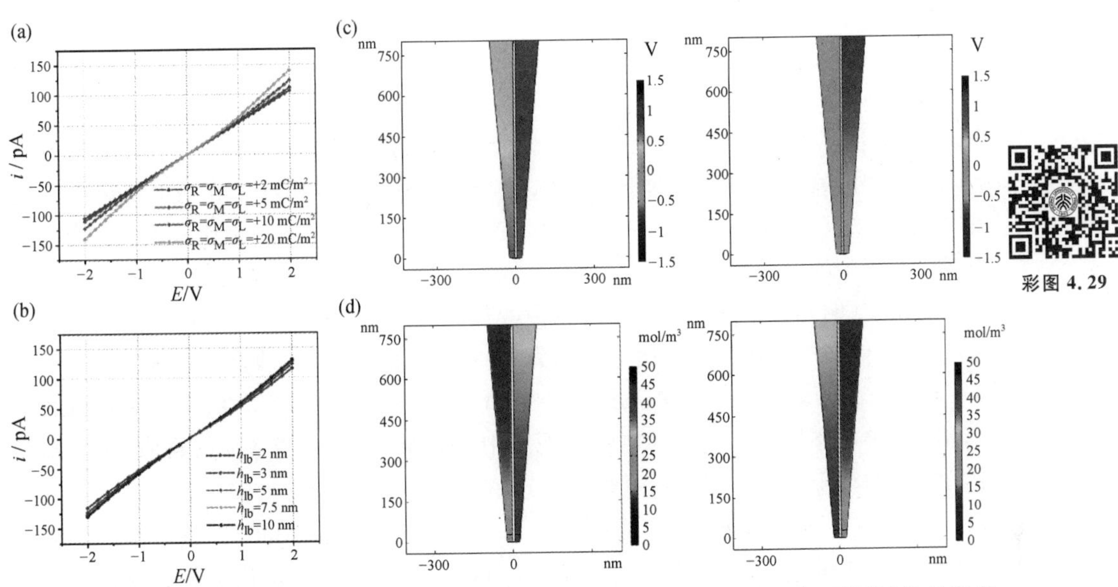

图 4.29　(a) 不同电荷密度下的玻璃双管的电阻行为(电荷模式“+++”)；(b) 不同液体桥高度时的电阻行为；(c) 在外加电压+1.0 V(左)和−1.0 V(右)时一个玻璃双管的电势分布；(d) 在外加电压+1.0 V(左)和−1.0 V(右)时一个玻璃双管上的总离子浓度分布(引自参考文献[82])。

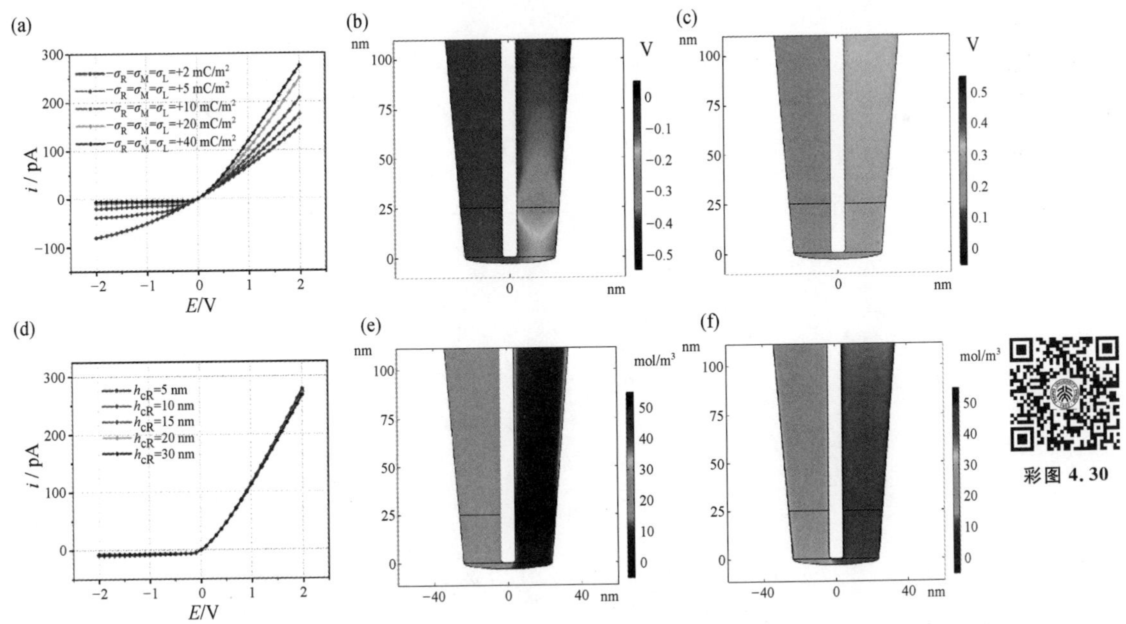

图 4.30　(a) 不同电荷密度下玻璃双管的二极管行为(电荷模式“++−”)；在外加电压−0.5 V(b)和+0.5 V(c)时一个玻璃双管的电势分布；在外加电压−0.5 V(e)和+0.5 V(f)时一个玻璃双管上的总离子浓度分布；(d) 不同液体桥高度时的二极管行为(引自参考文献[82])。

4.3 液/液界面与物质在两相中的分配

在制药工业中的一个重要参数是 $\lg P$，定义为一种物质在水和正辛醇(n-octanol，OC)之间的分配系数。两相中物质的分配与萃取、化学传感器研究和药代动力学密切相关[83-85]。液/液界面电分析化学是一个研究两相分配的非常有用的平台。类似于腐蚀研究中的氧化还原体系的 Pourbaix 图(电势-pH 图)，Girault 等提出了离子分配图(ionic partition diagram，IPD)的概念，该 IPD 可以图示化各种物质在不同 pH 和电势下在两相中的分配情况，即占主导的区域和分开这些区域的等浓度线。当一种可质子化的物质(例如，一种碱 B)溶于两相中的任一相，在两相之间会建立一种热力学平衡，该平衡依赖于它在两相中的离解能力、各种形式的亲和力及两相的相比。

图 4.31(a)显示了水相中亲水中性物质的浓度作为变量的二维作图，清楚地展示了不同物种在不同 pH 和不同电势下两相中的分布；对于一个亲油的物质，由于水相中的浓度相对于有机相中的浓度很小，需要将其在有机相中的浓度作为变量进行考虑[图 4.31(b)]。对于亲油的一元碱 B($\lg P_{\mathrm{B}}^{\mathrm{o}}>0$)在液/液界面两相的分配，第一条等浓度线[图 4.31(b)曲线 1]是两种带电物种$(\mathrm{BH}^{+})^{\mathrm{w}}$ 和$(\mathrm{BH}^{+})^{\mathrm{o}}$ 浓度相等的描述。在该

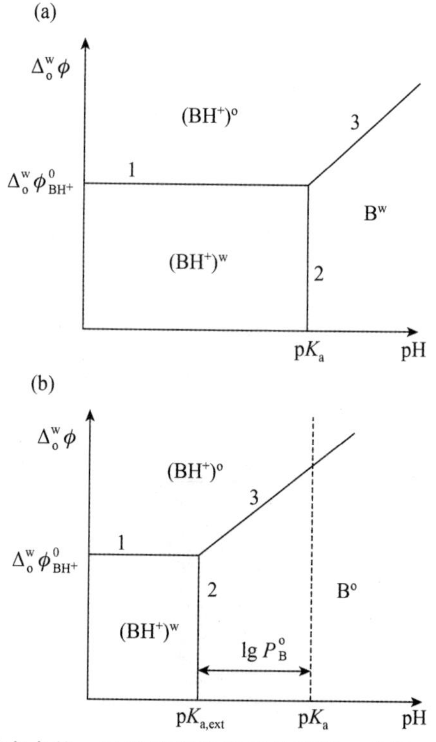

图 4.31 (a) 对于一种亲水的一元碱的理论离子分配图。曲线 1、2 和 3 是等浓度边界线。(b) 对于一种亲油的一元碱的理论离子分配图。曲线 1、2 和 3 是等浓度边界线。虚线表示其在水溶液中的离解常数。引自参考文献[83]。

情况下，Nernst 公式可简化为

$$\Delta\phi_{o}^{w}=\Delta\phi_{BH^+}^{0} \tag{4.19}$$

这里 $\Delta\phi_{BH^+}^{0}$ 是 BH^+ 的标准转移电势。

界面的酸碱平衡反应如下：

$$B^o+H_2O \rightleftharpoons (BH^+)^w+(OH^-)^w$$

溶液中的离解常数和分配系数之间的关系可容易地推导出来：

$$K_a^w=\frac{a_B^w \cdot a_{H^+}^w}{a_{BH^+}^w}=\frac{a_B^o}{a_{BH^+}^w}\cdot\frac{a_{H^+}^w}{P_B^o} \tag{4.20}$$

或

$$pK_a^w=-\lg\left(\frac{a_B^o}{a_{BH^+}^w}\right)+pH+\lg P_B^o \tag{4.21}$$

在较稀的溶液中，可以忽略活度系数，那么水溶液中的$(BH^+)^w$ 与有机相中的中性物质 B 之间的等浓度曲线(曲线 2)为

$$pH=pK_a^w-\lg P_B^o \tag{4.22}$$

该 pH 对应值定义为萃取离解常数 $pK_{a,ext}$，它通常要比 pK_a 低。

基于同样的方法，$(BH^+)^o$ 与 B^o 之间的等浓度曲线为图 4.31(b)中的曲线 3，在稀释的溶液中可表示为

$$\Delta_o^w\phi=\Delta_o^w\phi_{BH^+}^0+\frac{2.3RT}{F}(\lg P_B^o-pK_a^w)+\frac{2.3RT}{F}pH \tag{4.23}$$

采用构建一元碱离子分配图相同的方法，也可得到如图 4.32 的一元酸(AH)的离子分配图。图 4.32(a)是亲水一元酸的离子分配图。图 4.32(b)是疏水一元酸的离子分配图，三条等浓度线如下：

曲线 1：$\Delta_o^w\phi=\Delta_o^w\phi_{A^-}^0$

曲线 2：$pH=pK_a^w+\lg P_{AH}^o$

曲线 3：$\Delta_o^w\phi=\Delta_o^w\phi_{A^-}^0-\frac{2.3RT}{F}(\lg P_{AH}^o+pK_a^w)+\frac{2.3RT}{F}pH$

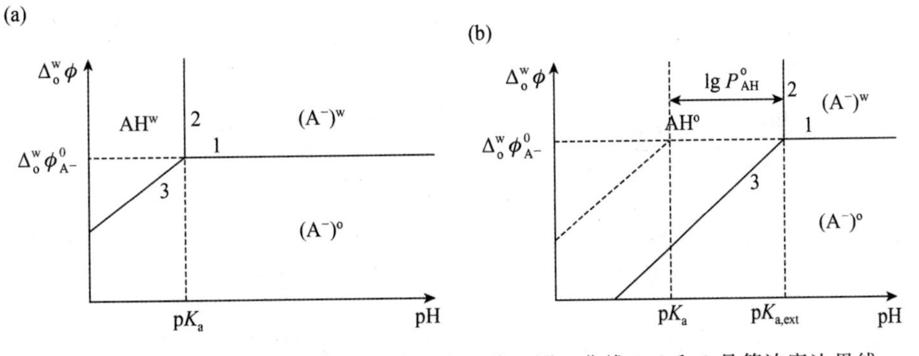

图 4.32　(a) 对于一种亲水一元酸的理论离子分配图。曲线 1、2 和 3 是等浓度边界线。(b) 对于一种亲油的一元酸的理论离子分配图。曲线 1、2 和 3 是等浓度边界线。虚线表示其在水溶液中的离解常数。引自参考文献[83]。

在考虑相比的情况下，通过摩尔数而不是浓度，可得到更加通用的离子分配图。对于理想溶液，一种酸的平衡可简化为

$$K_a = \frac{c_B^w a_{H^+}^w}{c_{BH^+}^w} = \frac{n_B^w a_{H^+}^w}{n_{BH^+}^w} \tag{4.24}$$

这里 n_i^w 是物质 i 在水溶液中的物质的量(摩尔数)。让我们首先来定义一个体系中的总的中性物质的摩尔数 $n_{B,tot}$ 和相比 r：

$$n_{B,tot} = n_B^w + n_B^o \tag{4.25}$$

$$r = V^o/V^w \tag{4.26}$$

BH^+ 的摩尔数之比为

$$\frac{n_{BH^+}^o}{n_{BH^+}^w} = \frac{V^o c_{BH^+}^o}{V^w c_{BH^+}^w} \tag{4.27}$$

图 4.33 中曲线 1 定义的有机相与水相中 BH^+ 相等的公式是

$$\Delta_o^w \phi = \Delta_o^w \phi_{BH^+}^0 - \frac{2.3RT}{F} \lg r \tag{4.28}$$

整合上述公式可得

$$\frac{n_{BH^+}^o}{n_{BH^+}^w} = \frac{K_a}{a_{H^+}^w}(1 + rP_B^o) \tag{4.29}$$

因此，图 4.33 中曲线 2 对应的公式($n_{BH^+}^w = n_{B,tot}$)是

$$pH = pK_a^w - \lg(1 + rP_B^o) \tag{4.30}$$

曲线 3($n_{BH^+}^o = n_{B,tot}$)是

$$\Delta_o^w \phi = \Delta_o^w \phi_{BH^+}^0 - \frac{2.3RT}{F}(pK_a - \lg r) + \frac{2.3RT}{F} pH \tag{4.31}$$

显然该曲线同时依赖于电势和 pH，且随着相比的增加$(BH^+)^w$ 占主导区域减少。

同理，可画出通过摩尔数来描述的一元酸的离子分配图(图 4.34)。

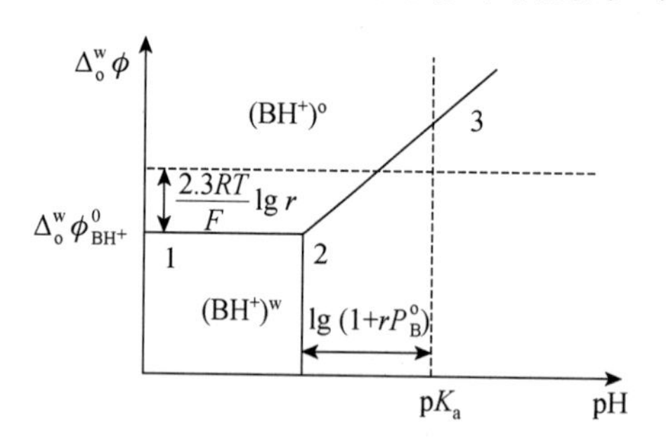

图 4.33 以摩尔数计算的一元碱的理论离子分配图(引自参考文献[83])。

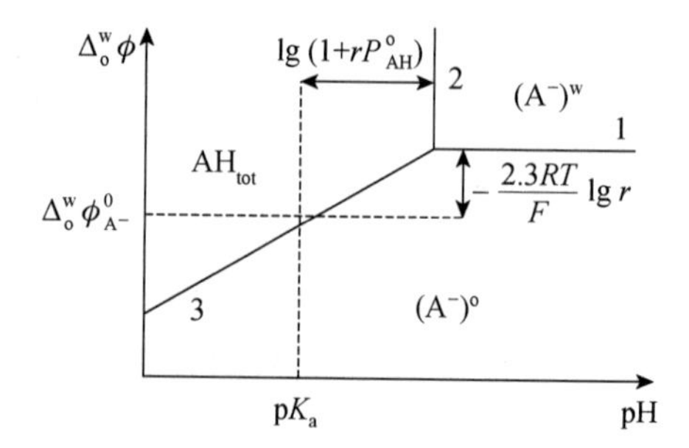

图 4.34 以摩尔数计算的一元酸的理论离子分配图(引自参考文献[83])。

图 4.31 与 4.32 是图 4.33 和 4.34 的特殊情况。当相比为 1 而 P 接近于零时，对应于一种亲水的物质，图 4.33 可简化为图 4.31(a)，图 4.34 简化为图 4.32(a)；相反，相比为 1 而 P 很大(一种疏水的物质)时，图 4.33 和 4.34 分别简化为图 4.31(b)和 4.32(b)。对于相比很小的情况，具有重要的药代价值，在药物释放过程中会经常遇到。

另外，他们还采用液滴三电极系统从实验的角度研究了疏水一元碱(3,5-N,N-四甲基苯胺)和一元酸(2,4-二硝基酚)在不同 pH 和不同相比的情况下的转移反应，通过求算标准转移电势进一步构建了离子分配图，可以一目了然地展示不同电势和 pH 下各种形态的分配情况。

采用液滴三电极系统我们探讨了相比 r 对于离子分布的影响[86]。利用直径 2 mm 的银丝电镀成为 Ag/AgCl 和 Ag/TPBCl 电极，分别用来支撑水相或有机相，这样可研究相比在 0.004～1 和 1～2500 之间、吡啶在 W/DCE 界面上的分配行为。图 4.35 显示了一些代表性相比情况下吡啶在液/液界面上的分配行为。

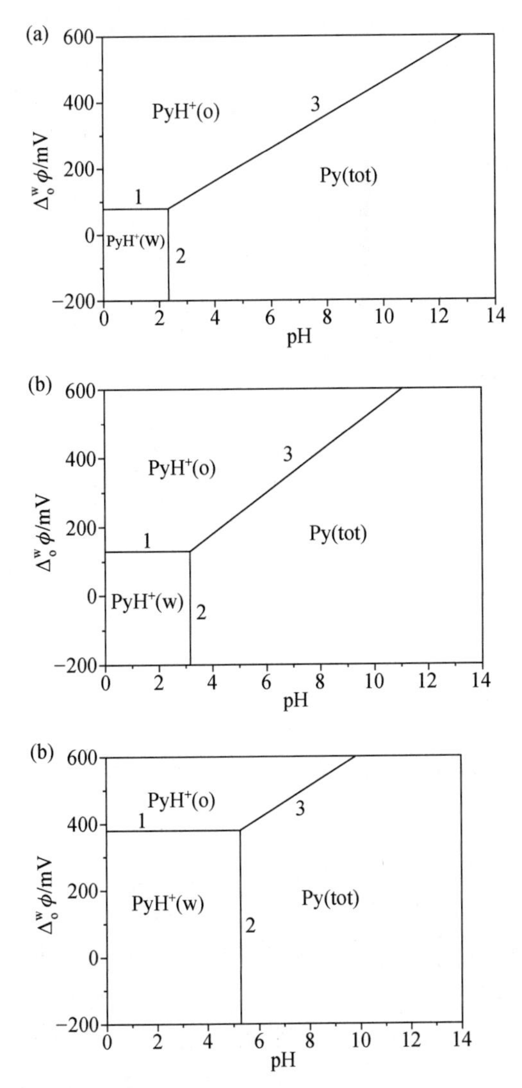

图 4.35　不同相比情况下的离子分配图：(a) r=1000；(b) r=150；(c) r=0.01(引自参考文献[86])。

脂溶性(lipophilicity)是理解药物在生命体系中作用的最重要的性质之一，由于卵磷脂是生物膜的主要组成部分，而正辛醇(OC)性质与卵磷脂类似，可采用 W/OC

界面来模拟生物膜界面上的电荷转移过程。通过实验得到带电物质的标准转移电势，由下列公式可容易地求得 $\lg P$：

$$zF\Delta_{o}^{w}\phi_{i}^{0}=\Delta_{o}^{w}\phi_{tr,i}^{0,w\to o}=-2.303RT\lg P_{i}^{o} \tag{4.32}$$

然而由于大多数物质在 OC 中的溶解度较小，使电化学测量具有很大的挑战。为了解决该问题，我们采用玻璃纳米管来支撑纳米级的 W/OC 界面，观察到的电流均在 pA 级，从而可以很好地克服 iR 降的影响，得到了一系列离子转移的伏安图[87]（图 4.36）。该类纳米管是尖端部分很短的一类。图 4.36(a)显示了我们根据实验结果假设的纳米级 W/OC 界面的形状，与微米级液/液界面不同，该纳米级的液/液界面管内和管外均呈现半球形扩散场，因此得到的循环伏安图均为稳态或接近于稳态的曲线。图 4.36(b)是一些离子转移反应得到的微分脉冲伏安图(DPV)，从该图可以较容易地得到转移反应的峰电势，进而得到转移的标准电势和 $\lg P$。

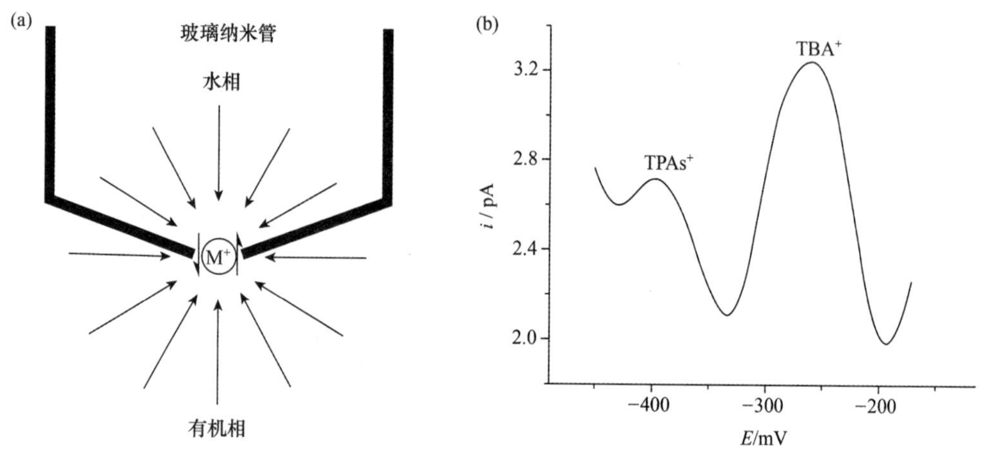

图 4.36 (a) 纳米级 W/OC 界面可能的扩散场；(b) $TPAs^{+}$ 和 TBA^{+} 在 W/OC 界面上转移的 DPV 图(引自参考文献[87])。

4.4 基于液/液界面的传感及分析应用

基于液/液界面的分析化学应用主要包括两个方面：一是可提供一些基本的参数用于解释发生在膜离子选择性电极上的响应(化学传感器)[88]，例如，将离子选择性试剂加入到有机相中，如果能够观察到加速离子转移反应，就有可能做成该离子的选择性电极，可加速离子选择性电极的筛选与研制；并通过电势的差(简单离子转移与加速离子转移)，求算出其配位常数等热力学数据。二是大多数简单离子及加速离子转移过程是可逆的，转移反应产生的电流与转移过程中所涉及的离子的浓度成正比，这样可用于设计安培型离子传感器[89,90]。主要的优点是两相均可调节，例如，根据需要可选择加速离子的化合物，从而提高分析测试的选择性；另外可以通过调制外加电势来提高分析测试的灵敏度，例如，通过 DPV 溶出的方法来测量微摩尔的钙或铯离子(图 4.37)[91]。当然，这种方法也存在一些缺点：一是界面的机械稳定性较差，二是采用的有机相具有很大的 iR 降。人们主要采用把电解质固化的方法来克服机械不稳定性,例如,采用琼脂来固化水相及用 PVC 来固化有机相等。电荷在液/琼脂界面或液/PVC 界面上的转移反应已成功地应用于设计安培型传感器[92-96]。

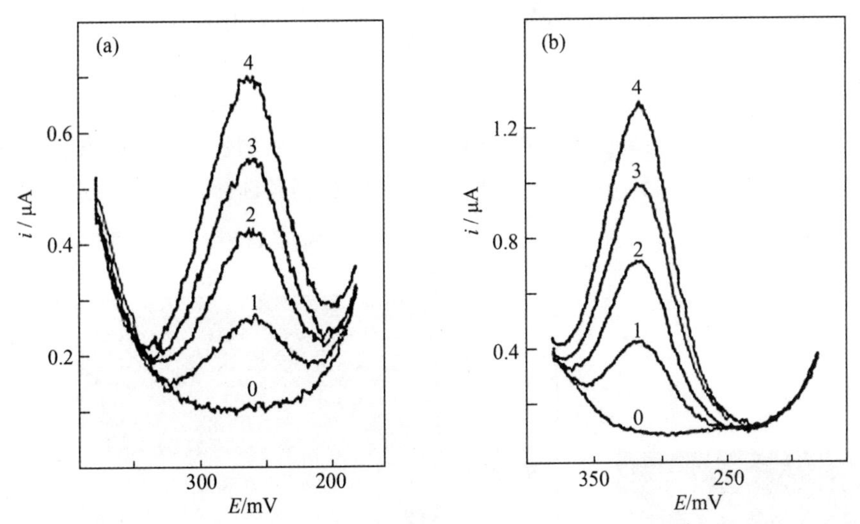

图 4.37　采用悬液滴的电极得到的 DPV 溶出图:(a) Ca^{2+};(b) Ba^{2+}。水溶液中含有 2.5 mmol · L^{-1} $MgCl_2$,有机相(NB)中含有 5 mmol · L^{-1} TBATPB、1 mmol · L^{-1} 大环聚醚二酰胺。引自参考文献[91]。

解决 iR 降影响的方法之一是将液/液界面微型化。例如,我们采用玻璃微米管支撑的微米级 W/DCE,用于探讨多巴胺在液/液界面上的简单离子、加速离子和其与有机相中电对(Fc)之间的电子转移反应[97](图 4.38)。这种神经递质分子结构上的独特性[图 4.38(a)]使其既可在液/液界面上进行电子转移反应(位点 1),也可进行离子

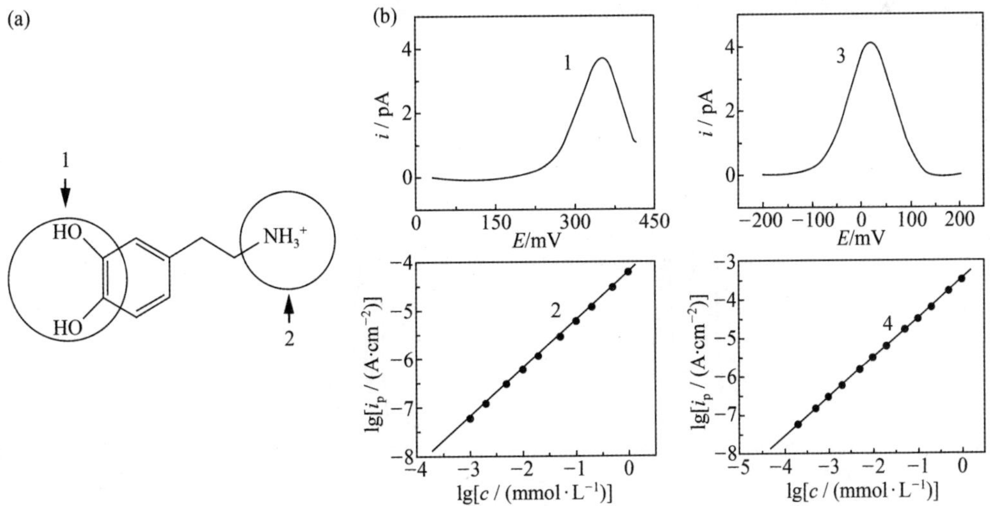

图 4.38　(a) 多巴胺的结构示意图;(b) 曲线 1 和 2 是基于离子转移的 DPV 图和浓度与电流之间的关系曲线,曲线 3 和 4 是基于加速离子转移的 DPV 图和浓度与电流之间的关系曲线。引自参考文献[97]。

转移反应(位点 2)。另外,该方法相对于固/液界面的电化学测量方法的一个优点是可以摆脱抗坏血酸的影响。通常生物样品中两者共存,且氧化还原电势相近,相互影响。但在进行液/液界面电荷转移反应时,在生理 pH 条件下,多巴胺带正电荷,而抗坏血酸带负电荷,相互不干扰,分别在电势窗的两端发生转移反应。

Girault 和 Lee 采用在高分子薄膜(23 μm 厚)上用激光钻孔形成微米阵列电极,在这些孔中形成 NOPE-PVC 膜/W 界面,用于构筑非氧化还原传感器作为色谱的检测器(图 4.39)[98,99]。这种安培型离子传感器一方面采用 PVC 凝胶增强了其机械稳定性,另一方面可通过在凝胶中加入不同的离子受体(ionophore)提高其选择性(图 4.40)。

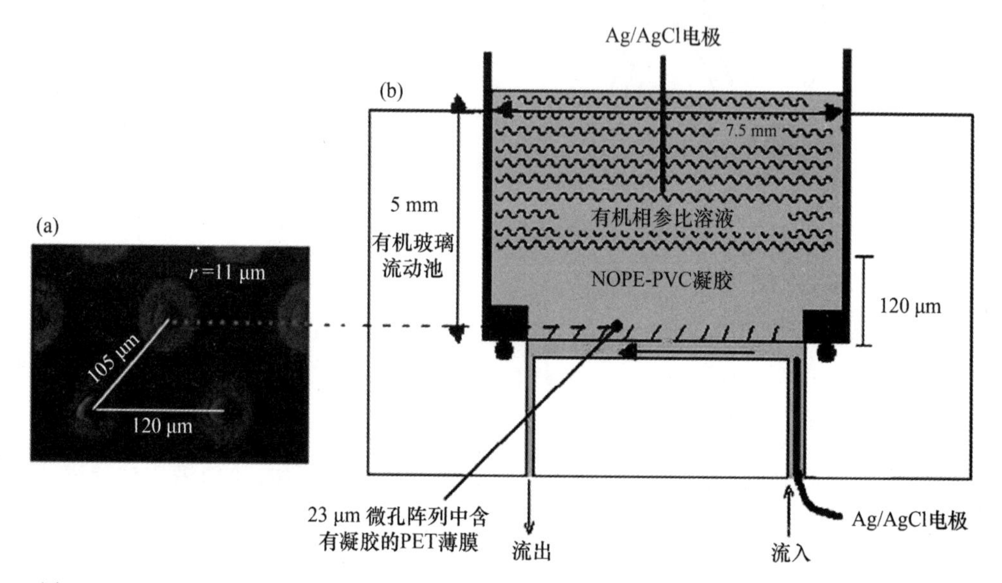

图 4.39 (a) 微孔阵列电极的扫描电镜图,NOPE-PVC 是在 70℃时成膜;(b) 简化的用于色谱检测的流动池(引自参考文献[99])。

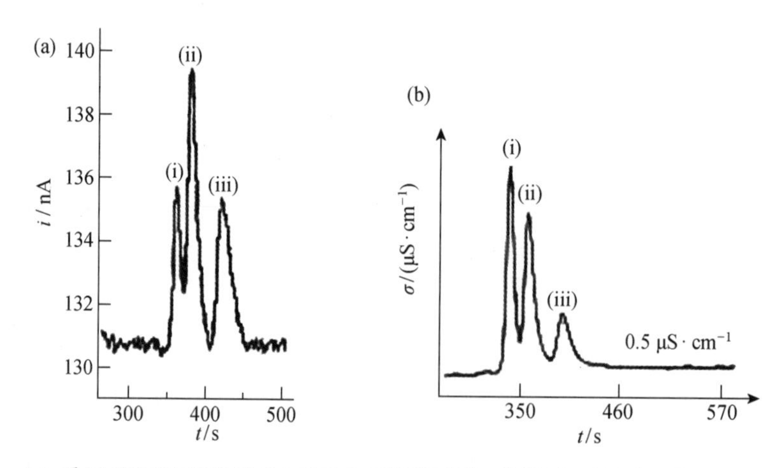

图 4.40 (a) 采用 NOPE-PVC 膜/W 界面电极所得到的不同阳离子的脉冲伏安图,外加电势为 280 mV。(b) 基于 NOPE-PVC 膜/W 界面所得到的色谱图:(i) Na^+;(ii) NH_4^+;(iii) K^+,流速 0.85 $L \cdot min^{-1}$,5 $mmol \cdot L^{-1}$ 酒石酸作为载体。引自参考文献[99]。

与上述工作类似，Sawada 等将基于 W/NOPE 界面的 Li^+ 离子选择性电极作为流动注射分析的检测器，在高浓度 Na^+ 存在下检测了血样中的 Li^+[100]。

正如我们上述所提到的那样，基于液/液界面电化学研究的相关进展对于探讨电势法传感器[或称为离子选择性电极(ISE)]、发展新型电势法传感器等提供了新的途径。Bakker 等基于液/液界面电化学的原理提出了一种新的电势法——动态电势法(dynamic potentiometry)[101,102]，图 4.41 对比了常规电势法与动态电势法的不同。

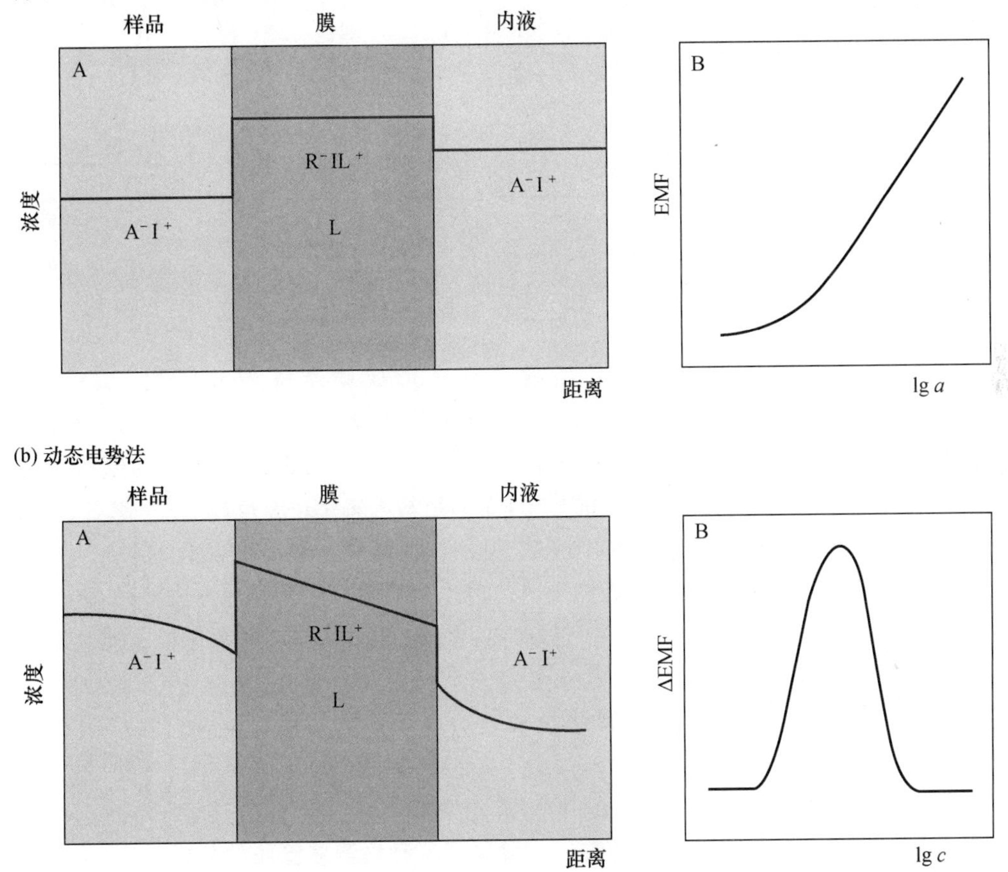

图 4.41　常规电势法与动态电势法的对比。(a) 常规电势法的原理示意图。在界面附近浓度的变化可忽略不计，穿过膜的电势直接与溶液中的电势有 Nernst 关系。A：穿过膜的浓度梯度，在膜中含有阳离子交换剂 R^-、疏水的离子受体 L，L 能够与待分析物 I^+ 形成稳定的配合物 IL^+。B：典型的电动势与溶液中离子的活度对数关系曲线。在接近于检出限(LOD)时，这种线性关系消失。(b) 动态电势法示意图。膜两边不对称的离子交换程度产生了待分析离子与带相同电荷的竞争离子之间的反向扩散。其结果是在膜表面的浓度与样品中的离子浓度有很大的不同(A)。两个膜界面的测量是相对的，它们之间离子流量的微小差别可得到一个灵敏的峰形响应(B)。引自参考文献[101]。

基于上述类似的方式，Bakker 等发展了一系列的离子选择性电极的新方法，例如，脉冲离子选择性电极法(pulstrodes)、计时电势法(chronopotentiometry)和薄层离子选择性库仑法(thin layer ion-selective coulometry)。图 4.42 显示了基于薄膜电极可进行离子溶出伏安法的原理示意图[101,103-105]。Amemiya 等探讨了全固态薄膜电极应用于改善该类伏安法[103-105]。对于该图粗略地看，与我们上面介绍的液滴三电极系统很类似[86,106]，其本质上就是用薄膜代替了微小液滴，使离子-电子耦合反应决定电势窗等。

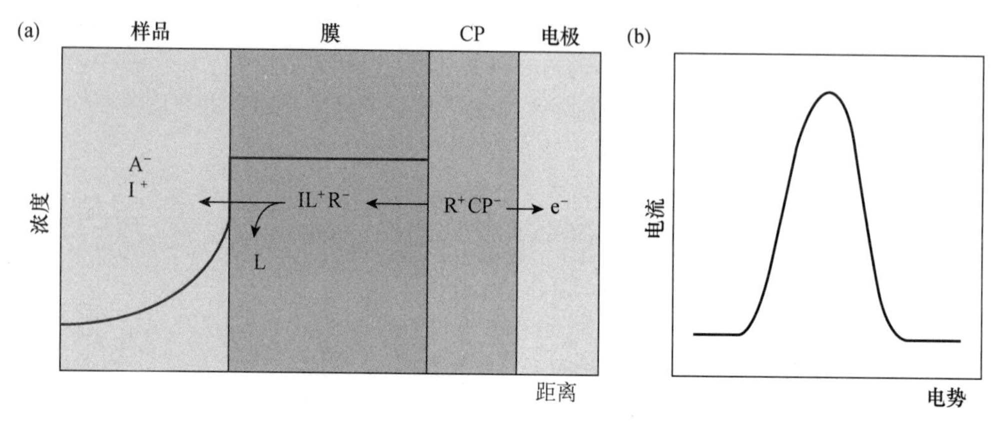

图 4.42　基于膜电极的离子溶出伏安法示意图。图(a)显示在恒电势条件下先进行离子从样品中富集到薄膜中；图(b)是在检测过程中溶出。引自参考文献[101]。

除了利用在高分子薄膜上采用激光钻孔形成微米阵列并应用于分析检测[99,107,108]外，采用其他材料来制备支撑微米级或纳米级液/液界面并用于分析检测，也已有不少报道[109-114]。Arrigan 等总结了基于微米级液/液界面电化学的电荷转移反应用于分析检测离子及可离子化的分子，而不是基于氧化还原反应[115]。沸石、γ-矾土、SiO_2 和 Si_3N_4 等材料已用于支撑液/液界面。前两种材料有商品化的供给，但缺点是孔的数目和孔之间的间距很难控制。通过光刻技术及化学腐蚀方法可在 SiO_2 材料上制备 10～50 μm 大小的孔阵列[112]；而通过电子束加工技术结合化学腐蚀法可制备孔大小为 30～500 nm 的阵列[113]。

利用微阵列液/液界面，基于离子转移反应或加速离子转移反应已发展了一些分析检测小分子的方法[116-119]。Arrigan 等采用薄的 Si 膜，利用干和湿刻蚀法制备了半径为 26.6 μm、间隔为 500 μm 的 8 个孔阵列，用于支撑 W/DCE 界面。利用 DB18C6 加速多巴胺在界面上的转移反应发展了一种检测多巴胺的分析方法，结合脉冲伏安法或方波伏安法，可检测到 0.5 $\mu mol \cdot L^{-1}$ 多巴胺[116]。Pereira 等采用激光在聚对苯二甲酸乙二酯(PET)薄膜上打孔的方法，得到直径为 10 μm、间隔 100 μm 的 66 个阵列电极，用于支撑 W/DCH(1,6-dichlorohexane，二氯己烷)界面；他们探讨了多巴胺和去甲肾上腺素在该界面上的转移反应，并结合脉冲伏安法检测了这两种神经递质，遗憾的是不能同时检测两者[117]。Girault 等采用这类微阵列电极研究了胆碱的分析检测[118]。Arrigan 等采用微阵列液/液界面，并结合加速离子转移反应，研究了短肽(2～4 个氨基酸)在界面上的转移行为，并发展了分析检测它们的方法[119]。

我们在 4.3 节中介绍了离子在两相中的分配行为，所探讨的许多离子是药物离子[86]。利用微阵列液/液界面，Arrigan 等发展了一种检测 β-抑制剂普萘洛尔的分析方法[120]。Wilson 等基于类似的液/液界面阵列电极探讨了磷酸腺苷在 W/DCE 界面的转移反应行为，可得到三个衍生物（AMP，ADP 和 ATP）的转移峰[121]。

Arrigan 等通过在厚度为 50 nm 的 SiN 薄膜上打孔，制备不同间距的阵列电极用于支撑 W/DCH 界面，孔的大小为 26～37 nm 不等[122-124]。他们以四丙铵阳离子（$TPrA^+$）在界面转移反应的循环伏安图来判断多大的间距可以避免扩散场的重叠，发现当间距 r_c 与孔半径 r_a 之比 $r_c/r_a \geqslant 56$ 时，可得到独立的纳米级液/液界面上可观察到的稳态电流。该值比固体微纳米阵列电极需要的值 $r_c/r_a \geqslant 20$ 大很多（图 4.43）。微纳米阵列电极用于液/液界面电荷转移反应研究，其优势类似于固体阵列电极，可减少或消除 iR 降的影响，同时增加电流信号值；但其复杂性也很明显，即支撑膜的厚度问题，这样比较难准确控制界面的位置（是在膜内的某个位置或在膜外?）。另外，孔的大小与膜厚度之比也是需要考虑的。

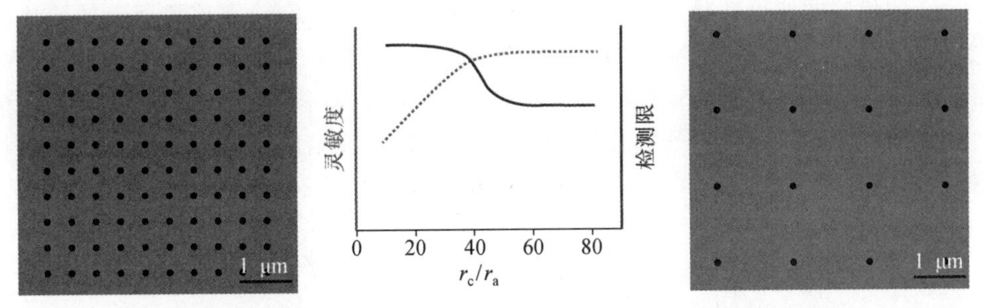

图 4.43　纳米阵列液/液界面上间距 r_c 与孔半径 r_a 之比与灵敏度和检测限之间的关系图（引自参考文献[122]）。

苏彬等采用更小的纳米阵列（纳米孔直径 2～3 nm）与微米孔（直径 5 μm）组合发展了一种支撑纳米级液/液界面的方法[125,126]。由于该组合的纳米级超小孔道和所带电荷为负，带正电荷和大于该孔道的分子均无法通过，使其具有选择性检测和分离离子的能力。另外，他们应用该类纳米阵列液/液界面发展了一种检测药物美托洛尔的方法[126]。

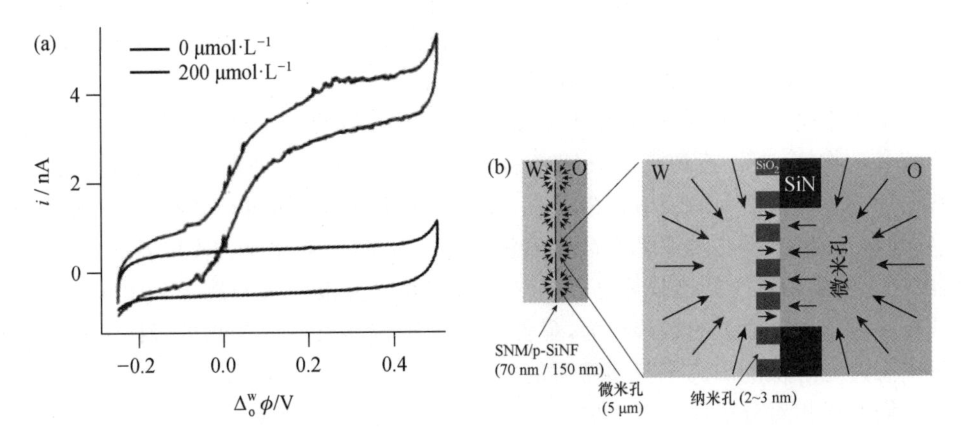

彩图 4.44

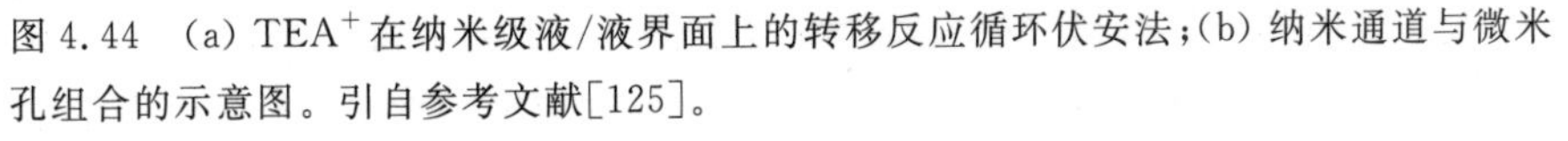

图 4.44　(a) TEA^+ 在纳米级液/液界面上的转移反应循环伏安法；(b) 纳米通道与微米孔组合的示意图。引自参考文献[125]。

基于液/液界面上的电荷转移反应也已应用于探讨生物大分子,例如,多肽、蛋白质、核酸和糖类化合物[127-134]。相对于小分子化合物,大分子在界面上的行为要复杂得多,除了可能的转移反应外,这些大分子在界面上经常会发生吸附/脱附过程,以及在溶液中发生聚集等。Vanysek 等采用大的 W/NB 界面研究过卵白蛋白、大肠(杆)菌素和牛血清蛋白[127,128]。他们没有观察到伏安或线性扫描伏安峰,仅通过阻抗谱观察到浓度变化引起的阻抗的变化,表明这些蛋白分子在界面上有吸附。可能的原因是他们没有适当地控制 pH,没有质子化这些蛋白分子。另外可能的原因是所采用的 W/NB 界面电势窗比较窄,可观察到的离子转移反应有限。Amemiya 等采用玻璃微米管支撑的 W/NB 界面研究了鱼精蛋白在该界面上的转移行为[129,130](图 4.45)。鱼精蛋白是含有 30 个氨基酸的多肽,等电点 12,在 pH 小于 12 时带有 20 个正电荷。从图 4.45 的伏安曲线可知是一个不对称的循环伏安图,与 TEA^+ 在该界面上的转移反应类似。他们采用极性较 NB 差的溶剂作为有机相,进一步探讨了鱼精蛋白在 W/DCE 和 W/DCH 界面上的转移反应。发现在鱼精蛋白转移前有一峰,被认为是鱼精蛋白在界面上吸附引起的。他们还采用电势阶跃计时安培法测量了鱼精蛋白在水相的扩散系数是$(1.2\pm0.1)\times10^{-6}\,cm^2\cdot s^{-1}$,并确认了带有 20 个正电荷。

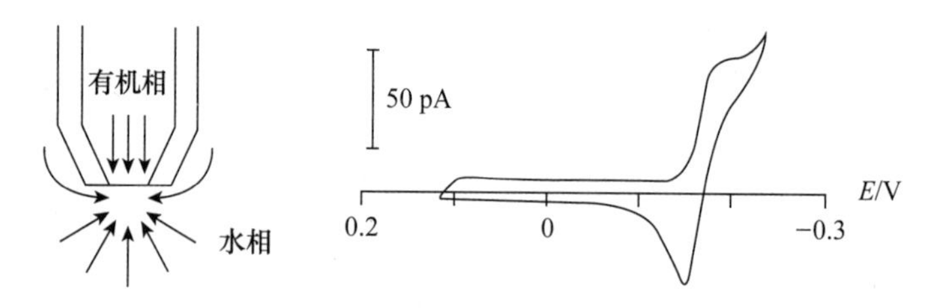

图 4.45　鱼精蛋白在 W/NB 界面上的转移循环伏安图(引自参考文献[129])。

Samec 等研究了鱼精蛋白在 W/DCE 界面上转移反应的机理[131],发现有机相中不同支持电解质的大的阴离子能够使鱼精蛋白的转移峰发生移动,说明它们可与这种大的阳离子形成离子对,参与了这种大的带有多个电荷的分子的转移。他们采用光学散射技术测量了界面的表面张力,从而计算出该离子对表面的最大覆盖率为 $8\times10^{-11}\,mol\cdot cm^{-2}$,分子面积是 210 $Å^2$。

胰岛素也是一种多肽,相对分子质量(约 6000)较鱼精蛋白(4500)稍大一点,用于调节哺乳动物糖代谢,胰岛素的失调可引发糖尿病。Jensen 等采用交流伏安法探讨了其在 W/DCE 界面上的吸附行为[132]。在中性 pH 下其带负电荷,吸附在水相一侧。几乎同时,Arrigan 等主要采用循环伏安法也研究了胰岛素在 W/DCE 界面上的转移过程[133]。在溶液 pH 低于其等电点(5.4)时,它在水溶液中为阳离子。图 4.46 显示了其在 W/DCE 界面上的转移行为,显然存在一种转移反应后产物的吸附。另外,有机相中支持电解质的阴离子与胰岛素的相互作用类似于鱼精蛋白。

人们对于相对分子质量更大的分子,例如蛋白质,也利用液/液界面电化学进行了探讨[134-142]。我们利用玻璃微米管支撑 W/DCE 界面,研究了血红蛋白(cyt c)在不同有机相支持电解质下的界面转移行为[134]。在电势窗较窄的含 TBATPB 体系中只能够观察到吸附过程;在电势窗较宽的含 TBATPBCl 和 TBATPBF 的体系中,可以同

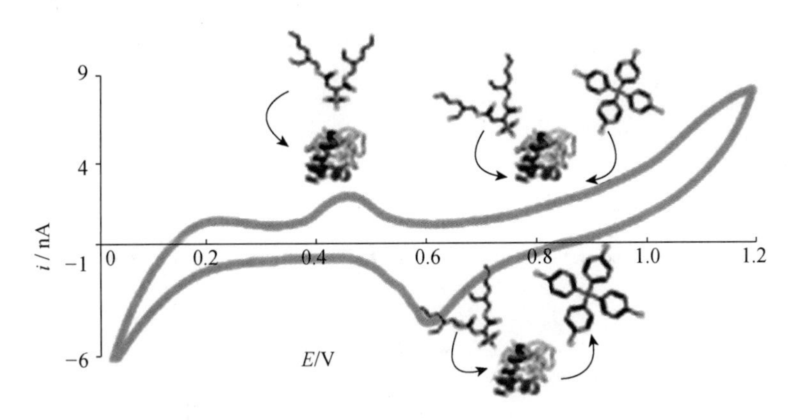

图 4.46 胰岛素在 W/DCE 界面上的转移循环伏安图(引自参考文献[133])。

时观察到吸附与离子转移过程。当 cyt c 浓度较低时,两种过程都可以观察到;当 cyt c 浓度较高时,主要是吸附过程。Dryfe 等研究了 cyt c 在液/液界面上的电化学行为,发现水相中的 cyt c 能与有机相中的二甲基二茂铁在 W/DCE 界面上发生电子转移反应[135]。

对于相对分子质量更大的蛋白质在液/液界面上的行为的研究主要包括两个方面:(1) 涉及表面活性剂,采用表面活性剂形成反胶束,将蛋白质带入有机相中,利用其与有机相中支持电解质的大的阴离子与蛋白质相互作用来进行检测;(2) 不涉及表面活性剂,直接观察其转移及吸附行为。第一类研究主要是由 Karyakin[136-138] 和 Osakai[139-141] 两个课题组进行的。Karyakin 等最初是想探讨由二(2-乙基己基)磺基琥珀酸酯钠[通常称为 aerosol-OT(AOT)]所形成的有机相反胶束[136],这样该胶束可为亲水的蛋白质(α-胰凝乳蛋白酶)提供一个在有机相中存在的空间环境。但他们发现,无需电化学控制,有机相中所形成的反胶束可同时将水相中的蛋白质全部萃取到有机相。他们最初的研究采用的是传统的液/液界面研究的四电极系统,由于表面活性剂的存在,使界面不可极化;以及反胶束的形成,加速无机离子从水相转移到有机相,使界面电流增大、电势窗变窄。Na^+ 由于表面活性剂的存在从有机相转移到水相,也是电流急剧增加的原因之一。他们随后采用类似于三电极系统的装置,即将不含有支持电解质的薄的有机相修饰在固体碳电极上来进行蛋白质界面转移行为研究[137]。这样做的好处之一是可采用极性不是太好的溶剂作为有机相。在薄的有机相中含有表面活性剂 AOT 和电活性高分子聚吩噻嗪(PPTA)的情况下,他们研究了蛋白质,例如,Bowman-Birk 型大豆胰蛋白酶抑制剂(BBI)、α-胰凝乳蛋白酶、辣根过氧化物酶及甲酸脱氢酶等在水/辛烷界面上的转移过程。具体的实验是先把辛烷修饰的碳电极在含有蛋白质,例如,BBI 的水溶液中浸泡一段时间,然后拿出来放到不含有蛋白质的水溶液中进行循环伏安测量。图 4.47 显示了覆盖有有机相的电极在含有 BBI 溶液中浸泡后的循环伏安图,分析峰电流与电势扫描速度的变化可知,电流与扫描速度成正比,表明这些峰是吸附过程。存在较小的蛋白,例如 BBI,使界面电活性增加,是由于蛋白进入到辛烷中的 AOT 反胶束所致。采用极性较大的溶剂,例如 DCE 代替辛烷,就没有观察到上述的电流的显著增加,说明形成大的胶束是上述能够观察到蛋白质转移反应的关键。

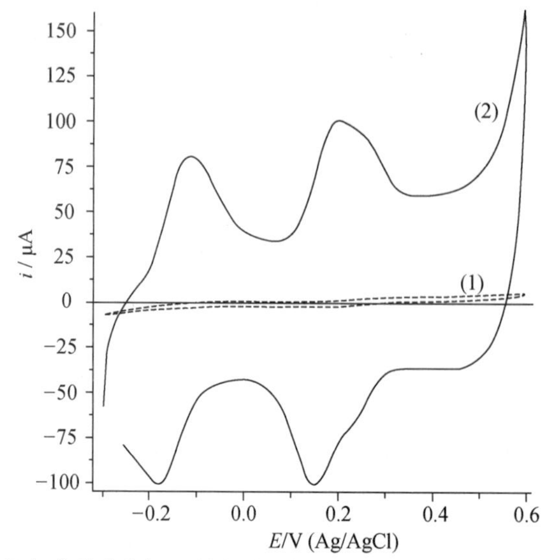

图 4.47 在覆盖有机相薄膜碳电极上所得到的循环伏安图。(1) 在磷酸盐缓冲溶液(pH=7.4)中浸泡后所得到的循环伏安图;(2) 在 0.19 $mmol \cdot L^{-1}$ BBI 缓冲溶液中浸泡后所得到的循环伏安图。薄层有机相:辛烷中含有 0.03 $mg \cdot mL^{-1}$ PPTA+1.5 $mmol \cdot L^{-1}$ AOT。扫描速度 80 $mV \cdot s^{-1}$。引自参考文献[137]。

Osakai 等研究了类似的情况,只是把表面活性剂的无机阳离子用一个亲水的有机阳离子[例如,用四丙基铵离子($TPrA^+$)]代替 AOT 中的 Na^+,目的是增加表面活性剂在有机相中的溶解度。在没有 AOT 存在下他们所得的 cyt c 在 W/DCE 界面上转移过程的循环伏安图与我们在电势窗较窄的情况下一致[139]。图 4.48(a)显示在有机相中存在 AOT 时,可形成反胶束的情况。在没有 cyt c 存在时,循环伏安法记录了一个如图 4.48(b)黑线所示的峰,由 K^+-AOT 相互作用产生。在 AOT 存在下,和保持水相 pH 是酸性(例如,pH 3.4),另外一个电势较上述转移峰低的峰出现,是由 cyt c 转移到有机相产生的(右图红色曲线)。值得一提的是,伴随着 cyt c 的界面转移,在界面附近的有机相变为红色,即 cyt c 的颜色可作为其在有机相中存在的指示剂。如果假设 cyt c 所带电荷为+24(由氨基酸序列和溶液 pH 计算),由计时安培法可得 cyt c 的扩散系数为 $1.31\times10^{-6}\ cm^2 \cdot s^{-1}$。然而,在分析不同浓度的 cyt c 和 AOT 与电流响应时发现,下列反应:

$$\text{cyt c}^{z+}_{(w)} + n\text{AOT}_{(o)} \longrightarrow (\text{cyt c})(\text{AOT})_{n(o)} \tag{4.33}$$

中的化学计量数为 10.5($n=10.5$)。他们在研究核糖核酸酶和鱼精蛋白时得到类似的结果,认为是这些蛋白质界面转移时受到了电解质的屏蔽。我们认为,实际上与 DB18C6 加速 PAMAM(聚酰胺树枝状分子)一代以上界面转移反应机理一样,界面转移过程中存在一个去质子化的过程[142](见第 2 章)。

Osakai 等[141]随后采用不同的阴离子表面活性剂:DNNS(二壬基萘磺酸盐,dinonylnaphthalenesulfonate),AOT,BDFHS[双(2,2,3,3,4,4,5,5,6,6,7,7-十二氟庚酯)磺基琥珀酸盐),bis(2,2,3,3,4,4,5,5,6,6,7,7-dodecafluoroheptyl) sulfosuccinate]，BEHP[双(2-乙基己基)苯基磷酸酯，bis(2-ethylhexyl)phosphate]，对于六种球形蛋白质[cyt c，核糖核酸酶 A(ribonuclease A)，溶菌酶(lysozyme)，白蛋白(albumin)，肌红蛋白(myoglobin)和乳白蛋白(*R*-lactalbumin)]在液/液界面上的转移过程进行了探讨。当有机相中含有表面活性剂，且水相 pH 为酸性(约 3.4)时，可观察到表面活性剂加速蛋白质在界面上吸附/脱附的峰(蛋白峰)(图 4.49)。该峰电流与蛋白质浓度成正比，因此可成为一种检测蛋白质浓度的电化学方法。另外，在蛋白质峰之前有一小前波，其与不同蛋白质及不同表面活性剂自己的性质相关[图 4.49(b)]。图 4.49(a)是他们根据实验提出的蛋白质在表面活性剂辅助下在液/液界面上吸附的模型，解释了蛋白质表面不同极性时其在界面上的行为。

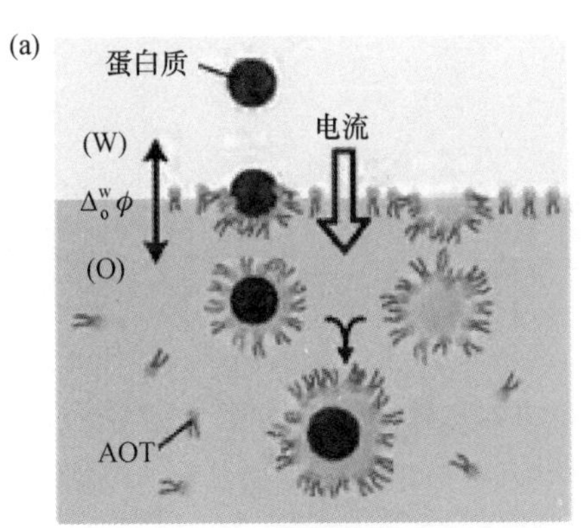

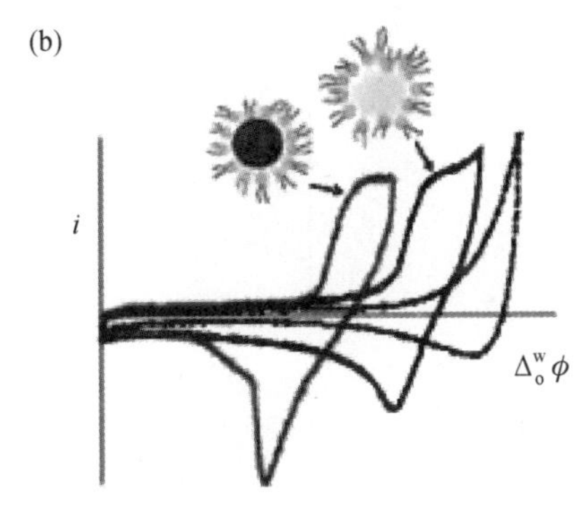

彩图 4.48

图 4.48　(a) 形成反胶束和蛋白质分子转移过程的示意图；(b) 水相中没有(黑线峰)cyt c 和有 cyt c(红线峰)时的循环伏安图(引自参考文献[139])。

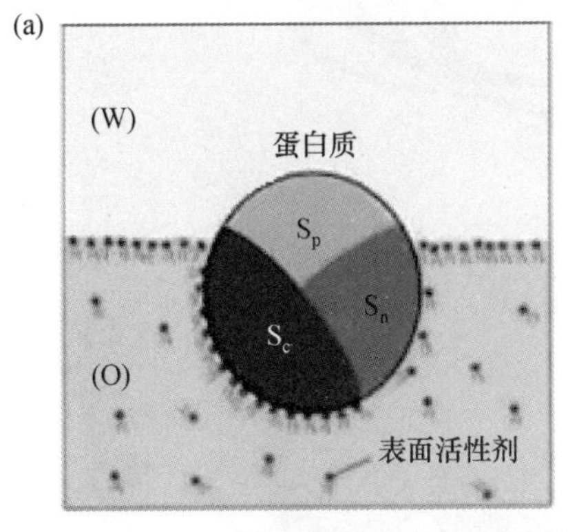

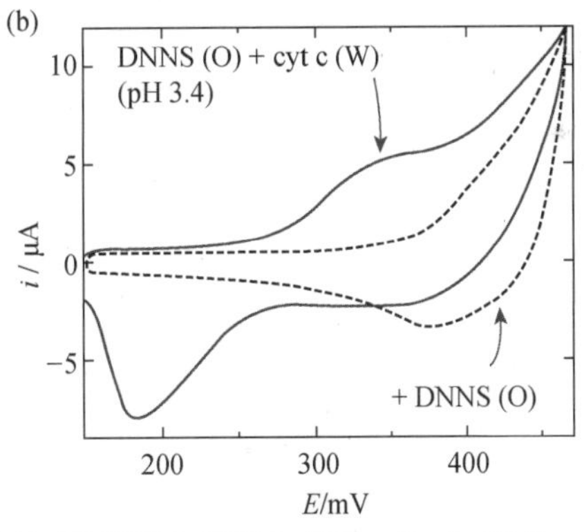

图 4.49　(a) 表面活性剂辅助蛋白质在液/液界面上吸附的模型。S_c、S_p 和 S_n 分别代表蛋白质表面是带电、极性和非极性的。(b) 表面活性剂(DNNS)辅助 cyt c 在 W/DCE 界面上吸附/脱附过程的循环伏安图。引自参考文献[141]。

第二类探讨蛋白质在液/液界面上的行为的方法是有机相中没有表面活性剂存在。由于表面活性剂通常本身在液/液界面上有转移，或加速水相中支持电解质转移，因此在有限的电势窗范围内干扰蛋白质的研究。Arrigan 课题组采用该方法研究了几类蛋白质在液/液界面上的行为[143-146]。当血红蛋白在酸性水溶液中(pH 低于其等电点)时，他们可测量到其在液/液界面上的转移行为；但如果 pH 高于其等电点，则观察不到相应的信号。他们观察到向前转移(从水相到有机相)的峰是扩散控制的,但多次扫描后会在界面上形成一个不溶解的白色的膜(图 4.50)[143,144]。当有机相中支持电解质的阴离子从 TPB^- 到 $TPBCl^-$,再到 $TFPB^-$[tetrakis(4-fluorophenyl)borate],血红素转移的峰向正电势移动,表明该转移过程与有机相中大的阴离子密切相关。所观察到的吸附峰是在转移峰后面,表明是反应物吸附过程。并且,产生信号的总是其在阳离子状态,显示该检测过程涉及血红素与大的阴离子形成配合物。他们还研究了溶菌酶在液/液界面上的行为,发现与血红素类似,也与水相的 pH、有机相支持电解质的种类以及水相的离子强度等相关(图 4.51)[145]。唯一不同的是观察到的吸附峰是一个前峰,说明是一个产物吸附过程。

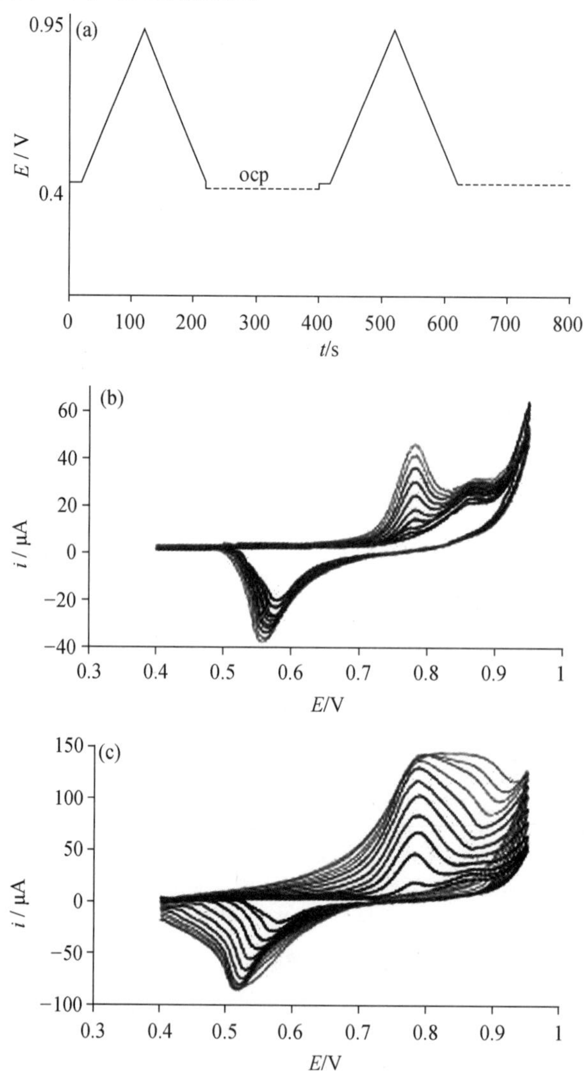

图 4.50 在溶液中存在 9.09 $\mu mol \cdot L^{-1}$ 血红素及没有血红素时的多次循环伏安图。(a) 多次扫描循环伏安法所施加电势的波形;(b) 记录的前 10 次循环伏安图;(c) 记录的第 1、5、10、15、20、25、30、35、40、45、50 和 55 次扫描的循环伏安图。引自参考文献[143]。

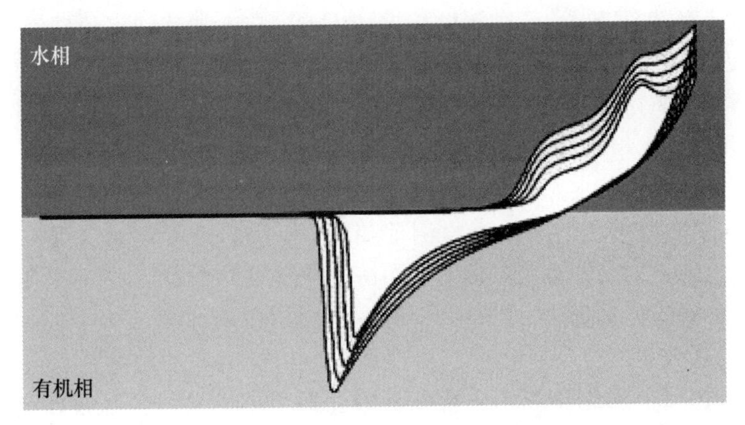

图 4.51　溶菌酶在极化液/液界面上的多次循环伏安图(引自参考文献[145])。

他们提出,形成蛋白质-阴离子复合物是将阴离子封装在蛋白质三维结构所形成的疏水的袋子中,显然这样的复合物会引起蛋白质构象的变化。为了检验该模型正确与否,他们进行了如下一些实验:添加尿素使蛋白质变性,摧毁蛋白质的三维结构;另外,采用胃蛋白酶或胰蛋白酶进行消化[146,147]。上述两种方法得到的产物不同,但结果都是破坏了蛋白质的三维结构,其混合物的循环伏安图与没有处理过的蛋白质完全不同。

Arrigan 课题组进一步采用微型化的阵列液/液界面探讨了蛋白质在界面上的转移行为,目的是想改进检测的灵敏度[148-150]。所采用的是 PVC 与 DCH 有机相形成凝胶微阵列,固化有机相。他们发现灵敏度改进不多,但可用于证实上述蛋白质的检测机理。所观察到的转移峰电流与扫描速度的平方根成正比,与超微电极上的行为,即电流与扫描速度无关相悖。显然,凝胶相中支持电解质扩散到界面与蛋白质形成蛋白质-阴离子复合物是其原因。通过溶出伏安法能够使发现检测的灵敏度提高 1～2 个数量级。

DNA 在液/液界面上的行为也有报道[151-153]。早在 1998 年 Horrocks 和 Mirkin 采用玻璃微米管支撑液/液界面,研究了 DNA 与阳离子的相互作用[151]。他们通过离子或加速离子转移反应电流信号的减低研究与 DNA 片段及甲基邻菲罗啉(MP^+)之间的相互作用。Osakai 等采用大的液/液界面与类似于他们探讨蛋白质的方法,研究了 DNA 在液/液界面上的行为,即在有机相中加入表面活性剂使其与 DNA 形成复合物的方法[152]。Vagin 等采用 PVC 凝胶层涂覆在印刷电极表面,利用电化学阻抗法检测单链 DNA 在凝胶电极表面杂交的过程,水相中有 10 $nmol \cdot L^{-1}$ 的 DNA 就可检测到[153]。

基于液/液界面的电化学也用于监控如下的酶反应:

$$S + E \longrightarrow [ES] \longrightarrow P + E \tag{4.34}$$

只要底物(S)或产物(P)是可在界面上转移的离子,液/液界面离子转移反应就可用于研究相关的酶反应。Senda 等[154,155],以及 Osborne 和 Girault[156] 基于这样的策略发展了检测尿素的方法。尿素本身在液/液界面上并无电化学活性,但其在脲酶的存在下可被水解为铵离子，可在有机相中加入 DB18C6 加速铵离子转移来间接检测尿素。

葡萄糖氧化酶在液/液界面上的行为也被研究过[157]。实验结果显示，该酶在界面上吸附，并与有机相中的支持电解质的阳离子发生相互作用。Pereira 等采用在聚酯纤维薄膜上钻孔用于支撑液/液界面，研究了葡萄糖在葡萄糖氧化酶催化下生成产物质子，并采用加速质子的方式来检测葡萄糖[158]。Lee 等[159,160]采用类似的策略发展了三种有机膦杀虫剂的检测方法。利用酶催化反应产生质子，然后采用离子转移反应的计时安培法进行测量。

基于液/液界面上电荷转移反应所发展的分析检测方法的主要优点是可测量非氧化还原物质；目前采用该技术进行分析检测的主要问题是灵敏度不够高，通常在亚 μmol・L^{-1} 级，不能满足大部分生物样品的检测(通常需要检测限在 nmol・L^{-1} 级或以下)。笔者认为，可借鉴固/液界面上提高灵敏度的方法，例如，溶出(前置浓缩)法＋DPV(或方波伏安法)；吸附＋催化等。另外，类似于滴汞电极的升水电极应该在分析检测方面有较大的用武之地，希望未来能够加强研究。

微、纳米级液/液界面与 SECM 相结合也可应用于活细胞研究[161,162]。Bard 等利用玻璃微米管作为 SECM 的探头，其内灌入含有对于 Ag^+ 具有选择性的杯芳烃，通过 SECM 的准确定位使其在细胞的附近。在有或无 4-氨基吡啶存在下，监控了成纤维细胞和大肠杆菌摄入 Ag^+ 对于细胞生存能力的影响。实验结果显示，成纤维细胞摄入 Ag^+ 的量要比大肠杆菌多很多(图 4.52)。

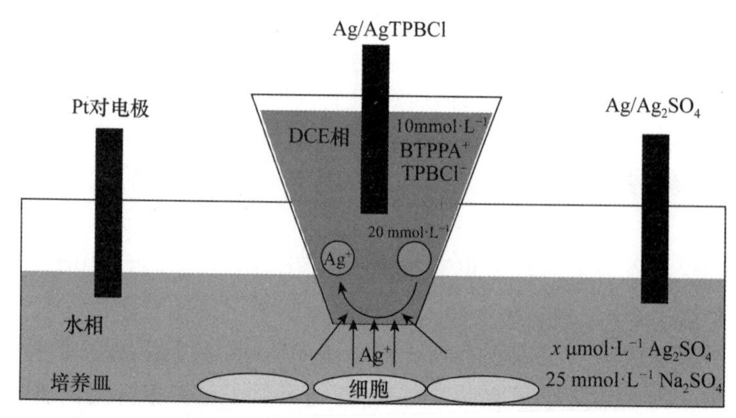

图 4.52 采用玻璃微米管支撑的液/液界面作为 SECM 探头研究单细胞的示意图，DCE 相中含有 20 mmol・L^{-1} 的 Ag^+ 离子载体(引自参考文献[161])。

Shen 等采用玻璃纳米管支撑的液/液界面作为 SECM 的探头，研究了乙酰胆碱在单个神经元突触上的动态行为[163,164](图 4.53)。他们以海蜗牛作为生物模型，针对突触部裂缝较窄(＜100 nm)的困难，利用半径为 15 nm 的玻璃管支撑的液/液界面作为 SECM 的探头，将该探头置于裂缝间。该探头的制备方法类似于上述 Bard 等的工作，可用于实时、原位检测乙酰胆碱的释放。在高浓度的 K^+ 化学刺激下，可记录下乙酰胆碱释放的动态过程。图 4.53 右边显示了乙酰胆碱释放的单峰、双峰及多峰态，其中单峰约占 50%的概率。

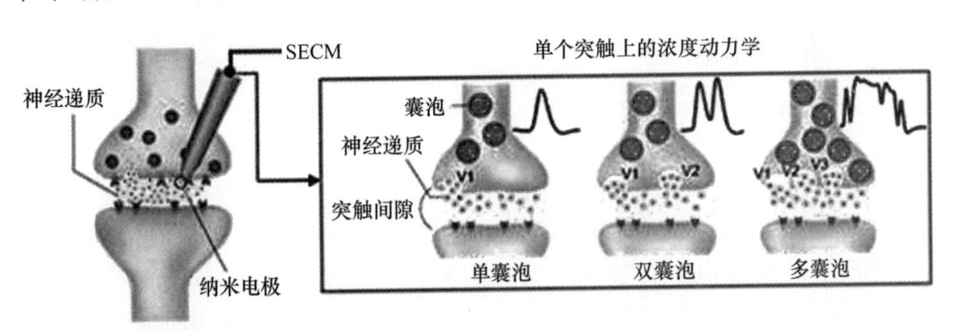

彩图 4.53

图 4.53　采用玻璃纳米管支撑的液/液界面作为 SECM 探头研究单个神经元突触的示意图(引自参考文献[163])。

Mirkin 等利用玻璃纳米管支撑的液/液界面,发展了一种可向细胞内注射 10^{-18}～10^{-12} L 溶液的方法[165]。图 4.54(a)给出了该方法的原理,即将玻璃纳米管内灌入 DCE 有机相,在外加电势的作用下可使水相进入到纳米管内。通过拉制不同半径的纳米管(10～400 nm),可以控制注射的量从 10^{-18} L 到 10^{-12} L(即托升到皮升)。图 4.54(b)显示了将染料注入培养的人乳腺细胞中的过程,注入量在 10^{-15}L 左右时,可通过荧光显微镜进行实时检测。

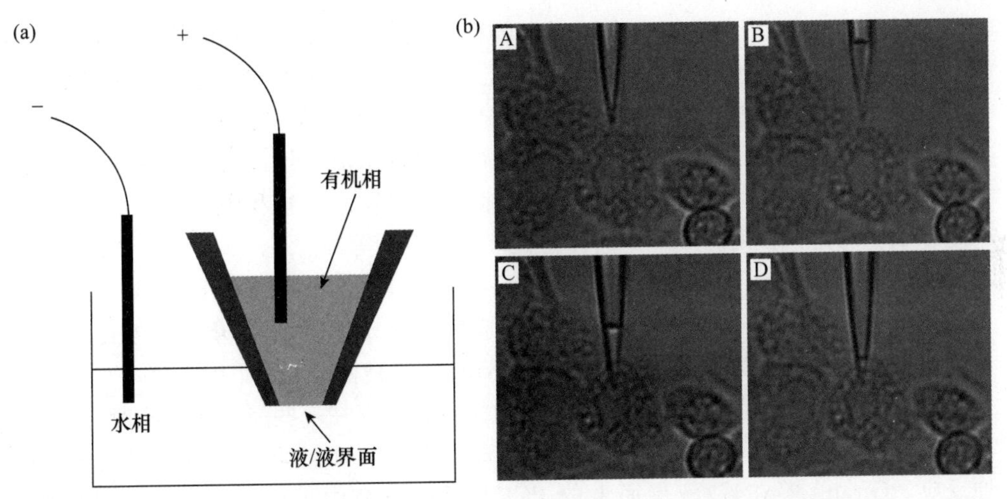

图 4.54　(a) 托升(10^{-18} L)电化学注射器的工作原理示意图。(b) 细胞注射溶液的过程,A: 电化学注射器靠近细胞;B: 一些缓冲溶液注入到细胞;C: 玻璃管进入细胞内后,继续注射;D: 在快到达有机相时停止注射。引自参考文献[165]。

从上述实例可以看出,越来越多的基于液/液界面的工具或手段已经被应用于探讨活体研究,我们期望在将来会有更多的在该方面的应用。

4.5 界面催化

在本节中，我们将介绍液/液界面上的催化反应，以及基于液/液界面所发展的技术在其他界面上的催化行为研究中的应用。在各种界面催化过程中，PCET 反应是一类具有代表性的反应。质子耦合电子转移(proton-coupled electron transfer，PCET)反应是指质子转移和电子转移同时发生的氧化还原反应。Thomas Meyer 等人在1981 年提出了 PCET 概念，用于描述质子和电子在一个基元步骤中的协同转移[166]。此后，PCET 被广泛地用于描述质子和电子同时转移的全反应或半反应。PCET 反应主要分为均相反应体系和异相反应体系[167]。作为生物和化学体系中的重要反应过程，PCET 反应引起了人们的广泛关注。它不仅是光合作用、呼吸过程、生物固氮等重要的生物反应步骤，并且与水的氧化、氢析出、氧还原、二氧化碳还原等能源转化和存储过程密切相关，是目前国际研究的热点之一[168-171]。然而，由于大部分 PCET 反应较复杂，目前许多机理不清楚，且获取反应细节的技术手段有限，严重地阻碍了 PCET 反应的研究进展。阐述 PCET 反应机理无疑对于合理设计新的能源转化和存储体系、界面催化体系，理解重要的生命过程，发展新型微/纳米电化学及生物传感器等至关重要。

目前研究 PCET 的主要技术手段有各种电化学技术、各种光谱技术、同位素分析、顺磁共振、理论模拟等。这些技术与研究方法积累了大量的热力学和动力学数据，为 PCET 反应机理的提出打下了坚实的基础。然而，目前大多数 PCET 反应机理是建立在宏观数据和理论模拟的基础上，很少有实验技术能够给出反应中间体的信息。鉴于此，急需发展化学测量学方法使其能够提供一些反应产物和中间体的信息(中间体是什么？稳定存在的时间？中间体与机理的关系？等等)。

Save′ant 等在固/液界面上的 PCET 反应研究中是开创者[169]，Bard 与 Faulkner 的经典电化学著作《电化学方法——原理和应用》(第二版)第十二章有关电化学反应机理的研究主要引用的就是他们的工作。Kihara 等是液/液界面上的 PCET 反应电化学研究的开创者[172-174]。1997 年他们报道了有机相存在一些醌类化合物时，与水相中抗坏血酸之间的 PCET 反应。他们随后又探讨了 NADH 和氧在界面上的氧化还原反应。Girault 等在液/液界面上的 PCET 反应研究中进行了大量的工作，通过 PCET 反应，使 O_2、CO_2 等与水相中的质子和有机相中的电子给体在分子催化剂存在下发生反应[175-177]。他们充分利用了液/液界面的可重复性、结构平整性和物理分离膜作用等优点。在固/液和液/液界面上的这些过程中均涉及界面离子转移和电子转移反应，以及有机相(或水相)中的氧化还原反应和表面吸附等，过程非常复杂(图 4.55)[178]，仅通过常规的电化学测量学技术很难得到全面的 IT 和 ET 信息，很难搞清楚这些反应的机理。液/膜界面上的 PCET 反应目前报道不多，但涉及酶与蛋白质参与催化的过程很多[179,180]。国内中科院生物物理所的王江云等在研究金属酶、光合作用等中涉及 PCET 反应[180]；厦门大学的徐海超等在电合成探讨中也涉及 PCET 反应[181]。我们近几年针对固/液和液/液界面上的 PCET 反应开展了一些研究工作，基于玻璃双管制备和表征了几类同质和杂化微/纳米电极；与北大化学学院质谱专家罗海合作，发展了一种新的电化学(EC)-质谱(MS)联用技术，可用于俘获固/液界面和液/液界面上 PCET 反应的中间体及产物，从而为反应机理的确认提供直接的证据[182,183](见第 3 章)。在第 3 章中我们较详细地介绍了如何结合琼脂及 PVC 杂化超微电极与 MS 探讨液/液界面上的 PCET 反应。在此，我们将重点介绍基于玻璃双管所发展的 EC-MS 技术在研究固/液界面上的催化反应中的应用。

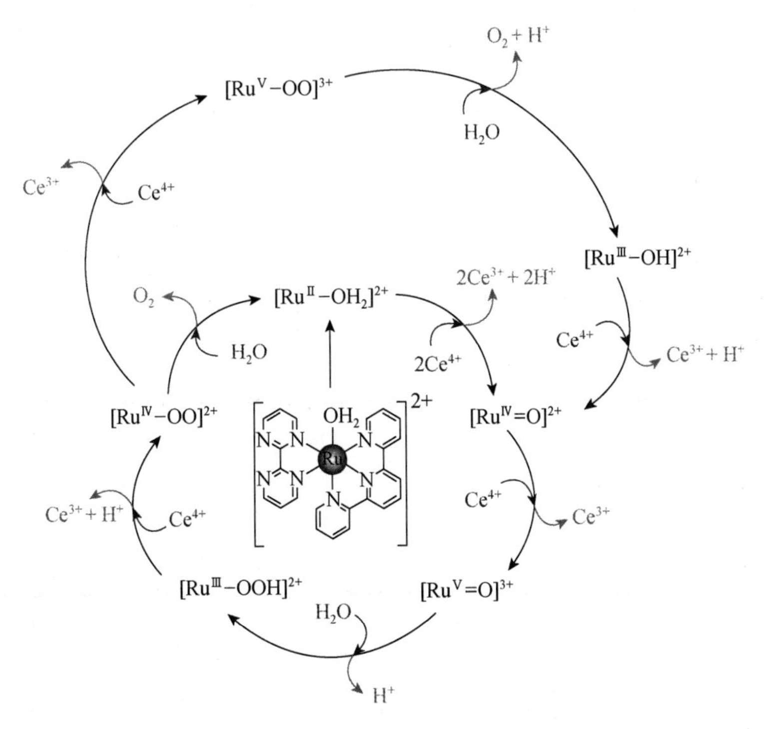

图 4.55　假设的单个位点水的催化氧化示意图(引自参考文献[179])。

我们采用碳杂化超微电极并结合 MS 研究了三类反应：(1) 神经递质的氧化还原反应；(2) 电致化学发光(electrochemiluminecesence，ECL)；(3) 锂-硫(Li-S)电池中各种硫的氧化还原反应。上述三类反应均涉及固/液界面催化，有些更是 PCET 反应，例如前两类。我们采用 EC-MS 联用技术率先实现了对于神经递质和 ECL 反应的实时、原位机理研究[183]。这里碳杂化超微电极具有两方面的功能：(1) 碳电极可作为工作电极构成一个电路，进行独立的电化学反应(见图 3.37)；(2) 碳杂化电极的另外一个空管可灌入有机相(或水相)，在外加高电势作用下实现电喷雾，带着碳电极表面的中间体和产物一起进入到质谱仪中进行 m/z 分析。这是由于双管中间的玻璃隔膜通常小于 1 μm，电喷雾可带着碳电极表面的中间体或产物一起进入到质谱仪。如图 3.37 所示，产生高压的压电枪，以及质谱仪均不与杂化电极接触，减少它们之间的相互干扰。通常电化学技术由于受到电势窗不是很宽的限制，相对于电化学，质谱可容易地得到一系列不同 m/z 的物种。对于多巴胺而言，其氧化的产物可由质谱很容易地检测到(图 4.56)。由该图可知,质子化的多巴胺与其氧化产物在质谱图中清晰可辨[图 4.56(b)和(c)],脉冲电喷雾具有较好的重复性[图 4.56(d)]。对于尿酸,根据文献其产物的半衰期为 23 ms,通过上述联用技术也可检测到,说明在没有优化各种实验条件的情况下,该 EC-MS 联用技术的时间分辨最起码可达到 20 ms(图 4.57)。

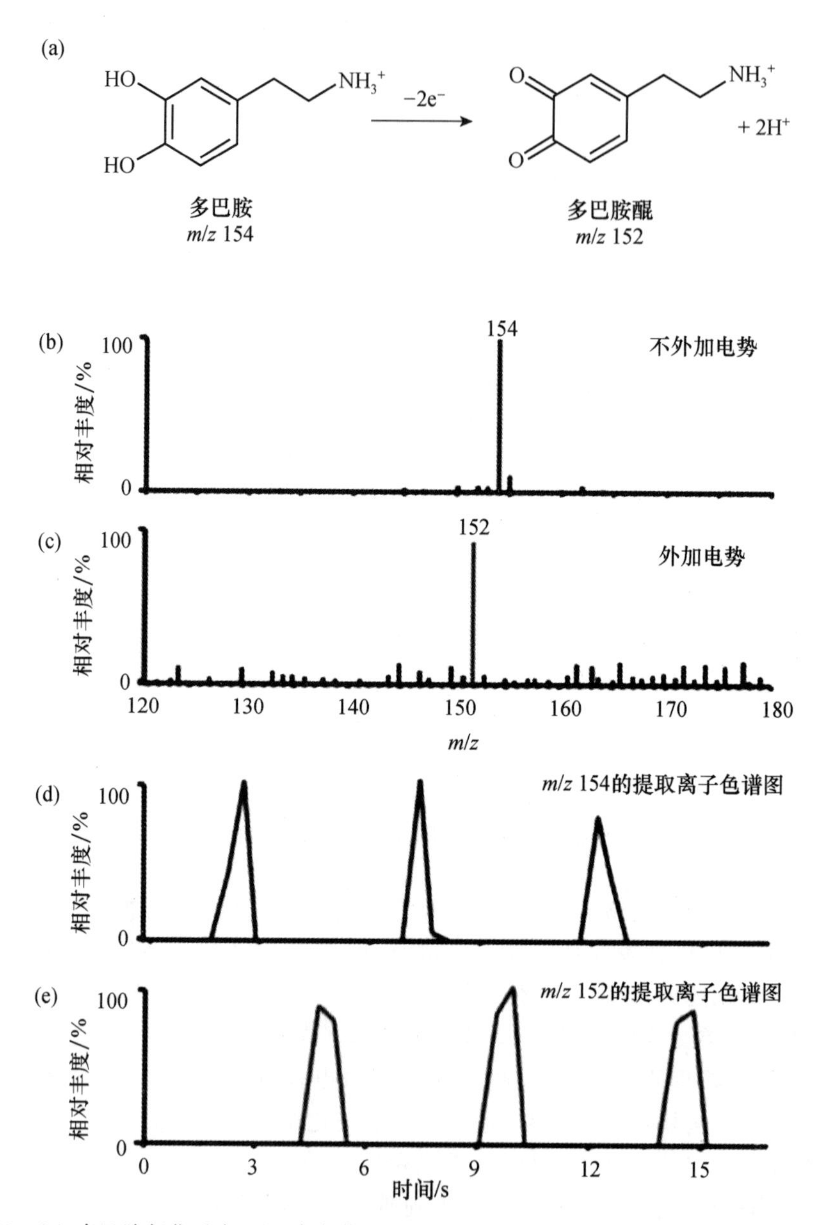

图 4.56 (a) 多巴胺氧化反应;(b) 当杂化电极没有外加电势时得到的反应物质谱图;(c) 当杂化电极外加电势时得到的产物质谱图;(d)与(e)是没有(d)或加电势 1.0 V 时反应物与产物的多次重复的提取离子色谱图(extracted ion chromogram,EIC)(引自参考文献[183])。

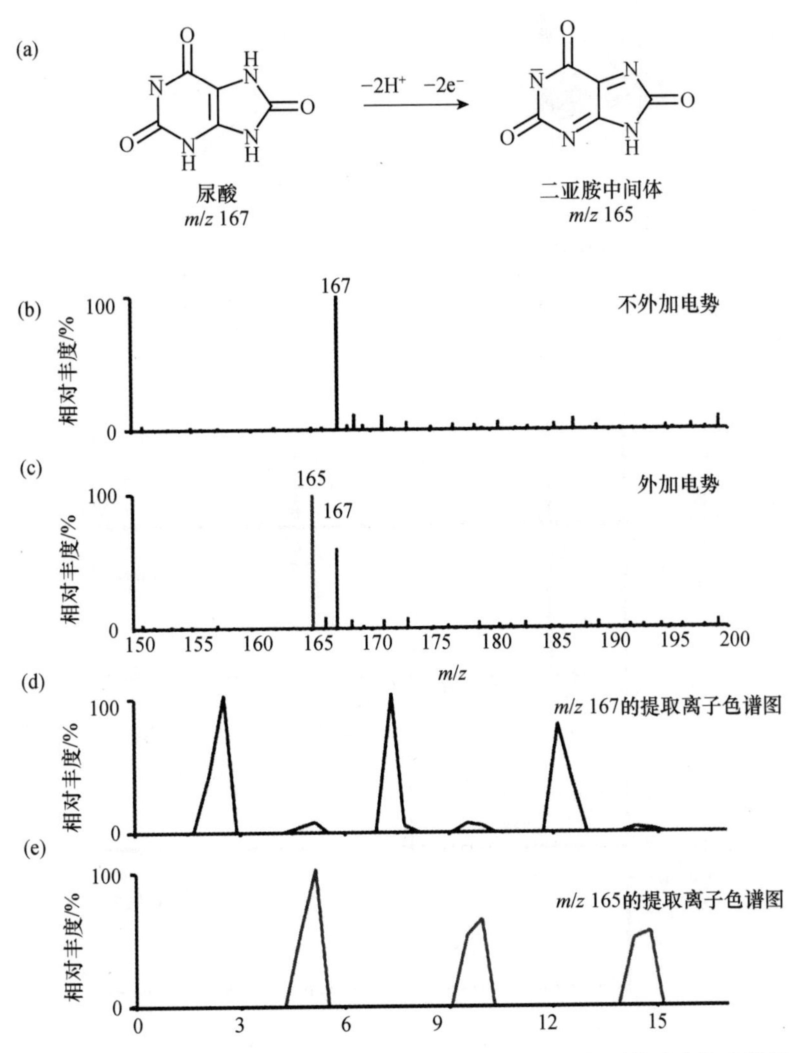

图 4.57　(a) 尿酸的氧化反应；(b) 当杂化电极没有外加电势时得到的反应物质谱图；(c) 当杂化电极外加电势时得到的中间体质谱图，中间体二亚胺的半衰期为 23 ms；(d)与(e)是没有(d)或加电势 1.0 V 时反应物与产物的多次重复的提取离子色谱图(EIC)(引自参考文献[183])。

对于许多 ECL 体系，特别是涉及共反应剂的体系，基本上都是 PCET 反应。我们采用上述 EC-MS 联用技术，探讨了一些这样的反应。三联吡啶钌($[Ru(bpy)_3]^{2+}$)-三正丙胺(TPrA)体系为该反应模式中最为经典的体系，但阐明其机理颇具挑战性[183,184]。在不同外加电势下，Bard 等提出了两种机理(图 4.58)：在外加电势较低(0.8 V)时，仅 TPrA 在电极上被氧化，没有$[Ru(bpy)_3]^{3+}$产生，一价钌的化合物是主要中间体[图 4.58(a)]。图 4.58(b)～(d)的质谱图显示中间体$[Pr_2N=CHCH_2CH_3]^+$、$[NHPr_2]^+$、$Ru(bpy)_3^+$均可被检测到，而$Ru(bpy)_3^{3+}$没有被检测到。在没有外加电势 0.8 V 时，这些中间体的质谱信号全部消失。

彩图 4.58

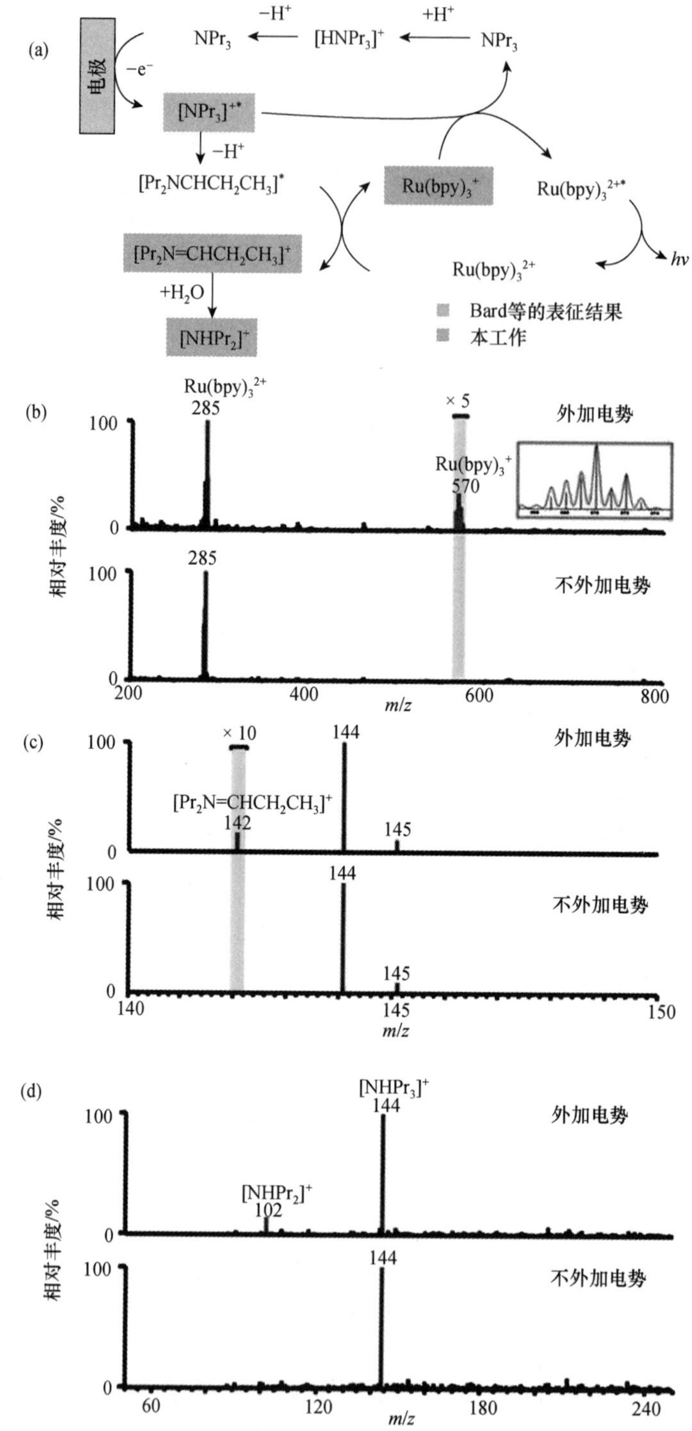

图 4.58 (a) 在外加电势为 0.8 V 时反应的机理示意图；(b) 当外加电势为 0.8 V 时得到的 $Ru(bpy)_3^+$ 离子质谱图，插图是同位素分布图(粉色的是实际测量得到的，绿色是理论计算的结果)；(c) 测量得到的中间体 $[Pr_2N{=}CHCH_2CH_3]^+$；(d) 测量得到的中间体 $[NHPr_2]^+$ (引自参考文献[183])。

当外加较高电势(1.3 V)时,三价钌化合物是主要中间体,它可被共反应剂还原为 Ru(Ⅱ)* 从而产生发光(图 4.59)。上述工作证实了 Bard 等所提出的两种机理的正确性[184],也是首次在线质谱结果用于解释 ECL 复杂机理的展现[183]。

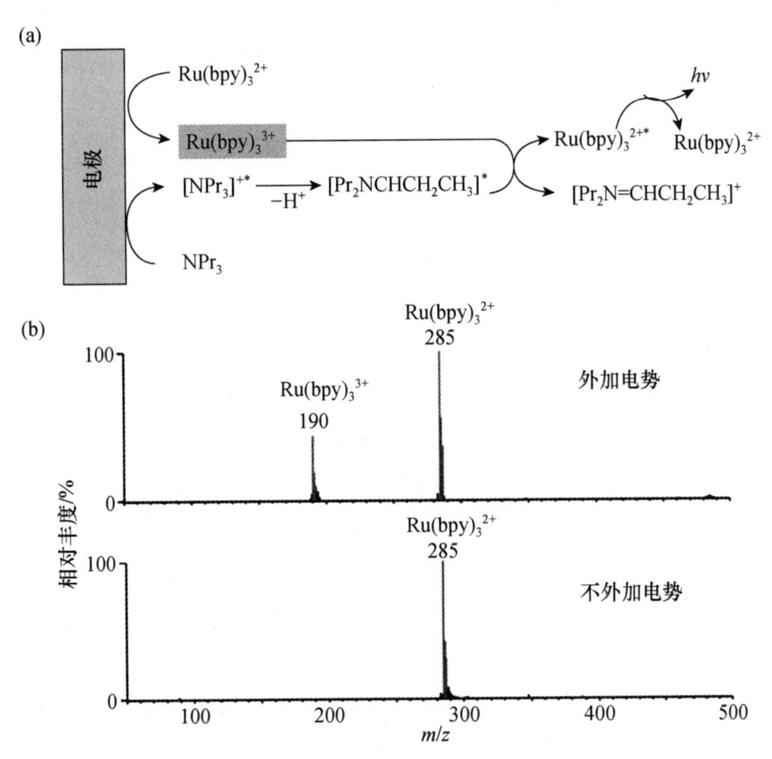

图 4.59　(a) 在外加较高电势(1.3 V)时提出的机理示意图;(b) EC-MS 可检测到的主要中间体为 $Ru(bpy)_3^{2+}$(引自参考文献[183])。

随后,我们还进一步探讨了一些其他的涉及不同共反应剂的体系,例如,三联吡啶钌($Ru(bpy)_3^{2+}$)-三乙醇胺(TEOA)体系用于发展 ECL 免疫分析心肌梗死标志物 cTnI (cardiac troponin I)时所涉及的反应机理与上述 Bard 等所报道的体系一致[185]。我们还利用分枝状的聚乙酰亚胺(branched polyethyleneimine, bPEI)的多功能性,研发了一种用于检测(或同时检测)心肌梗死三种生物标志物的 ECL 方法,同时采用 EC-MS 联用技术探讨了其 ECL 反应机理,与上述 Bard 等所得到的类似[186]。另外,我们还与浙江大学苏彬教授课题组合作,采用 EC-MS 联用技术研究了三联吡啶钌和三联吡啶铱衍生物与 TPrA 体系的 ECL 发光机理,证实在外加较高电势下,三联吡啶铱衍生物与 TPrA 体系主要是自我湮灭机理[187]。

我们最近与中科院大连化学物理研究所的彭章泉研究员课题组和化学所聂宗秀研究员课题组合作采用 EC-MS 联用技术,并结合循环伏安法与数值模拟,研究了锂-硫(Li-S)电池中各种硫的氧化还原反应[188]。虽说从理论上讲 Li-S 电池的能量密度很高[189],但在实际应用中,由于硫及多硫的穿梭效应,以及硫涉及许多复杂反应(例如,歧化及归中反应)和硫的许多反应动力学较慢等,使其循环次数有限。为了深入理解 Li-S 电池，特别是各种多硫化合物的反应机理，我们利用 EC-MS 定性解析能力强的特点，对于 Li-S 电池中各种硫的氧化还原过程进行了详细探讨，得到了多硫化合物在不同电势下的分布情况。同时还研究了加入电催化剂作用下，其多硫化合物分布与没有电催化剂时的不同，提出了新的机理。

在非水相介质中，Li-S 电池中涉及硫的反应前人已总结出如下的机理[190]：

$$S_8 + 2e^- \longrightarrow S_8^{2-} \tag{4.35}$$

$$S_8^{2-} + 2e^- \longrightarrow S_8^{4-} \tag{4.36}$$

$$S_8^{4-} \longrightarrow 2S_4^{2-} \tag{4.37}$$

$$S_8^{2-} \longrightarrow S_6^{2-} + \left(\frac{1}{4}\right) S_8 \tag{4.38}$$

在我们的研究中，所采用的有机相是 DMSO，所采用的电化学池如下：

电化学池 4.5.1：100 $mmol \cdot L^{-1}$ LiCl

电化学池 4.5.2：100 $mmol \cdot L^{-1}$ LiCl + 0.5 $mmol \cdot L^{-1}$ CoPc

电化学池 4.5.3：100 $mmol \cdot L^{-1}$ LiCl + 2 $mmol \cdot L^{-1}$ S_8

电化学池 4.5.4：100 $mmol \cdot L^{-1}$ LiCl + 0.5 $mmol \cdot L^{-1}$ CoPc + 2 $mmol \cdot L^{-1}$ S_8

电化学池 4.5.5：100 $mmol \cdot L^{-1}$ LiCl + 3.3 $mmol \cdot L^{-1}$ Li_2S_6

电化学池 4.5.6：100 $mmol \cdot L^{-1}$ LiCl + 0.5 $mmol \cdot L^{-1}$ CoPc + 3.3 $mmol \cdot L^{-1}$ Li_2S_6

首先我们采用与 EC-MS 联用技术中的碳杂化电极类似的大的玻碳电极作为工作电极，应用循环伏安法研究了各种硫在上述介质中的氧化还原反应，其结果如图 4.60 所示。相对于超微电极，大的电极得到的伏安图是峰形，在探讨机理方面更有用。图 4.60(a)是 DMSO 中仅有 100 $mmol \cdot L^{-1}$ LiCl 时得到的空白的电势窗（电化学池 4.5.1）；图 4.60(b)中在 −0.29 V 附近的还原峰对应于从单质 S 还原到 S_8^{2-} 的反应[式(4.35)]，而在 −0.89 V 附近的峰对应于 S_8^{2-} 还原到 S_8^{4-}[式(4.36)]。它们的氧化峰分别在 −0.87 和 0.07 V。除了上述电子转移（氧化还原）反应外，歧化反应也影响所观察到的伏安图。在 −0.43 V 附近的峰可能是由于 S_4^{2-} 的氧化峰，它是 S_8^{4-} 的歧化反应产物[式(4.37)]。上述实验结果与在 Pt 电极上观察到的伏安图类似[190]。但当电势扫描速度较慢（10 $mV \cdot s^{-1}$）时，由图 4.60(e)和(f)可知在 −0.66 V 时观察到一个小峰，可能是由 S_8^{2-} 歧化到 S_6^{2-} 的氧化还原反应[式(3.38)]。当加入 Li_2S_6 时可观察到类似的峰[图 4.60(c)]，以及数值模拟得到的循环伏安图[图 4.60(d)]，进一步证实了该反应。

虽然电化学及数值模拟能够提供一些有关 Li-S 电池阴极反应的信息，但由于歧化-归中反应以及中间体反应峰的重叠，对于全面理解硫阴极反应仍存在挑战。为了解决这些问题，我们采用上述所发展的 EC-MS 联用技术对该体系进行了探讨。通常硫氧化还原反应的中间体不稳定以及丰度较低，在电解质和杂质存在下 MS 信噪比不是很好，为了改善信噪比，我们采用串联 MS 与碰撞诱导离解的方法相结合，记录单离子模式得到了大部分该阴极反应的中间体（图 4.61 和表 4.4）。这是采用 MS 在没有衍生化情况下，现场、原位第一次俘获到 Li-S 电池阴极反应的中间体及相关的自由基。从该图和表中可知，由于质谱本身对于低的 m/z 检测能力的限制，对于一些中间体没有检测到或没有通过串联质谱确认。

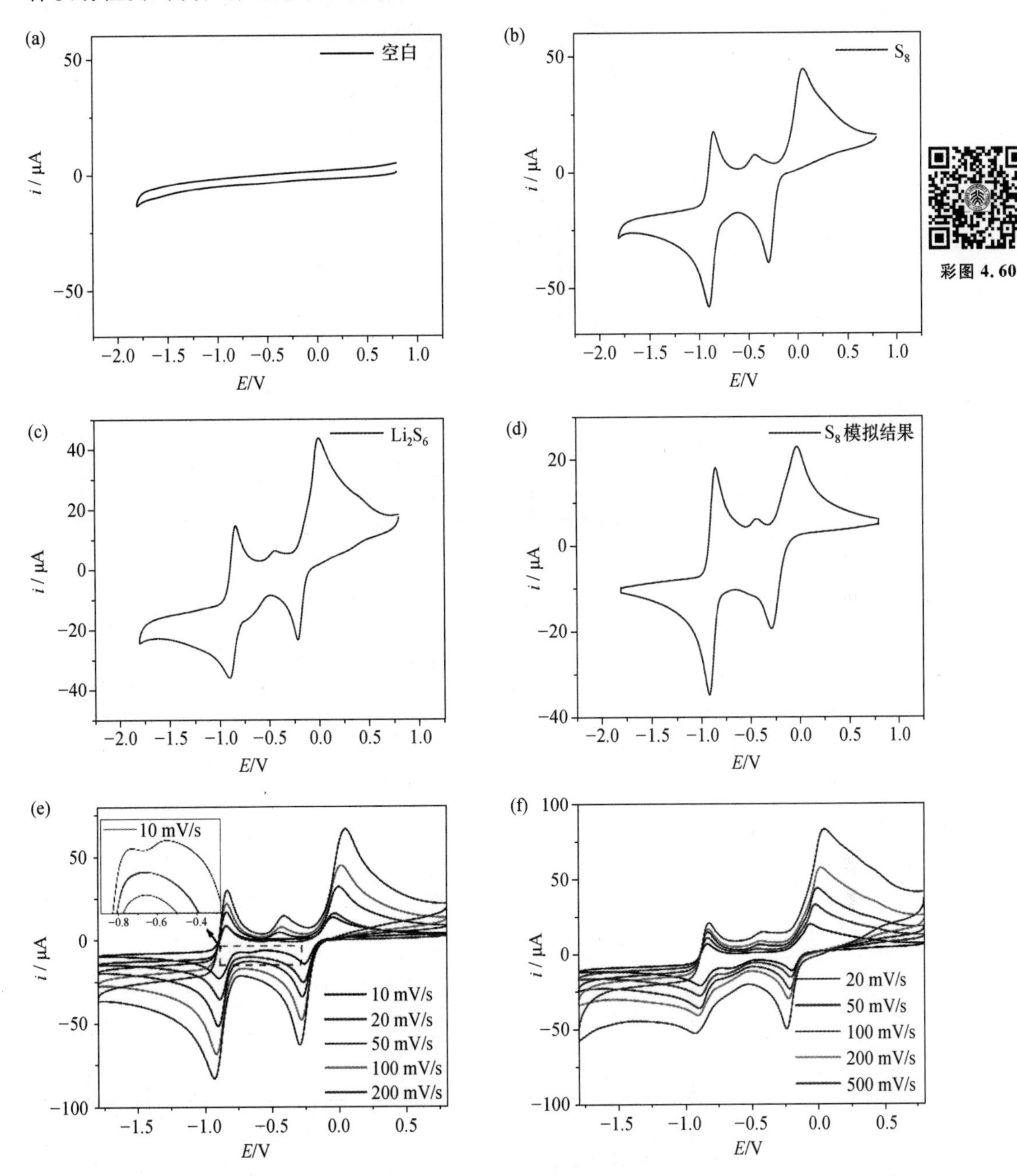

图 4.60 实验和数值模拟得到的硫阴极反应的循环伏安图。(a) 是空白对应的伏安图(电化学池 4.5.1);(b) 是 S_8 对应的伏安图(电化学池 4.5.3);(c) 是 Li_2S_6 对应的伏安图(电化学池 4.5.5);(d) 是数值模拟得到的伏安图;上述均采用的是大的玻碳电极。(e)和(f)分别对应于 S_8(电化学池 4.5.3)和 Li_2S_6(电化学池 4.5.5)在不同扫描速度下的伏安图。引自参考文献[188]。

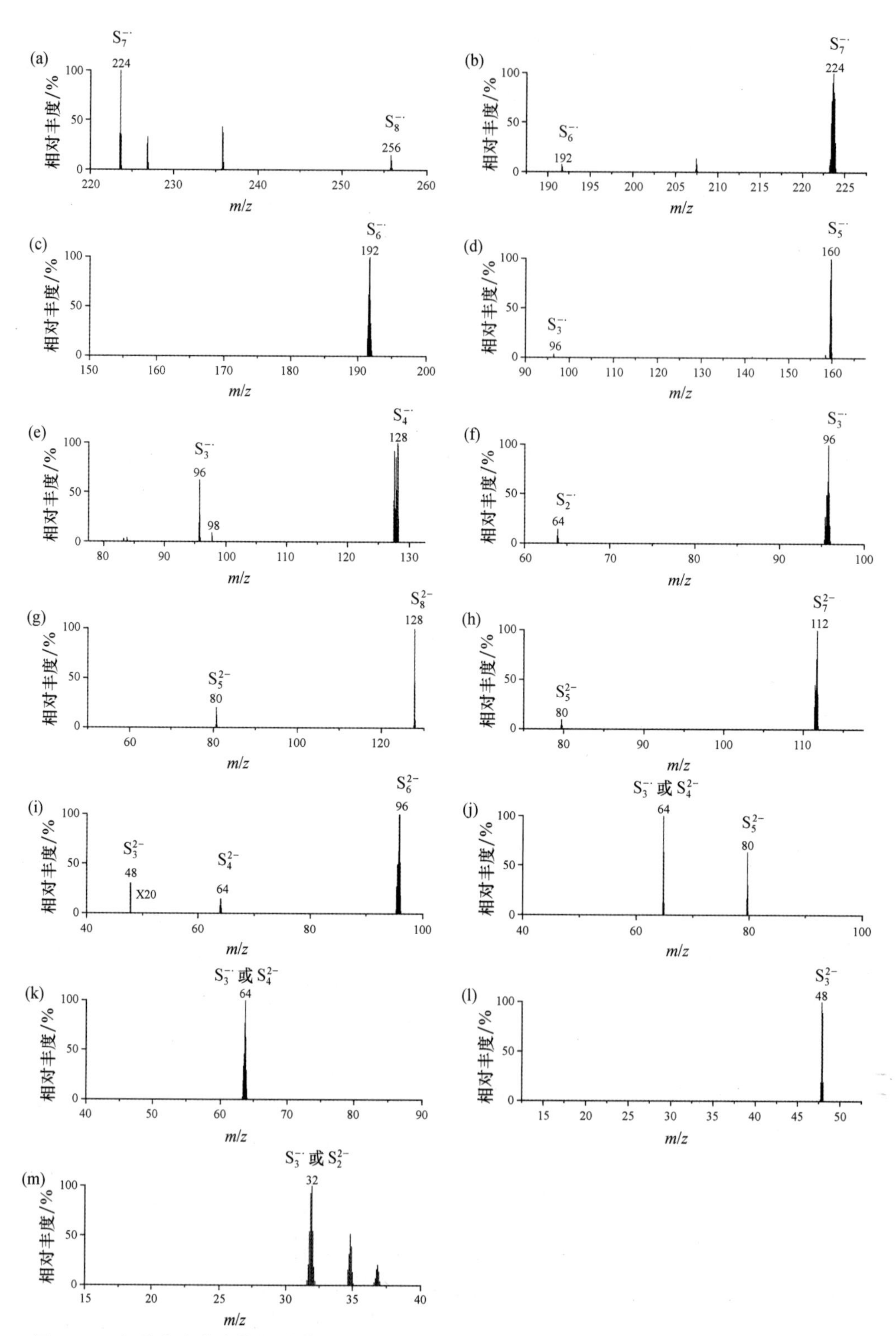

图 4.61 各种多硫化合物的质谱图：(a)～(l)各种多硫化合物的串联质谱图；(m)离子在 m/z 为 32 时的质谱图(引自参考文献[188])。

表 4.4　多硫化合物 m/z 的理论值和实验值

$m/z(S_n^{m-})$	$n=1$	$n=2$	$n=3$	$n=4$	$n=5$	$n=6$	$n=7$	$n=8$
S_n^{2-}	16[a)]	32[b)]	48	64	80	96	112	128
$S_n^{-\cdot}$	32[b)]	64[b)]	96	128	160	192[b)]	224	256

[a)] 代表的是 MS 没有检测到的离子；[b)] 代表的是 MS 检测到但没有得到串联质谱确认的离子；其余是 MS 检测到并得到串联质谱确认的离子。

进一步我们在不同电势下观察到各种硫化合物的丰度分布图(图 4.62)。长链的多硫化合物(例如，S_8^{2-})主要分布在高电势区域(0～－0.4 V)，而短链的多硫化合物(例如，S_4^{2-})主要在低电势区域(－0.6～－1.2 V)，对应于循环伏安图中的两个主要峰，该结果与采用 LC-MS 技术得到的结论一致[191]。另外，通过该 EC-MS 联用技术我们还观察到在 0 V 左右的 S_5^{2-} 和－1.2 V 附近的 S_7^{2-}，以及 S_6^{2-} 这些中间体都被掩没在循环伏安图中的两个主峰中。这些结果表明，Li-S 电池的阴极反应非常复杂，EC-MS 联用技术可对这样复杂的体系进行较详细的揭示，也表明 EC-MS 联用技术在探讨复杂电化学中是非常有用的。

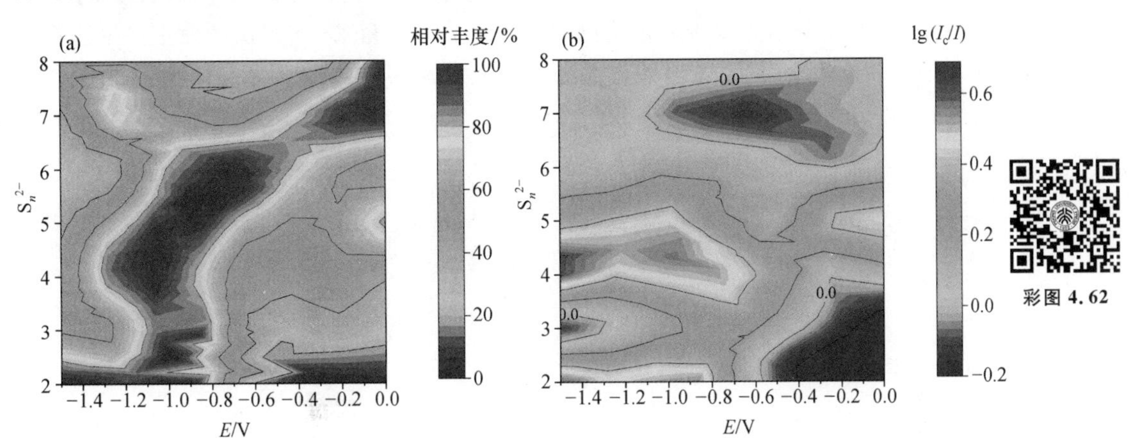

图 4.62　(a) 多硫离子在不同电势下的相对丰度分布图；(b) 没有和加入电催化剂 CoPc 之间的多硫离子对数丰度比较，I 和 I_c 分别是多硫离子在没有和加入 CoPc 后的质谱强度(引自参考文献[188])。

另外，我们采用类似的研究方式对于 CoPc 作为一种电催化转化多硫化合物的催化剂进行了研究[188]。目前探讨 Li-S 电池电催化机理方面的工作较少[192-194]，我们所得到的实验结果见表 4.5 和图 4.62(b)，CoPc 与多硫离子形成的各种配合物可被检测到，但也有一些短链多硫离子与 CoPc 形成的配合物中间体没有检测到，可能的原因是它们的亲和力较弱。由图 4.62(b)可知，长链的多硫化合物(例如，S_8^{2-}，S_7^{2-} 和 S_6^{2-})在高电势区域强度减小，而短链的多硫化合物(例如，S_4^{2-} 和 S_2^{2-})在低电势区域强度增加。同时，也可观察到在低电势区域出现短链多硫离子的聚集与质谱强度的增加。另外，该图还显示了两个未期望的变化，即 S_5^{2-} 在 0 V 和 S_3^{2-} 在－1.5 V 处。由式(4.39)和(4.40)可知，强度的增加可能是由催化转化而来的 S_8^{2-} 导致的。由于类似的原因，S_3^{2-} 强度的减弱可能是由于加速分解 S_6^{2-} 而来。基于上述电化学、数值模拟和 EC-MS 实验结果，CoPc 选择性地催化长链多硫离子是改善循环性能的原因。

$$S_6^{2-} \longrightarrow 2S_3^{-\cdot} \tag{4.39}$$

$$S_3^{-\cdot} + e^- \longrightarrow S_3^{2-} \tag{4.40}$$

表 4.5 多硫离子与 CoPc 形成的配合物中间体 m/z 的理论值和实验值

m/z(CoPc-LIPS 配合物)	$n=1$	$n=2$	$n=3$	$n=4$	$n=5$	$n=6$	$n=7$	$n=8$
$[CoPc\text{-}LiS_n]^{+\cdot}$	610[a)]	642[a)]	674	706	738[a)]	770[a)]	802[a)]	834[a)]
$[CoPc\text{-}Li_2S_n]^{+}$	617	649	681[a)]	713	745	777	809[a)]	841[a)]

a) 代表的是 MS 检测到并得到串联质谱确认的离子；其余是 MS 没有检测到的离子。

由 EC-MS 联用技术所观察到的中间体大多数是正离子，结合电化学与数值模拟的数据，我们提出了一种新的机理(图 4.63)，是 Shen 等所提出的机理的一种补充[192]。在 0.23 V(vs. Ag/AgCl)，$Co^{II}Pc$ 可被氧化为 $Co^{III}Pc^+$，因此，我们认为在高电势时，正的 CoPc 离子可能吸附在负的长链多硫离子上，是 CoPc 电催化的原因。

显然，EC-MS 联用技术在探讨复杂电化学及界面催化反应方面非常有用，但该技术仍然存在一些问题，例如，如果人们要研究电解水及相关反应，大多数均涉及小分子(低的 m/z)，质谱本身很难原位检测到这些小分子。目前，质谱仪产商主要聚焦在生物大分子的检测上，但随着电催化及电池研究的深入，搞清楚相关机理至关重要。发展低的 m/z 商品化质谱仪势在必行。

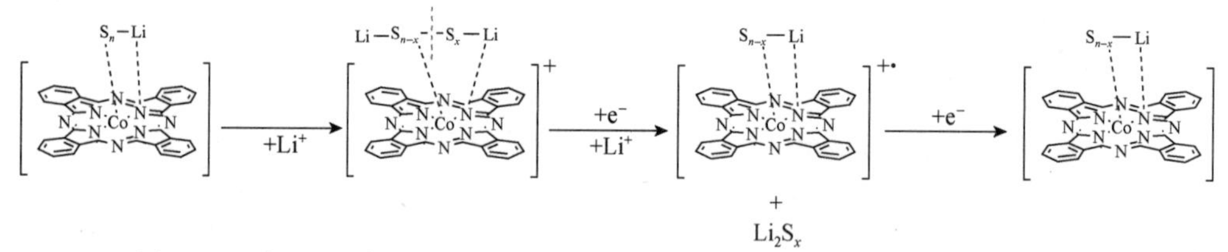

图 4.63 在 CoPc 存在下多硫离子催化转化的可能机理(引自参考文献[188])。

4.6 界面修饰及其应用

4.6.1 磷脂修饰的液/液界面

实际上液/液界面只有通过磷脂修饰才能作为一种模拟的生物膜。Koryta 等早在 1982 年就率先研究了离子在磷脂吸附在液/液界面上形成单层上的转移反应[195]。随后 Girault 和 Schiffrin 显示磷脂在液/液界面上的吸附与外加电势和溶液的 pH 相关[196]，中性的磷脂分子在界面上强烈吸附。Cunnane 等探讨了离子在磷脂修饰的液/液界面上的转移反应动力学，并计算了在磷脂紧密层中形成孔所需要的能量[197]。1992 年 Kakiuchi 等也对该方面进行了研究[198,199]。他们比较了六种 L-α-磷脂酰胆碱形成的单层对于 TMA^+ 和 TEA^+ 在界面上转移反应的影响。发现如果这些单层是处于液体凝聚态(liquid-condensed state)时，会阻碍上述离子的转移反应；相反，当所形成的单层处于液体扩展态(liquid-expanded state)时,可加速上述离子的转移过程。他们也发现磷脂单层仅阻碍 TEA^+ 的转移,但不阻碍 ClO_4^- 的转移过程。

Katano 等报道了一个有趣的工作[200],他们采用常规脉冲伏安法研究了 W/NB 界面上磷脂层对于 TMA^+ 和一种聚胺离子在界面上转移反应的影响。当磷脂从有机相加入并在界面形成单层时,TMA^+ 转移反应的半波电势没有改变,仅极限电流变小。但对于聚胺离子来讲,半波电势和极限电流均没有太多变化,说明它们可以容易地穿过该磷脂单层。该工作指明,可采用伏安法探讨多或聚活性分子在细胞膜上的穿透行为。Yoshida 显示这些磷脂可作为离子载体加速一些阳离子的转移反应,但不加速许多阴离子和一些阳离子的转移反应[201],该工作得到其他课题组的证实[202]。更重要的是他们还给出了磷脂与一些离子结合的结合常数(表 4.6)[203]。

表 4.6　磷脂酰胆碱与一些离子之间的结合常数

离子	$\Delta\phi_{desorb}/V$	$\Delta\phi_i^0/V$	$\lg K_{ass}$
Li^+	0.13	0.58	8.6
Na^+	0.13	0.58	8.6
K^+	0.13	0.54	7.9
Cs^+	0.10	0.39	5.9
NH_4^+	0.08	0.45	7.3
$(CH_3)NH_3^+$	0.03	0.36	6.6
$(CH_3)_2NH_2^+$	−0.05	0.27	6.4
$(CH_3)_3NH^+$	−0.10	0.17	5.6
Arg^+	0.15	0.64	9.3

为了分析离子在液/液界面的磷脂膜上的吸附行为,需要建立一个热力学模型。2003 年 Samec 等提出了一个包含有两性离子($L^{\pm}$)的简单模型,可与水相中的阳离子 R 形成配合物 RL^+,在有机相中脱附[204]:

$$(L^{\pm})^{o} \rightleftharpoons (L^{\pm})^{ad} \tag{4.41}$$

$$(R^{+})^{w} + (L^{\pm})^{ad} \rightleftharpoons (RL^{+})^{ad} \tag{4.42}$$

$$(RL^{+})^{ad} \rightleftharpoons (RL^{+})^{o} \tag{4.43}$$

$$(RL^{+})^{o} \rightleftharpoons (R^{+})^{o} + (L^{+})^{o} \tag{4.44}$$

Gibbs 吸附公式包括水相(RX)和有机相(SY)中的支持电解质的离子、中性离子($L^{\pm}$)及吸附的阳离子配合物($(RL^{+})^{ad}$),该式不仅依赖于不同带电化合物的表面浓度,也与各种实验参数,例如极化、磷脂在有机相中的浓度和各种盐的浓度相关。其具体的表达式如下:

$$\begin{aligned}-\mathrm{d}\gamma &= \Gamma_{R^+}\,\mathrm{d}\bar{\mu}_{R^+} + \Gamma_{X^-}\,\mathrm{d}\bar{\mu}_{X^-} + \Gamma_{L^{\pm}}\,\mathrm{d}\bar{\mu}_{L^{\pm}} + \Gamma_{RL^+}\,\mathrm{d}\bar{\mu}_{RL^+} + \Gamma_{S^+}\,\mathrm{d}\bar{\mu}_{S^+} + \Gamma_{Y^-}\,\mathrm{d}\bar{\mu}_{Y^-} \\ &= Q\,\mathrm{d}E + (\Gamma_{L^{\pm}} + \Gamma_{RL^+})\,\mathrm{d}\bar{\mu}_{L^{\pm}} + (\Gamma_{R^+} + \Gamma_{RL^+})\,\mathrm{d}\bar{\mu}_{RX} + \Gamma_{Y^-}\,\mathrm{d}\bar{\mu}_{SY}\end{aligned} \tag{4.45}$$

这里 Γ 代表相对于两个溶剂的表面过剩浓度,$\mathrm{d}E$ 是相对于水相中可逆的阴离子(X^-,例如 Cl^-)的水相参比电极和相对于有机相中可逆的阳离子(S^+,例如 TBA^+)的有机相参比电极的外加电势变量：

$$dE = -(d\overline{\mu}_{S^+} + d\overline{\mu}_{X^-})/F \tag{4.46}$$

热力学电荷定义为表面过剩的差：

$$Q = -\left(\frac{\partial\gamma}{\partial E}\right)_{\mu_i} = F(\Gamma_{L^\pm} + \Gamma_{RL^+} - \Gamma_{X^-}) = -F(\Gamma_{S^+} - \Gamma_{Y^-}) \tag{4.47}$$

它代表的是当界面增加一个单位时为保持界面状态所需要的总的电荷。另外，界面的电容可由电毛细曲线得到，或直接由阻抗测量得到：

$$C = \left(\frac{\partial Q}{\partial E}\right)_{\mu_i} = -\left(\frac{\partial^2\gamma}{\partial E^2}\right)_{\mu_i} \tag{4.48}$$

总的磷脂的表面浓度通过浓度与表面张力的测量得到：

$$\Gamma_{L^\pm} + \Gamma_{RL^+} = -\left(\frac{\partial\gamma}{\partial\mu_{L^\pm}}\right)_{E,\mu_{RX},\mu_{SY}} \tag{4.49}$$

由公式(4.47)所定义的电荷是不能由电毛细曲线的斜率求得的，特别是当单层的吸附依赖于配位反应时。很难在保持两性磷脂的化学势不变的情况下，只改变电势 E。因此，通过表面张力相对于电势的微分不能给出表面电荷密度，但给出的是下面两项的和：

$$\frac{\partial\gamma}{\partial E} = Q + F(\Gamma_{L^\pm} + \Gamma_{RL^+})\frac{\partial\mu_{L^\pm}}{\partial E} \tag{4.50}$$

类似地，上述公式中的第二项也不能给出双电层的电容。

两性磷脂及阳离子型配合物的吸附可作为一种分子吸附在两种不同态（例如，两种不同的取向）的特殊情况，可用 Frumkin 吸附等温公式来描述：

$$\gamma = \gamma_0 + FT\Gamma_{max}[\ln(1-\theta_\pm-\theta_+) + \alpha_\pm\theta_\pm^2 + \alpha_+\theta_+^2 + 2\alpha_\pm\theta_\pm\theta_+] \tag{4.51}$$

这里 θ 是相对应的表面覆盖率，α 是吸引系数，γ_0 是没有磷脂时的表面张力。图 4.64 显示了水相中有 Li^+ 和 Ca^{2+} 存在时，该模型与磷脂吸附的电毛细曲线的拟合情况。

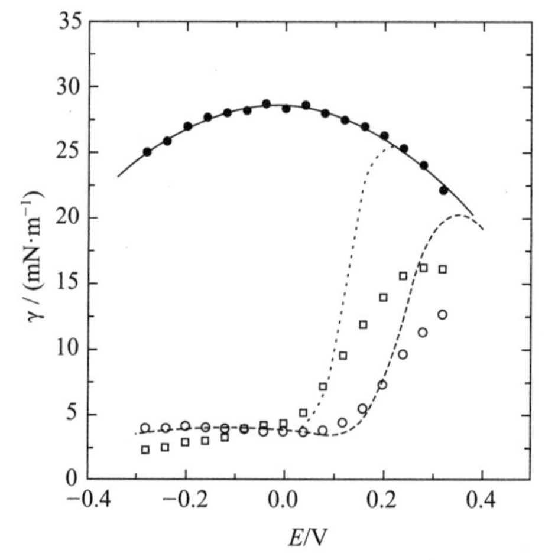

图 4.64　在有机相没有(●)和存在(○,□)10 μmol·L⁻¹ 磷脂 DPPC 时的实验(点)和理论(线)表面张力与电势的关系图。水相：0.1 mol·L⁻¹ LiCl+0.05 mol·L⁻¹ Tris(pH 8.9)(●,○)；0.1 mol·L⁻¹ LiCl+0.05 mol·L⁻¹ Tris(pH 8.9)+5 mmol·L⁻¹ $CaCl_2$(□)。引自参考文献[204]。

显然液/液界面提供了一个独特的平台用于研究磷脂的吸附以及与水相中的磷脂酰基阳离子之间的相互作用。磷脂所形成的单层可阻碍阳离子的转移反应，但似乎不阻碍阴离子的转移过程。电荷转移反应研究与电毛细曲线数据表明，磷脂酰胆碱可加速碱金属阳离子和一些多肽的转移反应。

4.6.2 液/液界面与纳米颗粒

液/液界面的一个重要应用是可作为一种特殊的界面用于合成和自组装各类纳米二维或三维结构[205]，在一些情况下可形成像金属一样的膜。Faraday是利用两相法合成纳米颗粒的开创者[206]，他于1857年采用水/二硫化碳合成的金纳米颗粒至今仍保存原样。Guainazzi等率先探讨了液/液界面上形成金属膜研究的先河[207]，1975年他们显示了在外加直流电的作用下，水相中的Cu^{2+}与DCE相中的钒配合物可在界面区域形成Cu。Yogev和Efrima于1988年报道了可在W/DCE界面上形成像银一样的金属膜[208]。Schiffrin等在1994年采用硼氢化钠在水/甲苯界面上合成了1～3 nm的带有硫醇保护的金纳米颗粒[209]，随后该研究方向引起了广泛关注，得到了蓬勃发展，其研究进展可参考相关综述[210-213]。

人们在液/液界面上纳米颗粒的成核和生长方面进行了大量的研究工作。1996年Schiffrin等采用水相中的亚铁氰化物还原DCE相中的四辛基胺四氯金酸盐，生成金纳米颗粒，同时利用UV-Vis光谱进行检测。他们还研究了其他金属在界面上的成核与生长过程，并提出了成核的机理[214-216]（图4.65）。该机理与固体界面上类似，先成核，然后到达一定大小后开始生长。相对于固/液界面，液/液界面的优点是界面是一个无缺陷的界面，新形成的相与它之间的相互作用较小。

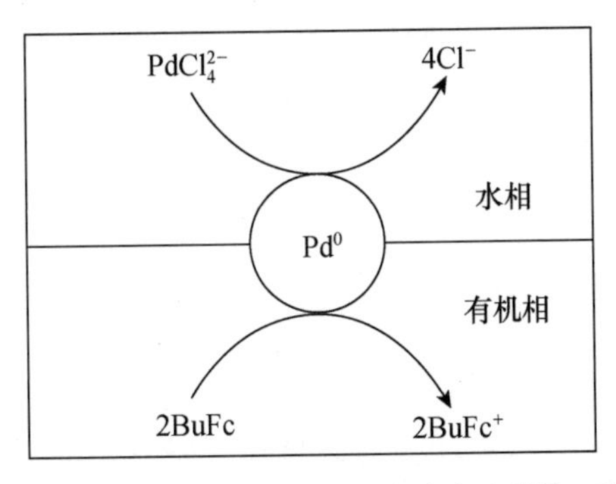

图4.65 成核与生长机理(引自参考文献[216])。

Samec等也研究了Pt纳米颗粒在液/液界面上的成核机理[217]。他们在一个新形成的界面上进行电势阶跃实验，发现最初的沉积速率可在两个数量级间变化，这可能是由于最初的成核过程是一个随机的过程，需要一定大小的晶核后才能稳定生长。Dryfe等将纳米颗粒在液/液界面上的沉积研究推广到Pd和Pt沉积在铝多孔模板上[218,219]，在该情况下，更易于控制传质和防止纳米颗粒的聚集。Rao等显示，采用表面活性剂控制生长过程可在液/液界面上得到漂亮的Au+Ag合金纳米结构

(图 4.66)[220]。

图 4.66 液/液界面上所生成的 Au+Ag 合金纳米结构的 SEM 图(引自参考文献[220])。

在各种制备贵金属纳米颗粒的方法中,常用的一种方法是基于液/液界面的方法[213]。其中最著名的方法是英国利物浦大学的 David Schiffrin 和 Mathias Brust 及其合作者所发展的制备硫醇修饰的金纳米颗粒的方法[209]。该方法是一个两步法:首先是含金离子的试剂在四辛基溴化铵(TOABr)作为相转移试剂的作用下从水相被萃取到有机相(甲苯)中,带负电荷的金离子(例如,$AuCl_4^-$)与 Br^- 交换作为 TOA^+ 的对离子存在于有机相中;然后,在烷基硫醇的存在下,以水相中的 $NaBH_4$ 作为还原剂,生成硫醇保护的金纳米颗粒。其反应可表示为

$$M_{(1)}^{n+} + Red_{(2)} \longrightarrow M_{(\sigma)} + n\,Ox_{(?)} \tag{4.52}$$

这里相 1 经常是水相(但不总是),氧化态的金属(M^{n+})通常是溶剂化的,相 2 是有机相(但不总是),含有还原剂(Red,可被氧化为 Ox;Red 和 M^{n+} 也分别被称为电子给体 D 和电子受体 A^{n+})。下标"?"表示还原剂的氧化态可能会被分配到另外一相(相 1);σ 代表固相沉积,经常会吸附在界面上。图 4.67 更清楚地比较了在溶液中和在界面上的电子转移与沉积过程。

利用液/液界面来制备纳米颗粒具有如下三个方面的优点:(1) 生成纳米颗粒后的位置明确,位于界面上;(2) 这样可以简化对于它们的分析和表征,即分别可从含有前驱体的相 1 或从含有还原剂的相 2 来进行表征,这些技术包括反射或散射技术;(3) 界面可在外加电势作用下进行界面还原反应,使其能够电化学可控。图 4.68 显示了利用液/液界面法获得的金纳米颗粒的一个代表性 TEM 图。

在该工作提出 15 年后,对于其机理的探讨引起了广泛的关注[221-225]。主要结论是卤代 Au(Ⅰ)而非烃巯基 Au(Ⅰ)是中间产物,它们是由硫醇还原 Au(Ⅲ)得到的。他们认为这些前驱体是在甲苯(tol)中进行的一相反应:

$$[NR_4^+][AuX_4^-]_{(tol)} + 2R'SH_{(tol)} \longrightarrow [NR_4^+][Au_2^-]_{(tol)} + R'SSR'_{(tol)} + 2HX_{(tol)} \tag{4.53}$$

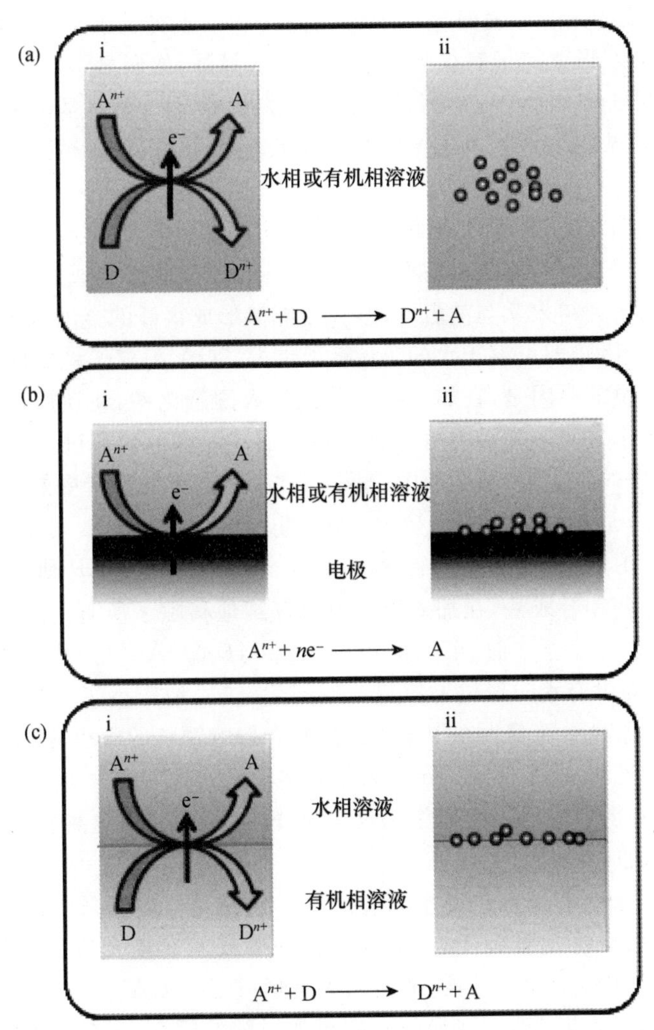

图 4.67 不同情况下的(i)电子转移反应与(ii)金属沉积过程：(a) 在均相溶液中；(b) 在固/液界面上；(c) 在液/液界面上。A^{n+} 和 D 分别表示电子受体与电子给体。引自参考文献[213]。

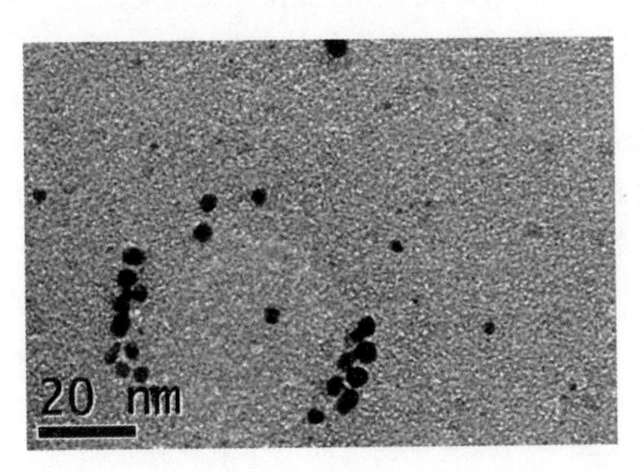

图 4.68 在液/液界面上采用电化学方法得到的金纳米颗粒 TEM 图(引自参考文献[213])。

通过^{1}H NMR、拉曼光谱与表面等离子体光谱(SPR)证实了该产物,其中中间体Au(Ⅰ)通过与TOA^+形成离子对得到稳定很重要。另外,他们显示,与水接触或采用更极性的有机溶剂可使上述反应的离子对分开,形成Au(Ⅰ)烃巯基沉淀。由于烃巯基可形成一些聚合物,其对于控制纳米颗粒的生长是有害的。这一发现非常重要,因为最初人们认为硫醇仅作为封端剂[221]。Tong等接棒上述Lennox等的工作,主要关注纳米颗粒合成的第二步,即硼氢化物对于还原过程的影响[222,223]。Tong等的工作在很大程度上支持Lennox等的工作,即在Brust-Schiffrin两相合成法中Au(Ⅰ)作为前驱体。但他们的研究结果又与前者不同,认为能够形成很好的金纳米颗粒是由于在甲苯相中存在反相乳液,即可溶于水的Au离子是由TOA阳离子稳定的。所制备的颗粒大小分布比较窄的原因是,在加入硫醇前先加入硼氢化钠,使还原反应先发生。搅拌时间与颗粒大小之间的关系可由形成反相乳液来解释。他们进一步区分了一个相中的反应(甲苯中的还原)和两个相中的反应(在水存在下的甲苯中的还原),前者是完全通过式(4.53)进行的,后者当硫醇/Au(Ⅲ)浓度比大于2时会产生[TOA^+][AuX_2^-]与[Au(Ⅰ)SR^-]$_n$的混合物[223]。Zhu等随后采用NMR研究得出类似的结论[224],他们采用两相合成法,在加入硫醇前很仔细地移除了所有的水。他们发现,当硫醇/Au(Ⅲ)浓度比小于2时,可以得到AuX_2^-;当硫醇/Au(Ⅲ)浓度比大于2时,得到的是AuSR。在没有水时经过一段反应时间后,较慢地产生了一些不溶的聚合物。进一步的实验证据显示随着水在甲苯中的溶解会影响颗粒的大小,这是因为水可在甲苯相中形成反相乳液,这是形成Au纳米颗粒需要的环境。类似地,如果水在甲苯相中存在,二硫化合物和联硒化物的作用仅仅是作为还原剂,在这种情况下,Au(Ⅱ)被假设为部分还原的中间体[222]。

Perala和Kumar对于存在反相乳液提出了异议[225],他们采用^{1}H NMR、动态光散射(DLS)、小角X射线散射(SAXS)和其他一些技术对该合成法的机理进行了研究,并没有检测到上述的反相乳液,他们认为是形成了[TOA^+][AuX_4^-]离子对,从而促使发生了相转移反应。他们在另外一项更加详细的研究中,提出了"连续的"成核-生长-封端机理,该机理可以解释在Brust-Schiffrin合成法中控制纳米颗粒大小时观察到的许多特异的行为,例如,RSH/Au浓度比和反应中的平均颗粒大小等。他们还对上述合成方法进行了修饰,在加入硼氢化钠前先加入一部分硫醇,第二部分硫醇与硼氢化钠一起加入,该方法使整个反应过程中具有更恒定的硫醇浓度。该修饰方法得到的纳米颗粒大小分布较未修饰的方法更窄。

但整个电沉积过程仍需要更加定量的分析和解释,即需要考虑W/O界面电势和电中性对于离子化电子转移反应的影响。从电化学角度来讲,Brust-Schiffrin合成法可从如下几点进行解读:(1) 离子$AuCl_4^-$从水相转移到有机相,Br^-从有机相转移到水相形成[TOA^+][AuX_4^-];(2) 通过加入硫醇使AuX_4^-在均相中还原为AuX_2^-(在一些情况下为[Au(Ⅰ)SR]$_n$),同时将所产生的H^+和卤素阴离子重新分配到水相;(3) 有机相中Au的配合物与水相中的硼氢化钠之间发生氧化还原反应,产生的Cl^-(Br^-)以及质子必须从有机相转移到水相。Schiffrin等[214]和Dryfe等[228]分别观察到了$AuCl_4^-$在W/DCE界面上的转移反应,其Gibbs转移能为$-7.4\ kJ\cdot mol^{-1}$。重要的一点是，在有机相中 Au 配合物的还原所释放的卤素阴离子具有较大的水合能，使电势发生较大的移动，即 Au 在有机相中的沉积热力学上是不适宜的。图 4.69 给出了各种 Au 配合物与离子转移能和还原电势之间的关系。

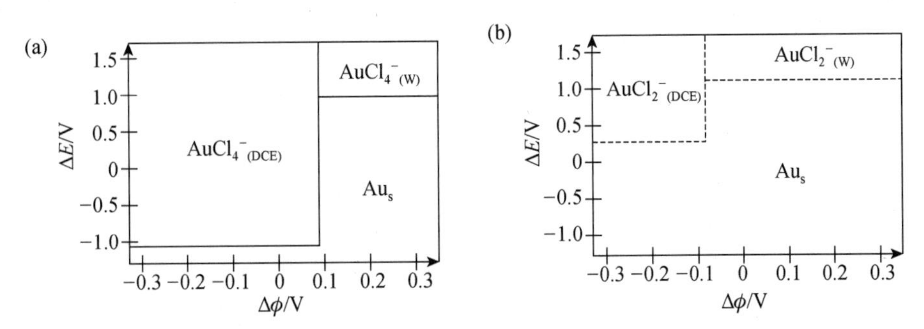

图 4.69　各种 Au 配合物在 W/DCE 界面上的分配与氧化态图：(a) $AuCl_4^-$/Au；(b) $AuCl_2^-$/Au（引自参考文献[213]）。

从图 4.69 可以看出，Au 在水相中的还原是热力学可行的，金的氧化态在有机相中稳定，金属离子水合能的变化对于纳米颗粒形成的影响可能过度。基于上述电化学实验数据，对于 Brust-Schiffrin 合成法我们可以得出如下定量的结论：分散在甲苯相中的水的作用正如 Tong 等所指出的那样，形成反相乳液，加速还原过程而不是离子转移过程。当然，正如上述所言，形成反相乳液是存在争议的。Lennox 等探讨了还原电势对于溶剂的敏感程度[229]，在甲苯中四烷基铵离子稳定化的金纳米颗粒可通过歧化为 Au(Ⅰ)被 Au(Ⅲ)氧化，在小于 5 min 内分解。溶剂可能仅为影响纳米颗粒稳定性的一种因素[230]。Plieth 提出了一种表面能模型，预测还原电势与纳米颗粒半径(r)成反比[231]。Su 和 Girault 考虑了单层保护的纳米颗粒的静电充电行为，推导出了 $d/[r(r+d)]$依赖于还原电势的关系[232]，这里 r 和 d 分别是纳米颗粒半径和保护层厚度。

在液/液界面上形成纳米颗粒的一个特殊特征是这些纳米颗粒可作为表面活性剂，即吸附在界面上是它们最稳定的形态，当然这与颗粒的表面化学（接触角）有关。Pieranski 提出了一个吸附热力学与接触角之间的简单关系[233]：

$$\Delta E=\frac{\pi r^2}{\gamma_{o/w}}[\gamma_{o/w}-(\gamma_{m/w}-\gamma_{m/o})]^2 \tag{4.54}$$

这里 ΔE 是颗粒吸附的 Gibbs 转移能，r 是颗粒的半径，γ 是水相(w)与有机相(o)以及颗粒相(m)之间的表面张力。由公式(4.54)可知，颗粒的吸附与其表面积有关，这样对于给定的颗粒，大的颗粒将会取代小的。Russell 等采用配体稳定的 CdSe 纳米颗粒在液/液界面上验证了上述公式[234]。当然，对其他的实验参数，例如，接触角和外加电势也进行了考察[235,236]。Samec 等采用电化学技术研究了 W/DCE 界面上柠檬酸盐保护的金纳米颗粒的可逆吸附/脱附过程，该过程可通过光学二次谐波产生(SHG)来监测。基频的红外光可在液/液界面上产生二次谐波，与吸附在界面上的金纳米颗粒产生等离子体共振，通过监控二次谐波的减小来研究随时间而发生的颗粒聚集行为。表面拉曼增强和X射线吸收光谱(XAS)等技术也被应用于液/液界面上纳米颗粒吸附的研究[237,238],对于纳米颗粒在液/液界面上的吸附的热力学模型得到了进一步的改进(图4.70),揭示了对于颗粒吸附/脱附过程经常存在一个能垒[239],电场是控制其过程的有效手段。

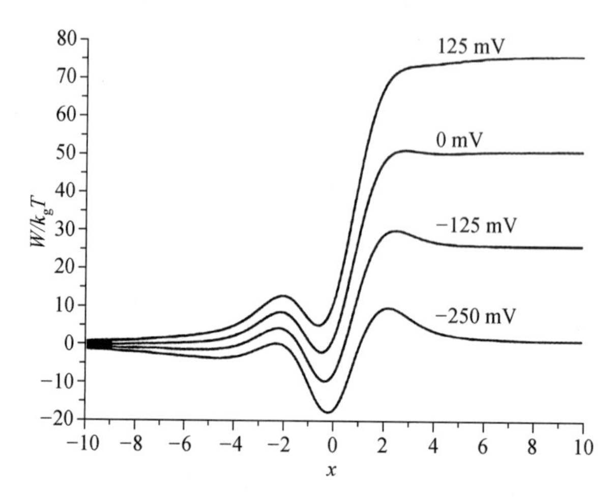

图4.70　纳米颗粒在液/液界面上的能量剖面图(引自参考文献[239])。

实际上目前对于液/液界面上所形成的纳米颗粒、悬浮的纳米薄膜的表征技术主要有电化学技术(可得到表面张力、电容等参数)[211]、扫描探针显微技术(SPM,可得到接触角等)[240]、非线性光学技术[241](图4.71)、X射线反射和散射技术[242,243]、冷冻电镜[244,245],以及理论模拟[242]等。详细的介绍可参考综述文献[211],这里仅给出一些代表性的实例。

在该方向采用电化学技术的研究中,除了常规电化学手段可以得到一些界面参数外,SECM也被应用于液/液界面上形成纳米颗粒和纳米薄膜的研究[246],可得到界面区域导电性、界面催化、界面覆盖率等信息。Cohanoschi等观察到荧光染料在水/二甲苯界面的等离子体共振信号,在纳米薄膜存在下增强10^3倍[247]。通常X射线散射技术与其他方法相结合,可得到更多的界面信息,例如,Schlossman等[243]将掠入射小角X射线散射技术(grazing-incidence small-angle X-ray scattering, GISAXS)与电毛细曲线、分子动态模拟相结合,探讨了疏水阴离子($TPBF^-$)如何从有机相浓缩到带有正电荷的界面,该界面上有四甲基铵修饰的Au纳米颗粒(图4.72)。

基于冷冻断裂铸型技术(freeze-fracture shadow casting, FreSCa)的冷冻扫描电镜也已应用于表征界面纳米颗粒[244,245]。图4.73显示了FreSCa冷冻电镜下得到的纳米颗粒在水/癸烷界面上的图像,可以清晰地看到直径90 nm的脒胶乳颗粒在该界面上,并可求算出接触角为124°左右。

吸附在液/液界面上的纳米颗粒或漂浮在液/液界面上的纳米薄膜的一个主要应用是在电催化领域[211]。相对于固/液界面,液/液界面表现出一些特殊的行为:不受支撑物的影响,可采用无接触的模式进行研究。Girault等采用电化学方法研究了液/液界面上存在纳米金漂浮薄膜时，两相之间电对的界面电子转移反应[248,249]。他们所研究的电对是 Fc^+/Fc(o)与 $Fe(CN)_6^{3+/2+}$(w)，以及水相中存在 O_2 的情况下(图4.74)，采用二茂铁衍生物发生的界面还原反应。除了Au纳米薄膜外，许多其他的纳米颗粒或薄膜在两相的氧还原(ORR)和氢析出反应(HER)中的应用也得到了广泛探讨[250-255]。另外，在SERS和SPR传感方面也有不少应用，在此不作进一步的介绍，感兴趣的读者可参考相关文献[211]。

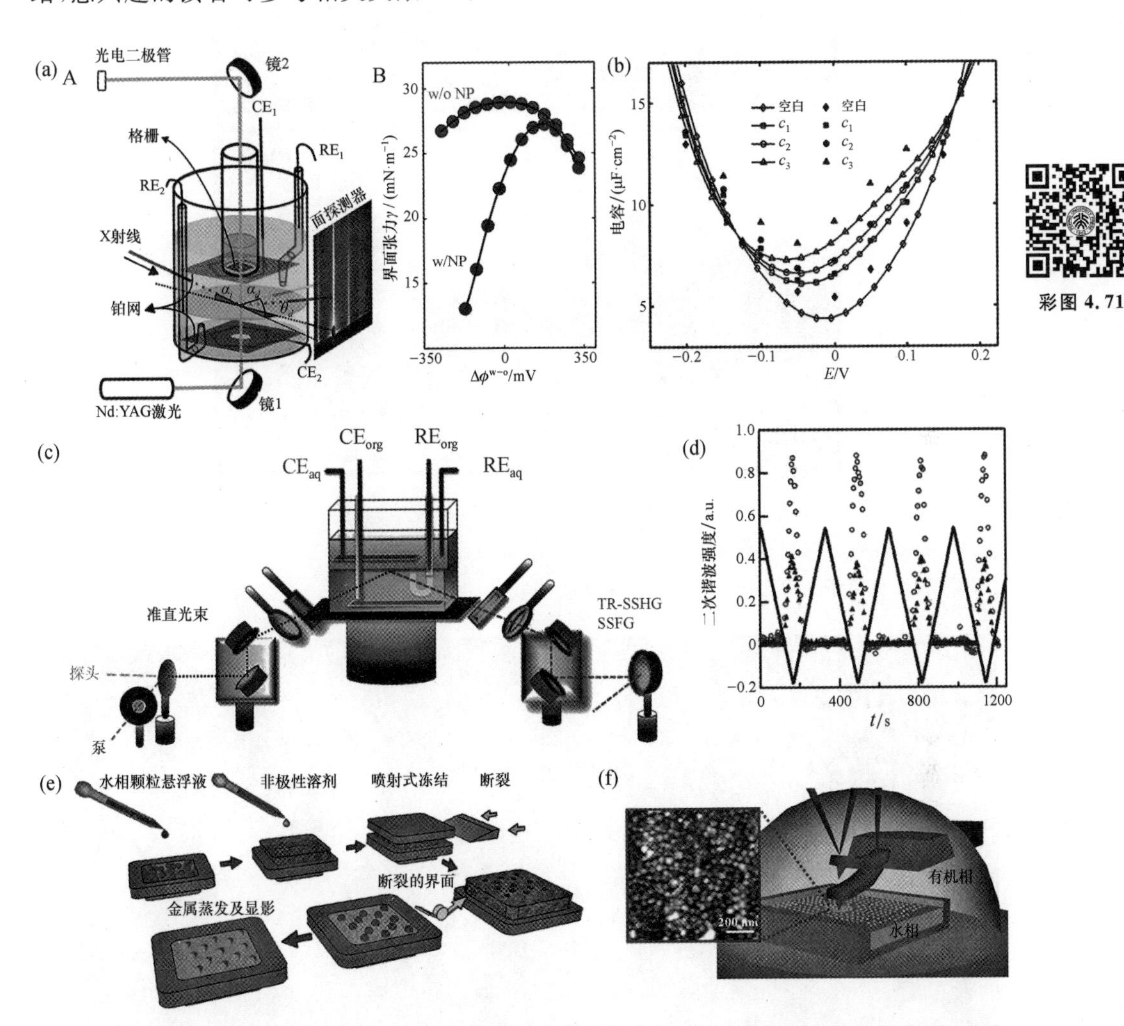

图4.71　在液/液界面上制备和表征纳米颗粒的各种方法：(a) A为四电极系统的示意图，可用于X射线表面散射或准弹性光散射测量，B为电毛细曲线法；(b) 液/液界面上有或无纳米颗粒时测量得到的电毛细曲线；(c) 电化学时间分辨表面二次谐波产生(TR-SSHG)的实验示意图；(d) 在W/DCE界面上得到的SSHG信号(圈或点)和Galvani电势差(黑色实线)与时间的关系图；(e) 基于冷冻断裂铸型技术(FreSCa)的冷冻电镜样品制备方法示意图；(f) 采用AFM研究水/正庚烷界面的示意图(引自参考文献[211])。

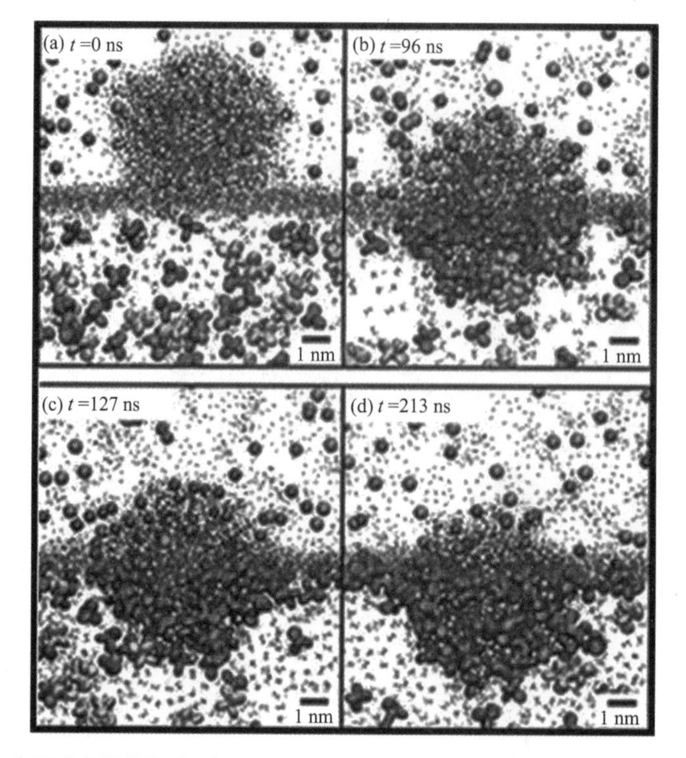

彩图 4.72

图 4.72 分子动力学模拟液/液界面上的纳米颗粒。液/液界面上的纳米颗粒与两相中支持电解质之间相互作用按时间序列的简要说明：水相在上，有机相在下。蓝色离子为 Cl^-，红色离子为 $TPBF^-$。引自参考文献[242]。

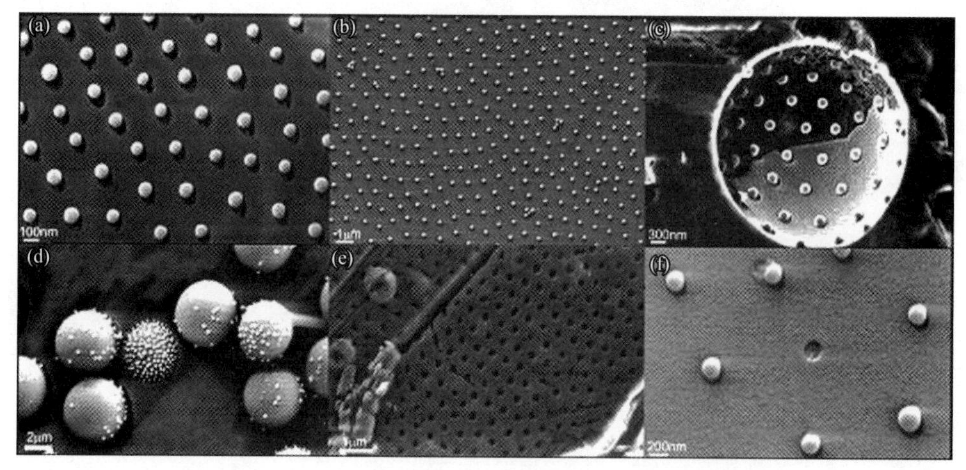

图 4.73 FreSCa 模式冷冻扫描电镜的图像：(a) 直径 90 nm 的脒胶乳颗粒坐落在平面水/癸烷界面上的图像；(b) 直径 200 nm 的脒胶乳颗粒组装在平面水/癸烷界面上的图像；(c) 断裂和除去有机相后，癸烷在水滴上的表面图像；(d) 直径 500 nm 的脒胶乳颗粒被直径 20 nm Au 包覆(其中 Au 纳米颗粒表面覆盖有柠檬酸盐)，坐落在平面水/癸烷界面上的图像；(e) 冷冻断裂后 500 nm 脒胶乳颗粒在冷冻的癸烷表面留下的空心痕迹；(f) 在断裂过程中，疏水的颗粒偶尔会从冰面掉下，正如这里所示的 200 nm 脒胶乳颗粒在水/癸烷界面脱落的情况(引自参考文献[244])。

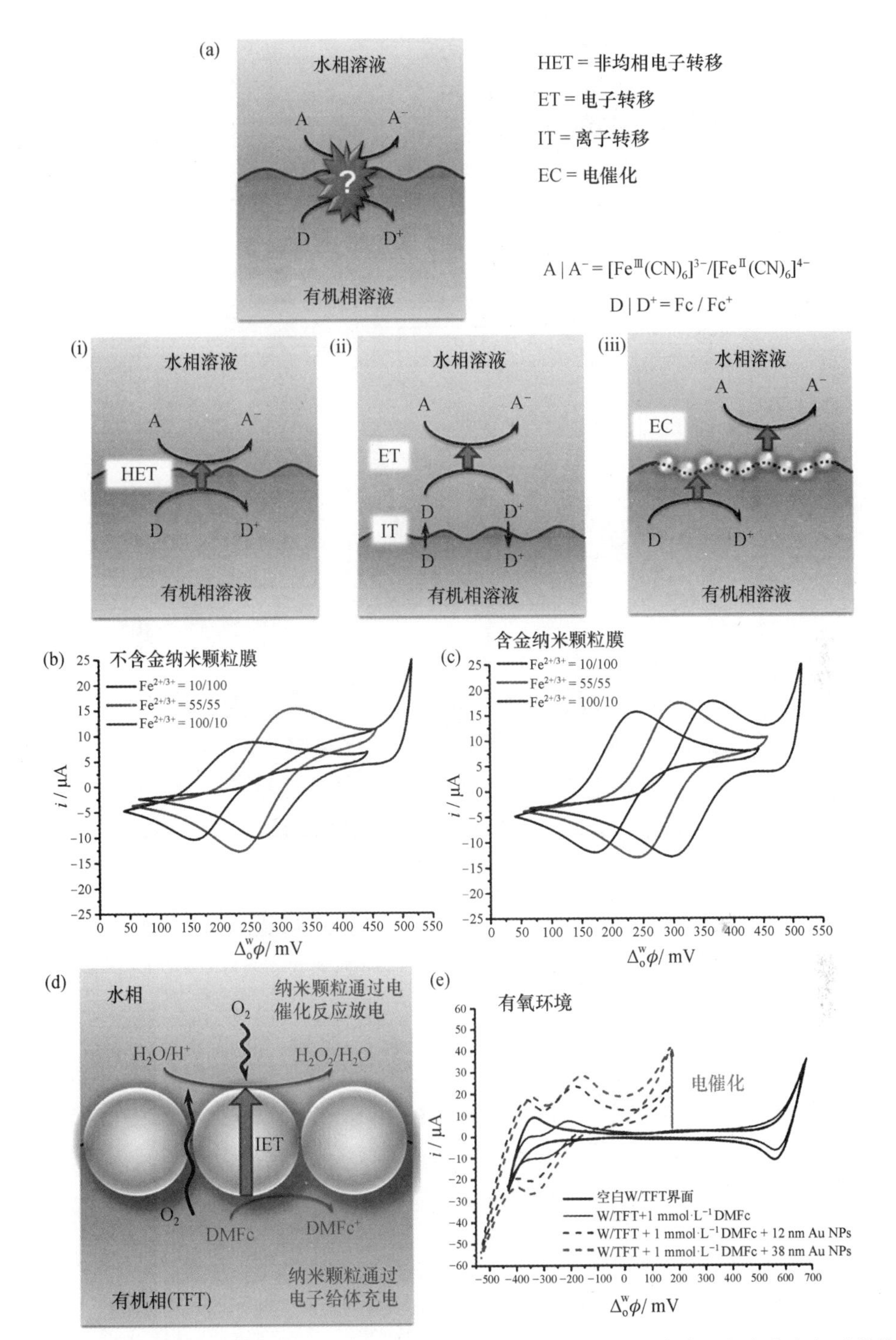

彩图 4.74

图 4.74　漂浮的纳米薄膜电催化的实验证据。(a) 各种可能的机理，当有机相中含有电子给体(D)和水相中含有电子受体(A)时，不同的机理均能够提供可测量的电流。(i) 双分子界面电子转移反应；(ii) 均相电子转移-离子转移反应机理；(iii) 界面电催化，同时漂浮的 Au 纳米薄膜作为一个双级电极。(b)和(c)是没有和存在 Au 纳米薄膜的情况。(d) 在漂浮纳米薄膜存在下 O_2 被还原的机理；(e) 在(d)情况下的循环伏安图。引自参考文献[211]。

Kontturi 等采用超微电极和 SECM 研究了硫醇保护的金纳米颗粒(又称为单层保护的团簇,monolayer-protected clusters, MPCs)在 W/DCE 界面上的行为(图 4.75)[256,257]。所采用的微电极见该图的插图,即玻璃微米管内外壁均覆盖一层 Pt 作为 Pt 微米电极;另外采用的一类电极是直径为 25 μm 的 Pt 电极。它们的各种行为显示单层保护的金团簇可作为多态的氧化还原中介体,既可以提供电子,也可以接受电子,但相对于固/液界面,它们在液/液界面的动力学较慢。另外它们也显示了单层保护的金团簇具有量子化的双电层充电特性(图 4.75)。

彩图 4.75

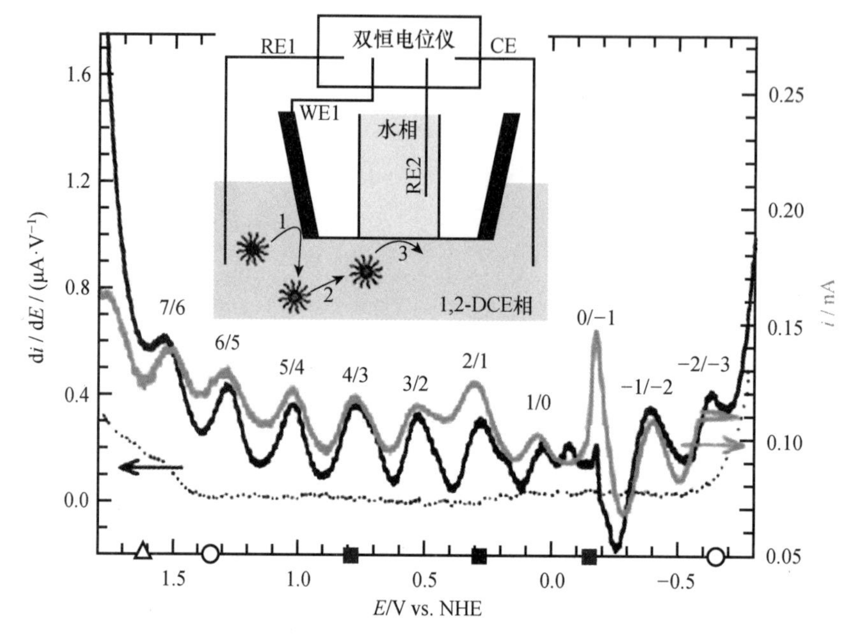

图 4.75 在没有(---)和存在 380 μmol · L^{-1} MPC$^{0/-}$ 时所观察到的微分循环伏安图。黑线是玻璃管内外壁修饰有 Pt 的微米电极,绿线是在直径为 25 μm Pt 电极上观察到的(180 μmol · L^{-1})。引自参考文献[257]。

实际上,在液/液界面上除了合成和自组装纳米颗粒、纳米薄膜外,还可以合成和自组装软物质[212],例如,一些具有液体结构的纳米颗粒等。另外,需要进一步发展和完善定量表征技术。该方向还与药物的转运、生物体系中的相分离等相关,这些都需要进一步探讨。

参考文献

[1] 刘俊杰,何芃,邵毅,詹佶睿,邵元华. 分析科学学报,2021,37(4):427.

[2] Samec Z. Pure Appl Chem, 2004, 76: 2147.

[3] Girault H H. Electroanalytical Chemistry. Bard A J and Zoski C G, Ed. Boca Raton: CRC Press, 2010: Vol 23.

[4] Liu S, Li Q, Shao Y. Chem Soc Rev, 2011, 40: 2236.

[5] Shao Y. Handbook of Electrochemistry. Zoski C G, Ed. Amsterdam: Elsevier, 2007: 785-809.
[6] Stewart A A, Shao Y, Pereira C M, Girault H H. J Electroanal Chem, 1991, 305: 135.
[7] Koryta J. Electrochim Acta, 1979, 24: 293.
[8] Cui R, Li Q, Gross D E, Meng X, Li B, Marquez M, Yang R, Sessler J L, Shao Y. J Am Chem Soc, 2008, 130: 14364.
[9] Lin S, Zhao Z, Freiser H. J Electroanal Chem, 1986, 210: 137.
[10] Shao Y, Osborne M D, Girault H H. J Electroanal Chem, 1991, 318: 101.
[11] Samec Z, Papoff P. Anal Chem, 1990, 62: 1010.
[12] Shao Y, Mirkin M V. J Am Chem Soc, 1997, 119: 8103.
[13] Mirkin M V, Bard A J. Anal Chem, 1992, 64: 2293.
[14] Albery W J, Bruckenstein S. J Electroanal Chem, 1983, 144: 105.
[15] Wei C, Bard A J, Mirkin M V. J Phys Chem, 1995, 99: 16033.
[16] Tsionsky M, Bard A J, Mirkin M V. J Phys Chem, 1996, 100: 17881.
[17] Tsionsky M, Bard A J, Mirkin M V. J Am Chem Soc, 1997, 119: 10785.
[18] Ulmeanu S, Lee H, Fermin D J, Girault H H, Shao Y. Electrochem Commun, 2001, 3 (5): 219.
[19] Sun P, Zhang Z, Gao Z, Shao Y. Angew Chem Int Ed, 2002, 41(18): 3445.
[20] Sun P, Li F, Chen Y, Zhang M, Zhang Z, Gao Z, Shao Y. J Am Chem Soc, 2003, 125: 9600.
[21] Li F, Chen Y, Sun P, Zhang M, Gao Z, Zhan D, Shao Y. J Phys Chem B, 2004, 108: 3295.
[22] Yuan Y, Shao Y. J Phys Chem B, 2002, 106: 1809.
[23] 佟月红,邵元华,汪尔康. 分析化学,2001,29:1241.
[24] Li Q, Xie S, Liang Z, Meng X, Liu S, Girault H H, Shao Y. Angew Chem Int Ed, 2009, 48: 8010.
[25] Nishi N, Imakura S, Kakiuchi T. J Electroanal Chem, 2008, 621: 297.
[26] Shao Y, Linton B, Hamilton A D, Weber S G. J Electroanal Chem, 1998, 441: 33.
[27] Katano H, Murayama Y, Tatsumi H. Anal Sci, 2004, 20: 553.
[28] Shioya T, Nishizawa S, Teramae N. J Am Chem Soc, 1998, 120: 11534.
[29] Nishizawa S, Yokobori T, Shioya T, Teramae N. Chem Lett, 2001, 1058.
[30] Nishizawa S, Yokobori T, Kato R, Shioya T, Teramae N. Bull Chem Soc Jpn, 2001, 74: 2343.
[31] Nishizawa S, Yokobori T, Kato R, Yoshimoto K, Kamaishi T, Teramae N. Analyst, 2003, 128: 663.
[32] Qian Q, Wilson G S, James K B, Girault H H. Anal Chem, 2001, 73: 497.
[33] Qian Q, Wilson G S, James K B. Electroanalysis, 2004, 16: 1343.
[34] Dryfe R A W, Hill S S, Davis A P, Joos J B, Roberts E P L. Org Biomol Chem, 2004, 2: 2716.
[35] Rodgers P J, Jing P, Kim Y, Amemiya S. J Am Chem Soc, 2008, 130: 7436.
[36] Beatie P D, Delay A, Girault H H. J Electroanal Chem, 1995, 380: 167.
[37] Beatie P D, Delay A, Girault H H. Electrochim Acta, 1995, 40: 2961.
[38] Shao Y, Mirkin M V. J Electroanal Chem, 1997, 439: 137.
[39] Shao Y, Mirkin M V. Anal Chem, 1998, 70: 3155.

[40] Perry D, Momotenko D, Lazenby R A, Kang M, Unwin P R. Anal Chem, 2016, 88: 5523.
[41] Lavallee M, Schanne O F, Hebert N C. Glass Microelectrodes. New York: John Wiley & Sons, Inc, 1969.
[42] Del Linz S, Willman E, Caldwell M, Klenerman D, Fernandez A, Moss G. Anal Chem, 2014, 86: 2353.
[43] He P, Shao Y, Yu Z, Liang X, Liu J, Zhu Z, Pereira C M, Shao Y. Anal Chem, 2022, 9801.
[44] Langmaier J, Stejskalova K, Samec Z. J Electroanal Chem, 2001, 496: 143.
[45] Shao Y, Campbell J A, Girault H H. J Electroanal Chem, 1991, 300: 415.
[46] Kakiuchi T, Noguchi J, Senda M. J Electroanal Chem, 1992, 327: 63.
[47] 阴笑泓,朱新宇,顾菁,张欣,朱志伟,邵元华. 分析化学,2013,41: 633.
[48] Hille B. Ion Channels of Excitable Membranes. 3rd ed. Sunderland, MA: Sinauer Associates, Inc, 2001.
[49] Wanunu M. Phys Life Rev, 2012, 9: 125.
[50] Reiner J E, Balijepalli A, Robertson J W F, Campbell J, Suehle J, Kasianowicz J J. Chem Rev, 2012,112: 6431.
[51] Venkatesan B M, Bashir R. Nat Nanotech, 2011, 6: 615.
[52] Coulter W H U S. Patent, 2656508,1953.
[53] Sakmann B, Neher E. Single-channel Recording. New York: Springer-Verlag, 1995.
[54] Deblois R W, Bean C P, Wesley R K A. J Colloid Interface Sci, 1977, 61: 323.
[55] Li J, Stein D, McMullan C, Branton D, Aziz M J, Golovchenko J A. Nature, 2001, 412: 166.
[56] Hall A R, Scott A, Rotem D, Mehta K K, Bayley H, Dekker C. Nat Nanotechnol, 2010, 5: 874.
[57] Wei C, Bard A J, Feldberg S W. Anal Chem, 1997, 69: 4627.
[58] Liu S, Dong Y, Zhao W, Xie X, Ji T, Yin X, Liu Y, Liang Z, Momotenko D, Liang D, Girault H, Shao Y. Anal Chem, 2012, 84: 5565.
[59] Fischbein M D, Drndic M. Appl Phys Lett, 2008, 93: 113107.
[60] 丁克俭, 张海燕, 胡红刚, 赵红敏, 关伟军, 马月辉. 分析化学,1996,38: 280.
[61] Dekker C. Nat Nanotechnol, 2007, 2: 209.
[62] Momotenko D, Corte's-Salazar F, Josserand J, Liu S, Shao Y, Girault H H. Phys Chem Chem Phys, 2011, 13: 5430.
[63] Momotenko D, Girault H H. J Am Chem Soc, 2011, 133: 14496.
[64] Siwy Z S. Adv Funct Mater, 2006, 16: 735.
[65] Siwy Z S, Heins E, Harrell C C, Kohli P, Martin C R. J Am Chem Soc, 2004, 126: 10850.
[66] Woermann D. Nucl Instrum Methods Phys Res, Sect B, 2002, 194: 458.
[67] Woermann D. Phys Chem Chem Phys, 2003, 5: 1853.
[68] Cervera J, Schiedt B, Ramirez P. Europhys Lett, 2005, 71: 35.
[69] White H S, Bund A. Langmuir, 2008, 24: 2212.
[70] Kovarik M L, Zhou K, Jacobson S C. J Phys Chem B, 2009, 113: 15960.
[71] Ramirez P, Apel P Y, Cervera J, Mafe S. Nanotechnology, 2008, 19: 315707.
[72] Wei R, Pedone D, Zürner A, Döblinger M, Rant U. Small, 2010, 6: 1406.
[73] Hu R, Diao J, Li J, Tang Z, Li X, Leitz J, Long J, Liu J, Yu D, Zhao J. Sci Rep, 2016, 6: 20776.

[74] Eggenberge O M, Ying C,Mayer M. Nanoscale, 2019, 11: 19636.
[75] Xue L, Yamazaki H, Ren R, Wanunu M, Ivanov A P, Edel J B. Nat Rev Mater, 2020, 5: 931.
[76] Ali M, Yameen B, Cervera J, Ramirez P, Neumann R, Ensinger W, Knoll W, Azzaroni O. J Am Chem Soc, 2010, 132: 8338.
[77] Yusko E C, An R, Mayer M. ACS Nano, 2010, 4: 477.
[78] Davenport M, Rodriguez A, Shea K J, Siwy Z S. Nano Lett, 2009, 9: 2125.
[79] Yin X, Zhang S, Dong Y, Liu S, Gu J, Chen Y, Zhang X, Zhang X, Shao Y. Anal Chem, 2015, 87: 9097.
[80] Wang Y H, Wang D, Mirkin M V. Proc R Soc, A, 2017, 473(2203): 20160931.
[81] Zhang S, Yin X, Li M, Zhang X, Zhang X, Qin X, Zhu Z, Yang S, Shao Y. Anal Chem, 2018, 90: 8592.
[82] Shao Y, He P, Yu Z, Liang X, Shao Y. J Electroanal Chem, 2022, 908: 116089.
[83] Gobry V, Ulmeanu S, Reymond F, Bouchard G, Carrupt P, Testa B, Girault H H. J Am Chem Soc, 2001, 123: 10684.
[84] Reymond F, Steyaert G, Carrupt P-A, Testa B, Girault H H. J Am Chem Soc, 1996, 118: 11951.
[85] Chopineaux Courtois V, Reymond F, Bouchard G, Carrupt P-A, Testa B, Girault H H. J Am Chem Soc, 1999, 121: 1743.
[86] Zhang M, Sun P, Chen Y, Li F, Gao Z, Shao Y. Anal Chem, 2003, 75: 4341.
[87] Jing P, Zhang M, Hu H, Xu X, Liang Z, Li B, Shen L, Xie S, Pereira C M, Shao Y. Angew Chem Int Ed, 2006, 45(41): 6861.
[88] Kakiuchi T, Senda M. Bull Chem Soc Jpn, 1984, 57: 1801.
[89] Liu B, Mirkin M V. Anal Chem, 2001, 73: 670A.
[90] Reymond F, Fermin D, Lee H, Girault H H. Electrochim Acta, 2000, 45: 2647.
[91] Mareček V, Samec Z. Anal Chim Acta, 1983, 151: 265.
[92] Osakai T, Kakutani T, Senda M. Bunseki Kagaku, 1984, 33: E371.
[93] Kakutani T, Ohkouchi T, Osakai T, Kakiuchi T, Senda M. Anal Sci, 1985, 1: 219.
[94] Wang E, Sun Z. Trends Anal Chem, 1988, 7: 99.
[95] Marecek V, Janchenova H, Colombini M, Papoff P. J Electroanal Chem, 1987, 217: 213.
[96] Marecek V, Colombini M. J Electroanal Chem, 1988, 241: 133.
[97] Zhan D, Mao S, Zhao Q, Chen Z, Hu H, Jing P, Zhang M, Zhu Z, Shao Y. Anal Chem, 2004, 76: 4128.
[98] Shao Y. Handbook of Electrochemistry. Zoski C G, Ed. Amsterdam: Elsevier, 2007: 785.
[99] Lee H, Girault H H. Anal Chem, 1998, 70: 4280.
[100] Sawada S, Torii H, Osakai T, Kimoto T. Anal Chem, 1998, 70: 4286.
[101] Bakker E. Trends Anal Chem, 2014, 53: 98.
[102] Bakker E. Anal Chem, 2016, 88: 395.
[103] Kabagambe B, Izadyar A, Amemiya S. Anal Chem, 2012, 84:7979.
[104] Kim Y, Rodgers P J, Ishimatsu R, Amemiya S. Anal Chem, 2009, 81: 7262.
[105] Izadyar A, Kim Y, Ward M M, Amemiya S. J Chem Educ, 2012, 89: 1323.
[106] Ulmeanu S, Lee H, Fermin D J, Girault H H, Shao Y. Electrochem Commun, 2001,

3：219.
[107] Campbell J A，Girault H H. J Electroanal Chem，1989，266：465.
[108] Wilke S，Zerihun T. Electrochim Acta，1998，44：15.
[109] Dryfe R A W，Holmes S M. J Electroanal Chem，2000，483：144.
[110] Dryfe R A W. Phys Chem Chem Phys，2006，8：1869.
[111] Platt M，Dryfe R A W，Roberts E P L. Langmuir，2003，19：8019.
[112] Zazpe R，Hibert C，O'Brien J，Lanyon Y H，Arrigan D W M. Lab Chip，2007,7：1732.
[113] Scanlon M D，Strutwolf J，Blake A，Iacopino D，Quinn A J，Arrigan D W M. Anal Chem，2010,82：6115.
[114] Rimboud M，Hart R D，Becker T，Arrigan D W M. Analyst，2011，136：4674.
[115] Arrigan D W M，Herzog G，Scanlon M D，Strutwolf J. Electroanalytical Chemistry. Bard A J and Zoski C G，Ed. Boca Raton：CRC Press，2014：Vol 25.
[116] Berduque A，Zazpe R，Arrigan D W M. Anal Chim Acta，2008，611：4128.
[117] Ribeiro J A，Miranda I M，Silva F，Pereira C M. Phys Chem Chem Phys，2010，12：15190.
[118] Lee H J，Beriet C，Girault H H. Anal Sci，1998，44：15.
[119] Scanlon M D，Herzog G，Arrigan D W M. Anal Chem，2008，80：5743.
[120] Collins C J，Arrigann D W M. Anal Chem，2009，81：2344.
[121] Qian Q，Wilson G S，Bowman-James M A. Electroanalysis，2004，16：1343.
[122] Liu Y，Sair M，Neusser G，Kranz C，Arrigan D W M. Anal Chem，2015，87：5486.
[123] Lanyon Y H，De Marzi G，Watson Y E，Quinn A J，Gleeson J P，Redmond G，Arrigan D W M. Anal Chem，2007，79：3048.
[124] Liu Y，Sair M，Strutwolf J，Arrigan D W M. Anal Chem，2015，87：4487.
[125] Huang X，Xie L，Lin X，Su B. Anal Chem，2016，88：6563.
[126] Huang X，Xie L，Lin X，Su B. Anal Chem，2017，89：945.
[127] Vanysek P，Reid J D，Craven M A，Buck R P. J Electrochem Soc，1984，131：1788.
[128] Vanysek P，Sun Z. Bioelectrochem Bioenerg，1990，23：177.
[129] Amemiya S，Yang X，Wazenegger T L. J Am Chem Soc，2003，125：11832.
[130] Yuan Y，Wang L，Amemiya S. Anal Chem，2004，76：5570.
[131] Trojanek A，Langmaier J，Samcova E，Samec Z. J Electroanal Chem，2007，603：235.
[132] Thomsen A E，Jensen H，Jorgensen L，van de Weert M，Ostergaard J. Collids Surf B Biointerf，2008，63：243.
[133] Kivlehan F，Lanyon Y H，Arrigan D W M. Langmuir，2008，24：9876.
[134] 静平，张美芹，胡虎，谢书宝，詹东平，朱志伟，邵元华. 分析科学学报，2005,21(5)：481.
[135] Lillie G C，Holmes S M，Dryfe R A. J Phys Chem B，2002，106：12101.
[136] Vagin M Y，Malyh E V，Larionova N I，Karyakin A A. Electrochem Commun，2003，5：239.
[137] Vagin M Y，Trashin S A，Ozkan S Z，Karpachova G P，Karyakin A A. J Electroanal Chem，2005，584：110.
[138] Vagin M Y，Trashin S A，Karpachova G P，Klyachko N L，Karyakin A A. J Electroanal Chem，2008，623：68.
[139] Shinshi M，Sugihara T，Osakai T，Goto M. Langmuir，2006，22：5937.
[140] Osakai T，Shinohara A. Anal Sci，2008，24：901.

[141] Osakai T，Yuguchi Y，Gohara E，Katano H. Langmuir，2010，26：11530.

[142] Li M，He P，Yu Z，Zhang S，Gu C，Nie X，Gu Y，Zhang X，Zhu Z，Shao Y. Anal Chem，2021，93：1515.

[143] Herzog G，Kam V，Arrigan D W M. Electrochim Acta，2008，53：7204.

[144] Herzog G，Moujahid W，Strutwolf J，Arrigan D W M. Analyst，2009，134：1608.

[145] Scanlon M D，Jenning E，Arrigan D W M. Phys Chem Chem Phys，2009，11：2272.

[146] Herzog G，Eichelmann-Dalyy P，Arrigan D W M. Electrochem Commun，2010，12：335.

[147] Herzog G，Roger A，Sheehan D，Arrigan D W M. Anal Chem，2010，82：258.

[148] Scanlon M D，Strutwolf J，Arrigan D W M. Phys Chem Chem Phys，2010，12：10040.

[149] O'Sullivan S，Arrigan D W M. Electrochim Acta，2012，77：71.

[150] Alvarez de Eulate E，Arrigan D W M. Anal Chem，2012，84：2505.

[151] Horrocks B R，Mirkin M V. Anal Chem，1998，70：4653.

[152] Osakai T，Komatsu H，Goto M. J Phys Condens Mat，2007，19：375103.

[153] Vagin M Y，Trashin S A，Karyakin A A. Mascini Anal Chem，2008，80：1336.

[154] Osakai T，Kakutani T，Senda M. Anal Sci，1988，4：529.

[155] Senda M，Yamamoto Y. Electroanalysis，1993，5：775.

[156] Osborne M D，Girault H H. Electroanalysis，1995，7：714.

[157] Georganopoulou D G，Williams D E，Pereira C M，Silva F，Su T，Lu J. Langmuir，2003，19：4977.

[158] Pereira C M，Oliveira J M，Silva R M，Silva F. Anal Chem，2004，76：5547.

[159] Hossain M M，Faisal S N，Kim C，Cha H，Nam S，Lee H. Electrochem Commun，2011，13：611.

[160] Hossain M M，Kim C，Cha H，Lee H. Electroanalysis，2011，23：2049.

[161] Zhan D，Li X，Zhan W，Fan F，Bard A J. Anal Chem，2007，79：5225.

[162] Zhan D，Fan F，Bard A J. Proc Natl Acad Sci USA，2008，10：723.

[163] Shen M，Qu Z，DesLaurier J，Welle T M，Sweedler J V，Chen R. J Am Chem Soc，2018，140：7764.

[164] Welle T M，Alanis K，Colombo M L，Sweedler J V，Shen M. Chem Sci，2018，9：4937.

[165] Laforge F O，Carpino J，Rotenberg S A，Mirkin M V. Proc Natl Acad Sci USA，2007，104：11895.

[166] Binstead R A，Moyer B A，Samuels G J，Meyer T J. J Am Chem Soc，1981，103：2897.

[167] Weinberg D R，Gagliardi C J，Hull J F，Murphy C F，Kent C A，Westlake B C，Paul A，Ess D H，McCaerty D G，Meyer T J. Chem Rev，2012，112：4016.

[168] Parada G A，Goldsmith Z K，Kolmar S，Rimgard B P，Mercado B Q，Hammarström L，Hammes-Schiffer S，Mayer T J. Science，2019，364：471.

[169] Costentin C，Robert M，Save'ant J M. Chem Rev，2010，110：PR1.

[170] Dogutan D K，Nocera D G. Acc Chem Res，2019，52：3143.

[171] Xiong P，Xu H. Acc Chem Res，2019，52：3339.

[172] Suzuki M，Umetani S，Matsui M，Kihara S. J Electroanal Chem，1997，420：119.

[173] Ohde H，Maeda K，Yoshida Y，Kihara S. Electrochim Acta，1998，44：23.

[174] Ohde H，Maeda K，Yoshida Y，Kihara S. J Electroanal Chem，2000，483：108.

[175] Mendez M A，Partovi-Nia R，Hatay I，Su B，Ge P，Olaya A，Younan A，Hojeij M，Girault

H H. PCCP, 2010, 12: 15163.
[176] Su B, Partovi-Nia R, Li F, Hojeij M, Prudent M, Samec Z, Corminboeuf C, Girault H H. Angew Chem Int Ed, 2008, 47: 4675.
[177] Ge P, Todorovab T K, Patir I H, Olaya A J, Vrubelc H, Mendez M, Hu X, Corminboeu C, Girault H H. PNAS, 2012, 109: 11558.
[178] Chen Z, Concepcion J J, Luo H, Hull J F, Paul A, Meyer T J. J Am Chem Soc, 2010, 132: 17670.
[179] Huang X, Groves J T. Chem Rev, 2018, 118: 2491.
[180] Yu Y, Liu X, Wang J. Acc Chem Res, 2019, 52: 557.
[181] Xiong P, Xu H. Chem Res, 2019, 52: 3339.
[182] Gu C, Nie X, Jiang J, Chen Z, Dong Y, Zhang X, Liu J, Yu Z, Zhu Z, Liu J, Liu X, Shao Y. J Am Chem Soc, 2019, 141: 13212.
[183] Qiu R, Zhang X, Luo H, Shao Y. Chem Sci, 2016, 7: 6684.
[184] Miao W, Choi J, Bard A J. J Am Chem Soc, 2002, 124: 14478.
[185] Qin X, Gu C, Wang M, Dong Y, Nie X, Li M, Zhu Z, Yang D, Shao Y. Anal Chem, 2018, 90: 2826.
[186] Liang X, Mi L, Yu Z, Wang M, Hu Y, Zheng X, Shao Y, Zhu Z, Shao Y. Sci China Chem, 2021, 64: 2230.
[187] Guo W, Ding H, Gu C, Liu Y, Jiang X, Su B, Shao Y. J Am Chem Soc, 2018, 140: 15904.
[188] Yu Z, Shao Y, Ma L, Liu C, Gu C, Liu J, He P, Li M, Nie Z, Peng Z, Shao Y. Adv Mater, 2022, 34: 2106618.
[189] Manthiram A, Fu Y, Chung S, Zu C, Su Y. Chem Rev, 2014, 114: 11751.
[190] Lu Y, He Q, Gasteiger H A. J Phys Chem C, 2014, 118: 5733.
[191] Kawase A, Shirai S, Yamoto Y, Arakawa R, Takata T. PCCP, 2014, 16: 9344.
[192] Huang W, Lin Z, Liu H, Na R, Tian J, Shen Z. J Mater Chem A, 2018, 6: 17132.
[193] Ma F, Wan Y, Wang X, Wang X, Liang J, Miao Z, Wang T, Ma C, Lu G, Han J. ACS Nano, 2020, 14: 10115.
[194] Hua W, Li H, Pei C, Xia J, Sun Y, Zhang C, Lv W, Tao Y, Jiao Y, Zhang B, Qiao S, Wan Y, Yang Q. Adv Mater, DOI: 101002/adma202101006.
[195] Koryta J, Hung L, Hofmanova A. Stud Biophys, 1982, 90: 25.
[196] Girault H H, Schiffrin D J. J Electroanal Chem, 1984, 179: 277.
[197] Cunnane V J, Schiffrin D J, Fleichmann M, Gleblewicz G, Williams D. J Electroanal Chem, 1988, 243: 455.
[198] Kakiuchi T, Kotani M, Noguchi J, Nakanishi M, Senda M. J Colloid Interf Sci, 1992, 149: 279.
[199] Kakiuchi T, Kondo T, Kotani M, Senda M. Langmuir, 1992, 8: 169.
[200] Katano H, Murayama Y, Tatsumi H, Hibi T, Ikeda T. Anal Sci, 2005, 21: 1529.
[201] Yoshida Y. Anal Sci, 2001, 17: 3.
[202] Gulaboski R, Pereira C M, Cordeiro M, Bogeski I, Ferreira E, Ribeiro D, Chirea M, Silva A F. J Phys Chem B, 2005, 109: 12549.
[203] Yoshida Y, Maeda K, Shirai O. J Electroanal Chem, 2005, 578: 17.
[204] Samec Z, Trojanek A, Girault H H. Electrochem Commun, 2003, 5: 98.

[205] Pickering S U. J Chem Soc Trans, 1907, 91: 2001.
[206] Faraday M. Philos Trans R Soc London, 1857, 147: 145.
[207] Guainazzi M, Silvestri G, Serravalle G. J Chem Soc Chem Comm, 1975, 200.
[208] Yogev D, Efrima S. J Phys Chem, 1988, 92: 5754.
[209] Brust M, Walker M, Bethell D, Schiffrin D J, Whyman R. J Chem Soc Chem Comm, 1994, 801.
[210] Bocker A, He J, Emrick T, Russell T P. Soft Mater, 2007, 3: 1231.
[211] Scanlon M D, Smirnov E, Stockmann T J, Peljo P. Chem Rev, 2018, 118: 3722.
[212] Shi S, Russell T P. Adv Mater, 2018, 30: 1800714.
[213] Dryfe R A W, Uehara A, Booth S G. Chem Rec, 2014, 14: 2013.
[214] Cheng Y, Schiffrin D J. J Chem Soc Faraday T, 1996, 92: 3865.
[215] Johans C, Kontturi K, Schiffrin D J. J Electroanal Chem, 2002, 526: 29.
[216] Johans C, Lahtinen R, Kontturi K, Schiffrin D J. J Electroanal Chem, 2000, 488: 99.
[217] Trojanck A, Laugmaier J, Samec Z. J Electroanal Chem, 2007, 599: 160.
[218] Platt M, Dryfe R A W, Robert E P L. Chem Commun, 2002, 2324.
[219] Platt M, Dryfe R A W, Roberts E P L. J Am Chem Soc, 2003, 125: 13014.
[220] Agrawal V V, Kulkarni G U, Rao C N R. J Colloid Interf Sci, 2008, 318: 501.
[221] Goulet P J G, Lennox R B. J Am Chem Soc, 2010, 132: 9582.
[222] Li Y, Zaluzhna O, Xu B, Gao Y, Modest J M, Tong Y. J Am Chem Soc, 2011, 133: 2092.
[223] Li Y, Zaluzhna O, Tong Y. Langmuir, 2011, 27: 7366.
[224] Zhu L, Zhang C, Guo C, Wang X, Sun P, Zhou Y, Chen W, Xue G. J Phys Chem C, 2013, 117: 11399.
[225] Perala S R K, Kumar S. Langmuir, 2013, 29: 14756.
[226] Li Y, Zaluzhna O, Tong Y. Chem Commun, 2011, 47: 6033.
[227] Perala S R K, Kumar S. Langmuir, 2013, 29: 9863.
[228] Gründer Y, Ho H, Mosselmans J F W, Schroeder S L M, Dryfe R A W. Phys Chem Chem Phys, 2011, 13: 15681.
[229] Goulet P J G, Leonardi A, Lennox R B. J Phys Chem C, 2012, 116: 14096.
[230] Rodriguez-Fernandez J, Perez-Juste J, Mulvaney P, Liz-Marzán L M. J Phys Chem B, 2005, 109: 14257.
[231] Plieth W J. Surf Sci, 1985, 156: 530.
[232] Su B, Girault H H. J Phys Chem B, 2005, 109: 11427.
[233] Pieranski P. Phys Rev Lett, 1980, 45: 569.
[234] Lin Y, Skaff H, Emrick T, Dinsmore A D, Russell T P. Science, 2003, 299: 226.
[235] Reincke F, Hickey S G, Kegel W K, Vanmaekelbergh D. Angew Chem Int Ed, 2004, 43: 458.
[236] Su B, Abid J P, Fermin D J, Girault H H, Hoffmannova H, Krtil P, Samec Z. J Am Chem Soc, 2004, 126: 915.
[237] Booth S G, Cowcher D P, Goodacre R, Dryfe R A W. Chem Commun, 2014, 50: 4482.
[238] Gründer Y, Ho H, Mosselmans J F W, Schroeder S L M, Dryfe R A W. J Phys Chem C, 2013, 117: 5765.
[239] Flatte M E, Kornyshev A A, Urbakh M. J Phys: Condens Matter, 2008, 20: 73102.

[240] Costa L, Li-Destri G, Thomson N H, Konovalov O, Pontoni D. Nano Lett, 2016, 16: 5463.
[241] Hojeij M, Younan N, Ribeaucourt L, Girault H H. Nanoscale, 2010, 2: 1665.
[242] Bera M K, Chan H, Moyano D F, Yu H, Tatur S, Amoanu D, Bu W, Rotello V M, Meron M, Kral P. Nano Lett, 2014, 14: 6816.
[243] Hou B, Laanait N, Yu H, Bu W, Yoon J, Lin B, Meron M, Luo G, Vanysek P, Schlossman M L. J Phys Chem B, 2013, 117: 5365.
[244] Isa L. Chimia, 2013, 67: 231.
[245] Isa L, Lucas F, Wepf R, Reimhult E. Nat Commun, 2011, 2: 438.
[246] Fang P, Chen S, Deng H, Scanlon M D, Gumy F, Lee H, Momotenko D, Amstutz V, Cortes-Salazar F, Pereira C M. ACS Nano, 2013, 7: 9241.
[247] Cohanoschi I, Thibert A, Toro C, Zou S, Hernandez F E. Plasmonics, 2007, 2: 89.
[248] Smirnov E, Peljo P, Scanlon M D, Girault H H. Electrochim Acta, 2016, 197: 362.
[249] Smirnov E, Peljo P, Scanlon M D, Girault H H. ACS Nano, 2015, 9: 6565.
[250] Nieminen J J, Hatay I, Ge P, Mendez M A, Murtomaki L, Girault H H. Chem Commun, 2011, 47: 5548.
[251] Hatay I, Ge P, Vrubel H, Hu X, Girault H H. Energy Environ Sci, 2011, 4: 4246.
[252] Scanlon M D, Bian X, Vrubel H, Amstutz V, Schenk K, Hu X, Liu B, Girault H H. PhysChemPhys, 2013, 15: 2847.
[253] Ozel F, Yar A, Aslan E, Arkan E, Aljabour A, Can M, Patir I H, Kus M, Ersoz M. ChemNanoMat, 2015, 1: 477.
[254] Henry C R. Catal Lett, 2015, 145: 731.
[255] Kang Y, Ye X, Chen J, Cai Y, Diaz R E, Adzic R R, Stach E A, Murray C B. J Am Chem Soc, 2013, 135: 42.
[256] Quinn M, Liljeroth P, Kontturi K. J Am Chem Soc, 2002, 124: 12915.
[257] Quinn M, Liljeroth P, Kontturi K. J Am Chem Soc, 2004, 126: 7168.

第5章　液/液界面电分析化学仍未解决的问题

5.1　取得的成就

我们在上述四章中介绍了液/液界面电分析化学或电化学的发展历史、基本概念和理论基础、研究方法与技术、研究的进展及现状，也试图提供一些应用实例。

本书自始至终贯穿着我们自己的研究经历、研究结果以及部分经验。笔者1998年6月从美国回国工作，在开展自己独立研究工作前曾经认真对该领域进行过思考，总结了当时该领域存在如下未解决的科学与技术问题：(1) iR 降(i 为电流，R 为电阻，iR 为电势降)及充电电流的影响较常规电分析化学更加严重；(2) 没有很好的获取转移反应动力学参数的实验手段；(3) 液/液界面无通用的结构模型；(4) 可供选择作为有机相的有机溶剂数目有限。通过20多年的努力(包括国内外同行们的共同努力)，目前前两个问题基本解决，后两个问题虽说也有不少进展，但还没有完全解决。根据目前该领域的发展，我们又提出了另外一个问题：该领域的应用如何？

通过将液/液界面微型化(例如，采用玻璃微/纳米管来支撑液/液界面)，基本上可以消除在电化学测量上的技术难题[1]；基于玻璃纳米管支撑的纳米级液/液界面可得到几乎完美的循环伏安图，结合三点法可得到可靠的电荷转移反应动力学数据[2-4]；SECM结合液滴三电极系统，可得到电子与离子在极化与非极化界面上的转移反应动力学参数[5-7]；有关界面的微观结构研究，虽说实验方面进展很大，但基本的轮廓主要来源于理论模拟，即界面是分子水平平整的(molecularly sharp)，但受毛细波的影响，产生1 nm左右的粗糙程度[8-11]，有关液/液界面的微观结构研究仍需要进一步发展和完善；在有机相拓展方面，除了原来的硝基苯和1,2-二氯乙烷外，近年来由于绿色化学的发展趋势，更多的绿色溶剂被开发应用于液/液界面的研究中。从电分析化学以及绿色化学的角度来看，有机溶剂中的三氟甲苯(及其衍生物)、NPOE、离子液体中的四[3,5-二(三氟甲基)苯基]硼酸四庚基铵由于其电势窗较宽、环境污染相对较小等因素，有望成为DCE和硝基苯两种经典溶剂的替代品[12]。当然，这方面的研究仍需进一步拓展。

5.2 仍存在的问题

科学是永无止境的。液/液界面电分析化学虽然在过去的几十年中已经取得了巨大的发展，但仍然存在这样那样的问题。下面就结合Girault等在2020年发表的一篇文章对于仍存在的问题进行简单的介绍[13]。

5.2.1 超越平均场理论的极化液/液界面的微观结构

在液/液界面电化学的早期研究中，所采用的界面结构模型是由表面张力测量推导出的修饰的Verwey-Niessen(MVN)模型和混合溶剂层模型(GS模型)，可以定性地描述中间被有序溶剂分子分开的两个背靠背离子分散层，以及所观察到的电容曲线等[14,15]。MVN模型对于W/NB界面这样电势窗较窄的实验结果适用，但对于其他的界面和不同的支持电解质体系存在一些问题。不少研究者对于所提出的无离子有序溶剂分子层存在争议。为了与实验结果相匹配，显然需要离子穿进到该层中(GS模型)。

随后的理论模拟极化的液/液界面研究，强调了离子-溶剂相互作用的重要性。点阵气体模型率先观察到水相与有机相的离子层在界面重合，以及界面的电容依赖于离子的Gibbs转移能[16]，但该方法所描述的分子间相互作用是比较粗糙的。与此相反，分子动力学模拟能够提供较准确的相互作用，但需要高的计算费用。一种折中的方法是所谓的平均场的方法(mean-field approach)，产生一种Poisson-Boltzmann电势平均场的模型[9]。该模型成功地描述了由X射线反射所测量的非极化液/液界面上的电子密度，与上述MVN模型相比，该平均场模型可得到与点阵气体模型类似的结果，即两相的离子密度重合，两相界面平整[17]。尽管平均场模型对于一些体系很成功，但有时在零或负电势极化时预测的结果是不现实的[18]。另外，平均场模型假设界面是由两个本体相相接触而形成的，将溶剂看成是连续的介质，并具有恒定的介电常数。但是，这样的近似处理受到了其他实验方法所得到的结果的质疑。例如，采用非线性光学光谱观察到溶剂分子在界面定向排布[19]，显示在界面上介电常数不恒定。另外，由于溶剂分子偶极矩诱导的电势差可达几百mV[20]，平均场模型并没有考虑这些因素。可以看出，平均场模型可能缺失了一些重要的有关界面的分子信息。因此，在未来的研究工作中，不仅要考虑溶液中电解质的行为，也要考虑各种溶剂在分子水平的相互作用行为。

5.2.2　液/液界面上的离子转移反应机理：是指状水侵还是离子穿梭?

离子在液/液界面上的转移反应是液/液界面电化学颇具特色的转移反应，大部分 IT 反应不涉及氧化还原(ET)反应，但大部分研究均是基于固/液界面上已发展的电子转移反应动力学理论[21]，探讨动力学参数与外加电势之间的关系。通常认为离子转移反应涉及一个活化过程，但活化过程的本质还有争议。一些人认为可以把离子转移反应看成一个电化学反应，但另外一些人认为是传质现象。两者的区别在于，对于前一种情况，采用的是 Marcus 电子转移理论的活化能处理方式，而后一种情况是采用 Eyring 扩散动力学理论进行处理的。

与上述界面微观结构研究类似，离子在液/液界面上的转移反应机理也受益于数值模拟的进展。分子动态模拟显示离子转移反应是一个无活化的过程，离子从一相转移到另外一相的能量单调地上升[22]；点阵气体模型预测在极化的液/液界面上离子转移反应的确存在一个与电势相关的能垒，虽说在该模型中，对于分子间相互作用行为的考虑较分子动态模拟更近似(粗糙)，但点阵气体模型考虑的是整个液/液界面的结构(溶剂、支持电解质和对离子等)，而不是单一的离子，因此所得结论可能更具有普遍性[23]。通过改进分子动态模拟方法，特别是考虑外加电势的作用后，得出了如图 5.1(a)所示的指状水侵(water fingers)机理[24]。

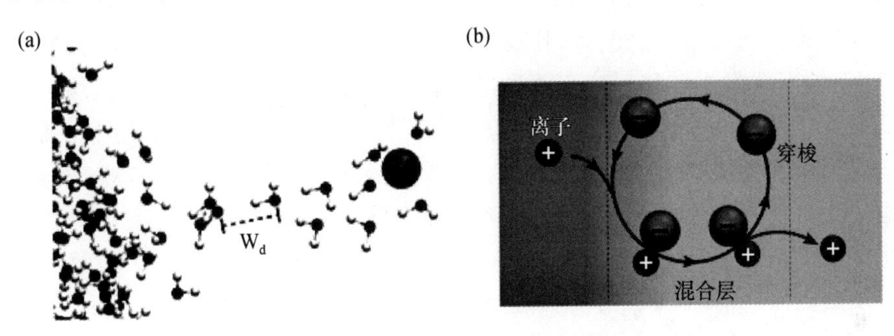

彩图 5.1

图 5.1　(a) 在 W/DCE 界面上形成指状水侵的示意图，仅显示了离子与水分子，W_d 是所定义的指状水侵的途径(引自参考文献[24])。(b) 离子穿梭机理的示意图(引自参考文献[25])。

分子动态模拟的一个不足之处是，由于计算量太大，而没有考虑体系中其他的离子。但随后的一些实验证实，支持电解质在揭示离子转移反应机理研究中是需要的，例如，Mirkin 等采用玻璃纳米管支撑的纳米级液/液界面(可以不用支持电解质)进行实验，显示在“穿梭”碱金属离子从水相到有机相时有机相中的支持电解质是必需的[25]。随后，他们进一步建议强的亲水离子并不从水相转移到有机相，而是转移到有机相中水的团簇中[26]。该结论得到 Marecek 等最近工作的支持[27]。因此可以认为，离子转移反应的活化步骤是打破或形成指状水侵，但上述两种结论从本质上讲是相反的，需要进一步探讨。

5.2.3 液/液界面上的电子转移反应机理：是均相反应还是异相反应？

早期研究极化液/液界面上电子转移反应采用的方法就是基于电子在固/液界面上转移反应建立起来的[28-30]。目前，就液/液界面上电子转移反应机理而言，主要争论是电子转移反应动力学与电势的依赖关系，一些实验结果认为与外加电势（驱动力）有关[31,32]，而另外一些实验得出与外加电势无关[33,34]。因此，一些学者建议有些电子转移反应不是界面ET，而是界面离子转移（IT）反应，紧随着在一个相中发生氧化还原反应[35,36]（图5.2）。这样的ET反应机理被称为"均相"电子转移反应。

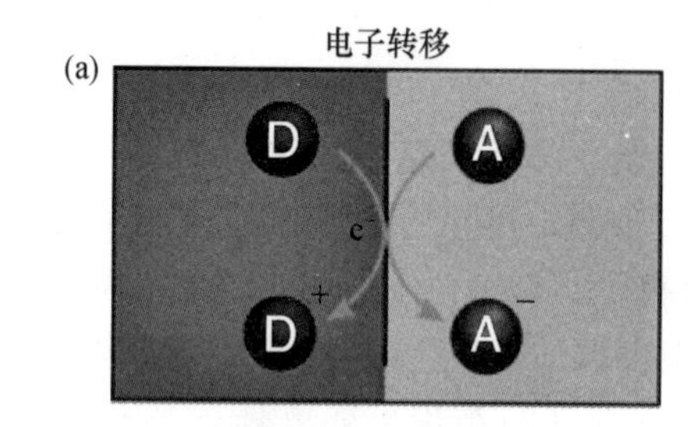

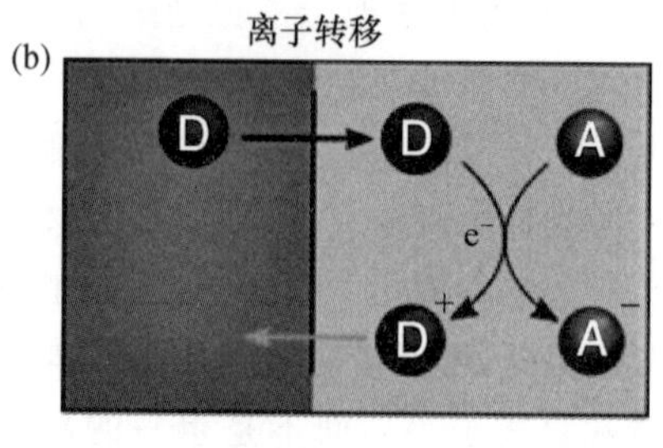

彩图5.2

图5.2 (a) 异相电子转移反应机理；(b) 均相电子转移反应机理（引自参考文献[13]）。

相对于离子转移反应，研究液/液界面上的ET反应从实验上讲难度要大很多。这是因为很难找到两相中的电对，其仅溶于水相或仅溶于有机相，还没有产物可以在界面以IT的形式发生转移反应。两种电对在两相中的溶解度及浓度比，均会影响其转移反应的机理。Osakai等列出了实验中进行界面电子转移反应研究时需要仔细考虑的一些问题[35]。笔者认为，对于符合上述标准的异相ET转移反应，Marcus电子转移反应理论可以较好地应用于解释液/液界面上发生的电子转移反应[7,29]。可能需要合成化学家参与，来合成一些符合Osakai等所提出的可用于异相电子转移反应的电对。常用的电对，例如，Fc很容易在进行界面ET反应时产生离子Fc^+，而Fc^+本身也可在液/液界面上转移，这使问题更复杂化。

5.2.4 液/液界面电（分析）化学的应用

虽说我们在第4章中介绍了一些液/液界面电分析化学的应用，但还没有像固/液界面那样展现出丰富多彩的广泛应用。例如，pH检测、血糖仪用于糖尿病监控、锂离子电池和燃料电池等。一个研究领域是否可持续发展，可能主要源于其对于社会发展的贡献。因此，需要大力研发和拓展液/液界面电（分析）化学应用的广度和深度。

5.3 可能的解决方法

从上述讨论可知，由于缺乏在分子水平对于液/液界面的微观结构的了解，从而导致电荷（电子和离子）转移反应机理的不完全理解。为了应对这些问题和挑战，笔者认为可以从如下几个方面入手：

（1）从理论（模拟）上讲，需要建立包含实际体系（与常规电化学实验相同的体系）的模型（包括各种离子、支持电解质和溶剂等），否则太多的近似会让人们怀疑其结论的可信性与科学性。这样的模型可能很复杂，计算量及费用会急剧增加。近年来迅速发展并在化学科学中得到广泛应用的人工智能（AI）技术可能会在提高计算或模拟的有效性和减低成本方面大有可为。

（2）相对于固/液界面，由两个互不相溶的溶液所形成的液/液界面，其一个独特的行为是界面始终处于动态平衡。为了在分子水平探讨其微观结构，现有的一些实验技术，例如，X射线（中子）反射（散射）技术、NMR技术和冷冻电镜技术，均有可能在原子水平上研究液/液界面的微观结构[37-39]。当然，需要解决制样问题。

X射线（中子）反射（散射）技术已应用于固/液界面微观结构的研究[39,40]。这些技术，以及非线性光学技术与SICM均已应用于液/液界面微观结构的探讨[8-10]。如果理论模拟能够发展得较理想，可为这些实验提供理论指导。

（3）液/液界面电分析化学的应用可能涉及许多非常复杂的体系，例如，界面相转移催化、界面PCET反应等。对于这些复杂的反应，需要发展联用技术。一个比较好的例子是，基于我们在研究液/液界面电分析化学中所发展的杂化超微电极，我们发展了EC-MS联用技术，并已应用于探讨复杂的电化学反应机理[41,42]。

上述的想法仅作为抛砖引玉，在笔者自己研究生涯即将结束之际，希望有更多的年轻人投身于该领域的研究，使其发扬光大。

参考文献

[1] Liu S, Li Q, Shao Y. Chem Soc Rev, 2011,40: 2236.

[2] Shao Y, Mirkin M V. J Am Chem Soc, 1997,119: 8103.

[3] Li Q, Xie S, Liang Z, Meng X, Liu S, Girault H H, Shao Y. Angew Chem Int Ed, 2009, 48: 8010.

[4] He P, Shao Y, Yu Z, Liang X, Liu J, Zhu Z, Pereira C M, Shao Y. Anal Chem,2022, 94: 9801.

[5] Ulmeanu S, Lee H, Fermin D J, Girault H H, Shao Y. Electrochem Commun, 2001, 3 (5): 219.

[6] Sun P, Zhang Z, Gao Z,Shao Y. Angew Chem Int Ed, 2002,41(18): 3445.

[7] Sun P, Li F, Chen Y, Zhang M, Zhang Z, Gao Z, Shao Y. J Am Chem Soc, 2003, 125: 9600.

[8] Steel W H, Walker R A. Nature, 2003,424: 296.

[9] Luo G, Malkova S, Yoon J, Schultz D G, Lin B, Meron M, Benjamin I, Vanysek P, Schlossman M L. Science, 2006, 311: 216.

[10] Ji T, Liang Z, Zhu X, Wang L, Liu S, Shao Y. Chem Sci, 2011, 2: 1523.

[11] Michael D, Benjamin I. J Electroanal Chem, 1998,450: 335.

[12] 刘俊杰，何芃，邵毅，詹佶睿，邵元华. 分析科学学报，2021,37(4): 427.

[13] Gschwend G C, Olaya A, Peljo P, Girault H H. Curr Opin Electrochem, 2020, 19:137.

[14] Girault H H. Electroanalytical Chemistry. Bard A J and Zoski C G, Ed. Boca Raton: CRC

Press, 2010: Vol 23.
[15] Samec Z. Pure Appl Chem, 2004,76: 2147.
[16] Huber T, Pecina O, Schmickler W. J Electroanal Chem, 1999, 467: 203.
[17] Laanait N, Mihaylov M, Hou B, Yu H, Vanýsek P, Meron M, Lin B, Benjamin I, Schlossman M L. Proc Natl Acad Sci, 2012, 109: 20326.
[18] Laanait N. Ion correlations at electrified soft matter interfaces. Springer Theses, 2013.
[19] Moore F G, Richmond G L. Acc Chem Res, 2008, 41: 739.
[20] Kathmann S M, Kuo I-F W, Mundy C J. J Am Chem Soc, 2008, 130: 16556.
[21] Marecek V, Samec Z. Curr Opin Electrochem, 2017, 1:133.
[22] Benjamin I. Science, 1993, 261: 1558.
[23] Frank S, Schmickler W. J Electroanal Chem, 2006, 590: 138.
[24] Kikkawa N, Wang L, Morita A. J Am Chem Soc, 2015, 137: 8022.
[25] Laforge F O, Sun P, Mirkin M V. J Am Chem Soc, 2006,128: 15019.
[26] Sun P, Laforge F O, Mirkin M V. J Am Chem Soc, 2007,129: 12410.
[27] Holub K, Samec Z, Marecek V. Electrochim Acta, 2019, 306: 541.
[28] Samec Z. J Electroanal Chem, 1979, 99: 197.
[29] Marcus R A. J Phys Chem, 1990, 94:4152.
[30] Geblewicz G, Schiffrin D J. J Electroanal Chem, 1988, 244: 27.
[31] Tsionsky M, Bard A J, Mirkin M V. J Phys Chem, 1996, 100: 17881.
[32] Tsionsky M, Bard A J, Mirkin M V. J Am Chem Soc, 1997,119: 10785.
[33] Shi C, Anson F C. J Phys Chem B, 1999, 103: 6283.
[34] Liu B, Mirkin M V. J Am Chem Soc, 1999, 121: 8352.
[35] Hotta H, Ichikawa S, Sugihara T, Osakai T. J Phys Chem B, 2003,107: 9717.
[36] Peljo P, Girault H H. J Electroanal Chem, 2016,779: 187.
[37] Ross F M. Science, 2015, 350(6267): 1490.
[38] Li L, Sun H, Li M, Yang Y, Russell T P, Shi S. Angew Chem Int Ed, 2021, 60: 17394.
[39] Bard A J, Abruna H D, Chidsey C E, Faulkner L R, Feldbery S W, Itaya K, Majda M, Melroy O, Murray R W, Porter M D, Soriage M P, White H S. J Phys Chem, 1993, 97: 7147.
[40] Zaera F. Chem Rev, 2012, 112: 2920.
[41] Qiu R, Zhang X, Luo H, Shao Y. Chem Sci, 2016, 7: 6684.
[42] Gu C, Xin X, Jiang J, Chen Z, Dong Y, Zhang X, Liu J, Yu Z, Zhu Z, Liu J, Liu X, Shao Y. J Am Chem Soc, 2019, 141(33): 13212.

索引